地磁気の逆転

地球最大の
謎に挑んだ
科学者たち、
そして
何が起こるのか

アランナ・ミッチェル
熊谷玲美［訳］

光文社

地磁気の逆転

――地球最大の謎に挑んだ科学者たち、そして何が起こるのか

THE SPINNING MAGNET

The Force That Created the Modern World – and Could Destroy It

by

Alanna Mitchell

ジェームズに

目次

はじめに　宇宙と遊ぶ

緑の光が天界で踊り始めるころには、すっかり夜もふけていた。晩夏の北極は骨まで凍るほど寒い。私は、腹を空かせたホッキョクグマが来ないか心配しながら、キャンバス地のテントの中でなんとか眠ろうとしていたところだった。旅の仲間たちの歓声で目が覚めて、私はぶつぶつ言いながら、スノーパンツとブーツ、暖かいジャケットに身を包んで、夜の空気に立ち向かった。

真っ暗な空にオーロラが勢いよく流れ、ネオングリーンの光が、散らばる星をバックにして脈打つように輝く。その光はあまりに近く、光のカーテンに包まれているかのようだった。オーロラが弱くなる。私たちは息を殺す。するとまたオーロラが急に現れて、空いっぱいに広がる。浮世離れした緑色の光の筋が次々と現れて、天がのたうっている。その光の筋はまるで、私たちの惑星ばかりか、時間までも支配しているかのようだった。

このネオンサインのようなオーロラを見あげていた場所は、実は、地球の磁力をぜひとも理解したいという、私と同じ思いを抱いた人たちがかつて訪れた場所にかなり近かった。私のキャンプ地は、カナダ北極圏内のキングウィリアム島にあり、一八三一年にイギリスの探検家ジェームズ・クラーク・ロスが地球の北磁極の位置を初めて発見したブーシア半島から一六〇キロメートルほどの距離だった。ロスが北磁極を発見したのは、かつてないほど長期間にわたった、きわめて熱心な科学観測プロジェクト「磁気十字軍」のなかでのことだった。当時、各国の国力は、海軍力と効率的な海上交易にかかっていた。そしてそれを決めるのは磁気コンパスだった。ただ、航海術には大切なことが一つあった。自分がいる場所を知るには、磁北（コンパスの指す方向）と地理上の北のずれを調整できなければならないのだ。科学界は力を合わせて、船乗りたちが緯度経度をより厳密に求めるのに役立つ計算式をどうにかして見つけ出そうと努力していた。それには、コンパスを引っ張っている奇妙な力を理解する必要がある。そのため、その力が一番強くなる、地球の一番上と下、つまり北極と南極からの情報が求められたのである。

キングウィリアム島自体も、磁気十字軍で起こった、おぞましい一つの事件の記憶を呼び起こす場所だ。ここでは一八四〇年代にイギリス人探検家のジョン・フランクリンが、一二八人の部下と二隻の船とともに姿を消したのだ。フランクリン隊は北西航路の発見を目指していた。北西航路は北米大陸の北を回る近道の航路で、当時はこの航路で東洋の品物をヨーロッパの市場に運ぼうという考えがあったのだ。ただフランクリンは磁気十字軍の一員でもあった。フランクリン隊の北極探検に使われた、海軍軍艦のエレバス号とテラー号は、最先端技術を備えた磁気観測所を北極に設置できるだけの観測装置を搭載していた。この磁気観測所は、コンパスを動かす力の謎を解き明かそうという科学者たちの努力の一環として、世界各地で設置が進められていた数十カ所の磁気観測所の一つとして考えられていた。フランクリン自身も、オーストラリア大陸の南岸沖にある、現在のタスマニア島に磁気観測所を設置しようと動いていた。

しかし、フランクリン隊の船が氷に閉じ込められ、フランクリンや、部下の多くが亡くなると、生き残った船乗りたちは船を捨て、凍てついたキングウィリアム島に上陸した。そして革底の靴と、海軍の重い織物のロングコートという服装で、地球の磁場を頼りに安全な土地まで歩こうとした。やむをえず人肉食に訴えた者もいた。全滅だった。遺骨のほとんどが回収されていない。これは北極探検における最悪の惨事である。キングウィリアム島に住むイヌイットのあいだでは、この土地には今でも船乗りたちの幽霊が出るといわれている。船乗りたちが死の行軍のあいだに残した遺品のなかに、真鍮製の携帯用コンパスがあり、これは現在イギリスのグリニッジにある国立海事博物館に収蔵されている。船乗りたちは死が迫りつつあった凄惨な日々にも、磁気座標を測定しようとしていた。それが家に帰るための最後の望みだったのだ。

フランクリンやロスのような、北極地域に何年も閉じ込められたビクトリア時代の探検家たちが、オーロラを目にしていたのは間違いない。しかし彼らは、コンパスと、地球の磁極、そしてオーロラがどのように組み合わさっているのかは理解できなかったはずだ。今ではそれらが同じものを別の面から見たものであることがわかっている。地球は、N極とS極の二つの極を持つ巨大な磁石だ。この磁石が持つ伸縮性のある磁力線は、南磁極で地表を離れて、地球の周囲を進み、そこで太陽や銀河の磁場と相互作用する。そして北磁極で再び地球の中に入り、終わりのない不安定なループになる。

地球磁場は、地球の最も奥深くにある中心核で生み出されている。一番深いところには、高温だが固体の金属の内核があり、それを液体の金属からなる外核が取りまいている。その熱は地球誕生期の激しい活動の名残であり、この熱こそ、地球の磁気の力をめぐる謎の答えだ。地球の中心核は数十億年にわたり、その熱を内から外へと逃がそうとしていて、現在も対流が起こっている。外核はまだ固体にならずに溶融金属の状態にあり、ここで生じる対流が電流を発生させる。

この電流が磁場を生み出すのである。この磁場は、まるで不死鳥のように、絶えず生まれては消えている。そして宇宙空間に何万キロメートルも広がって、目に見えない恐ろしい宇宙線や荷電粒子から地球を守る、巨大な防衛システムになっている。もしこれがなければ、宇宙線や荷電粒子が地球上の生物の体を貫いていただろうし、地球の大気もはぎ取られていただろう。地球のきょうだい惑星である火星を考えてほしい。火星では、数十億年前に内部磁場が消滅し、大気や水が失われた。当時、何らかの生命体が生息していた可能性があるが、それも死滅してしまった。

　コンパスは、磁化した針の作用で地球の磁場に反応している。それはオーロラも同じだ。人間にとって、磁場は目に見えず、感知できないものだ。たとえばコンパスの針が動いたときに見ているのは、地球磁場の効果だ。しかし多くの動物は、磁場を実際に感知している。それを視覚や触覚とならぶものとして、磁気による六番目の感覚と呼ぶ科学者もいるが、他の感覚ほど理解は進んでおらず、ずっと複雑である。細菌からクモ、イカ、ウミガメまで、さらにはほとんどの脊椎動物が、何らかの方法で磁場を使って進む方向を決めている。それがエサや交配相手、すみかを見つける方法の一つなのだ。とはいえ、磁場の感知となれば、鳥類は別格だ。ある研究によれば、私たちが光を見るように、鳥類は目を開ければ磁場が見えるという。生物学者たちは、他の脊椎動物と同じように、ヒトもかつては磁場を感知できたと考えている。その能力の痕跡は、眠った状態ではあるが、私たちの遺伝子構造に織り込まれている。しかし私たちはたいてい、自分たちの生命や世界にそこまでの影響を与えている、磁場という隠れた力場を意識せずに歩き回っている。

　例外はオーロラだ。ふつうオーロラは、地球の北極と南極に大きな丸いリングとして現れる。

場合によってはもっと低い緯度に出現することもある。オーロラは、磁気がつかのま目に見えるようになったものであり、太陽から地球に向かって襲いかかってきたプラズマが、宇宙空間で猛威を振るった結果である。太陽風とも呼ばれるこのプラズマは、独自の磁場を持っていて、この磁場がある方向を向くと、地球の磁場に裂け目をつけることができる。そうなると太陽風が地球磁場の磁力線にそって勢いよく入り込み、高速の高エネルギー粒子が極地方に注ぎ込まれる。この粒子は、地球の高層大気中の酸素原子や窒素原子と衝突する。すると、太陽風の猛烈なエネルギーが酸素原子と窒素原子に受け渡され、この二種類の原子を励起する。酸素原子や窒素原子は元の状態に戻るときに、過剰なエネルギーをさまざまな色の光として放出する。私が見た緑のオーロラは、励起した酸素原子が空の上で元気に動き回って、地球の磁場を見せてくれているところだったのだ。私は空をじっと見ることで、そこに映った地球のはらわたのメカニズムを見ていたのだともいえる。

数千年も昔から、人類は磁石の意味するところをなんとか理解しようとしてきた。彼らが天界に目を向けたのは、オーロラや天体が磁気についてのヒントをくれると思ったからではなく、天界は地球を操る人形遣いだと考えていたからだ。星々を十分詳しく調べれば、地球について必要なことが何であれ読み取れると思われていたのである。人類は、実験やひらめき、そして最終的には数学と理論物理という方法によって、現在まで続く磁気という概念についての理解を苦労して確立した。それはきわめて抽象的な理解であり、熱烈といえるほど創造的だ。多少不十分なところもある。しかし説得力がある。

そして啓示的である。それは私たちに驚くようなことを教えてくれる。かつて地球の「磁気の霊魂」と呼ばれていたものによく注意する必要があるということだ。地球の磁気の力は変化している。その力に奇妙なふるまいをする。ということは、地球の磁極も同じだ。やがては地球内部で進む陰謀がどんどんエスカレートして、磁極を逆転させるだろう。私たちがこのことを知っているのは、磁極の逆転が地球の歴史上で何百回も起こっているからだ。最後に磁極の逆転が起こったのは七八万年前で、このとき人類はまだ地球上に現れていなかった。しかし何度も繰り返されてきた磁極逆転の痕跡は、地球の地殻を形作るプレート境界の地下や、地殻の上に積み重なる岩石や溶岩の中に残っている。磁極がまた逆転すれば、私たちが北と呼んでいる磁極が南になり、南が北になる。磁極逆転が起こるときには、地球をおくるみのように守ってくれている磁場が、通常の強さのおよそ十分の一まで弱まってしまう。磁場が弱まると、私たちひとりひとりに、そして私たちの文明の根本に影響するだろう。ついでにいえば、大気に太陽風がより激しく降り注ぐようになるので、ふだんは高緯度地方でしか見ることのできないオーロラが、赤道にもっと近いところでも見られるようになる可能性が高い。それが現実になれば、そんなオーロラ発生は、災厄の予言だといえる。

地球の磁場は今も中心核で作られている。そして地球は、太陽がその中心で生成する磁場に絶えず翻弄されている。その太陽も、銀河系が作る磁場の中にある。太陽系惑星のほとんどが独自の磁場を作り出している。そしてこうした磁場すべてが、宇宙の電磁場と関連している。この電磁場は、あらゆる場所に流れている流体様の物質が作り出す場の一つだ。こうした場は特定の場所で電子やクォークといった粒子の形をとり、それがさらに原子を作る。私はこうしたことを理解しようと、カリフォルニア工科大学のアメリカ人理論物理学者ショーン・キャロルに話を聞いた。理論物理学者というのは科学の世界における詩人である。物質を形作っている細かなしくみを調べ、何が宇宙をこのような姿にしたのかを想像することができる詩人だ。そうした場は、宇宙誕生のどの段階で生まれたのかと、私はキャロルに質問した。場は生まれたわけではない。キャロルはそう答えた。場は常にそこにあった。場は、宇宙の材料なのだ。

たとえば、棒磁石のN極を、別の棒磁石のS極に近づけようとすると、二つの極はカチッとくっつく。ところが、N極とN極をくっつけようとすると、いくら力をこめてもうまくいかない。二つの磁石のあいだには何もないようにしか見えない。しかし実はその空間は、きわめて強力な宇宙の電磁力で満ちているのだ。地球が独自の磁場を作り出しているかどうかに関係なく、力はそこにある。磁石で遊んでいるときのあなたは、宇宙と遊んでいるのだ。

この本を書くために調査をするうち、私は化学の世界にもいっそう深く入り込んでいった。入り口の一つは、有機化学者を目指してトロント大学で学んでいる私の息子ニック・ミチェルが示してくれた。ニックは私の隣に我慢強く座って、化学者たちが原子や分子の内なる論理をどのように理解しているのか説明してくれた。ラテン語専攻だった私が、いつの間にか化学や物理学、生物学の教科書を読むようになっていた。この惑星の巨大な磁気システムを理解したいという渇望から、ヨーロッパや北米のいくつかの地域の大学を訪ね、世界トップクラスの科学者に説明を求めた。そのなかには、原子を構成する小さな粒子を調べる素粒子物理学者や、他の惑星や恒星（私たちの太陽もその一つだ）の構造が専門分野である天体物理学者がいた。地球の現在や過去の活動を理解したいと強く願ったり、私たちの未来を予知したいと思ったりしている地球物理学者もいた。その多くは、スーパーコンピューターで複雑な数値シミュレーションを大量に処理することと、地球の地殻をハンマーでたたいて岩石を採取することの両方に精通しているようだった。話を聞いた科学者たちは時間をさかのぼり、初期の形而上学者のことや、科学と魔術、宗教が同じものだった時代に目を向けさせてくれた。磁気について研究することはほぼどの時代でも、社会を支配していた神学的観念を脅かす危険な企てだった。歴史上の別の時点なら、この本の「回転する磁石」（*The Spinning Magnet*）という書名だけでも異端とみなされていただろう。地球について、聖書の言葉とは違う形で説明しているからだ。

現代の科学者たちは、私が中世における磁気の研究や、ルネッサンス時代の電気をめぐる偉業、ビクトリア時代の科学への衝動について理解する手助けをしてくれた。こうした時代に磁気を探求した人々はそれぞれ、独自の考え方を持ち、自分の発見に新たな説明を与えた。誰もが自分の発見を言葉によって説明しようとした。比喩に頼ることが多かったし、ときには比喩を発明したりもした。たとえば、磁石の極を説明しようとすれば、天空で軸を中心に自転している惑星の比喩を引き合いに出すことになる。これは初期の天文学でみられる表現だが、今でも使われている。時計回りと反時計回りという、時計製造の言葉で説明される概念もある。あるいは上向きとか下向きという方向で表す場合もある。古典物理学では、軌道や自転（スピン）という天文学の用語を使う。ちょっとした混乱状態にあるのだ。そして実は、現在、世界を量子力学の言葉で表すのに主に使われている表現（軌道〔orbital〕や場〔field〕、重ね合わせ〔superposition〕）ですら、量子力学が説明しようとしている概念には追いついていないのだとキャロルは指摘する。

このことが意味するのは、物事の理解だけでなく、言葉も時間とともに進化しつつあり、今後も進化し続けるということだ。また、ある科学の一分野（たとえば化学）の言葉が必ずしも別の分野（理論物理学）の言葉とは一致しないということでもある。あなたがこれから読もうとしているのは、こうした概念の一部を、科学の言葉からジャーナリズムの用語に翻訳したものだ。私はそれが独自の光を放ってくれることを期待している。

第1部

磁石

磁力について、もっとあなたにも身近なものを通して説明することが、私にはうまくできない、というよりもまったくできません。それはあなたに身近なものの観点では、私は磁力を理解できていないからです。[1]

——リチャード・ファインマン

（ノーベル賞受賞者、一九八三年）

第1章　すべての始まり

ジャック・コーンプロブストは、岩石の秘密を読み解くことができる人物だが、その彼が取り乱していた。彼は、約束の時間より二〇分早く、クレルモン・フェランのホテルに私を迎えに来た。クレルモン・フェランは古くからあるフランスの大学町で、火山が焼き鈍《なま》した地殻の割れ目の中にある。コーンプロブストは、ホテルの裏手にある無料駐車場に入るための暗証番号を持っていた。その番号が使えなかったのだ。

世間には、文句のつけようのない駐車位置がちょうどいいタイミングで空くのだと疑いもせず、のんきに車を走らせるドライバーもいる。コーンプロブストはそういうタイプではない。コーンプロブストが人口一五万人のこの町に住み始めた数十年前に比べて、この町で車を駐車するのは大変になっている。それに彼は、この日の予定をぎっしりと詰めこんでいたので、駐車場所についても細かく計画を立てていた。それが、一日の最初の駐車場でつまずいてしまったのだ。

コーンプロブストがホテルの中に駆け込んできた。顔を赤くし、指先は春の寒さでかじかんでいる。「コーンプロブストだ！」彼は初対面の私に大声で挨拶してから、さっと振り返ってホテルのフロントデスクに向かうと、不機嫌そうなフランス語でまくしたてた。フロント係の女性はその朝、クロワッサンのかごが空になったら追加してくれたり、カフェオレマシンを調整してくれたりと、いろいろ気をつかってくれて、とても親切だったのだが、今は困った顔をしている。コーンプロブストは、自分が受けた無礼を説明していた。前日に電話をして、暗証番号をもらっていた。それが今日来てみると、その暗証番号が使えないのだと、コーンプロブストはあごをやや突き出しながら言った。

突然、その女性が裏のドアから外に出て行った。コーンプロブストも正面玄関から外に飛び出して、角のカーブにとりあえず駐車してあった小さな青いルノーに向かった。そして、クレルモン・フェランのでこぼこだらけの道路をぐるりと回って方向転換してくると、役に立たなかった暗証番号を手に、駐車場のゲートにゆっくりと車を進めた。身震いしながら立っていたフロント係の女性が、ゲートに数字を打ち込んだ。コーンプロブストはハンドルを指でたたきながら待っている。ようやく入り口のバーが上がり始めた。フロント係は後ろをちらりとも見ずにホテルに入り、フロントデスクに戻った。コーンプロブストは冷ややかな笑みを見せながら、小さな車のギアを入れてエンジンを吹かし、意気揚々と駐車場所に車を走らせた。

彼はいつも時間を気にしていた。ベルナール・ブリュンの生涯と業績を記念するものを残すことを使命としていたのだ。フランス人物理学者のブリュンが一九世紀の終わりに、研究助手のピエール・ダヴィッドとともになし遂げた驚くべき発見は、人をひどく混乱させ、論争を招くものだった。ブリュンは、かつて地球の二つの磁極――北磁極と南磁極――が入れ替わっていたことを発見したのだ。仲間の研究者たちは、はじめはブリュンの研究結果にひどく驚いたが、発見から数十年後には、磁極が逆転したのは一回だけでなく、予測できない、つまり「非周期的な」間隔で何回も逆転してきたことを示した。磁極逆転が最後に起こったのは七八万年前だ。

ところが、現在の磁極期には彼の名前がついている［七八万年前から現在までを「ブリュン正磁極期」と呼ぶ］のに、ブリュンは科学の世界の記憶からほとんど抜け落ちてしまっている。地球磁場のパターンを読み解く研究分野の必読書である『地磁気・古地磁気学百科事典』（*The Encyclopedia of Geomagnetism and Paleomagnetism*、未訳）にさえ、彼の名前は独立した項目として載っていない。実のところブリュンは、いつもは自国民を称賛することを忘れないフランスでもやはり評価されていない。母国でさえ無名も同然なのだ。磁極が逆転する、つまり北が南になるという、彼の素晴らしい科学的発見もやはり知られていない。

コーンプロブストは同じ物理学者として、自分がこの間違いを正さなければならないと感じていた。ブリュンへの追慕の念が強く、何年か前には、ブリュンが加熱されたもろい粘土岩――古代ギリシャの壺の材料と同じだ――を採取して偉大な発見をなし遂げた、田園地帯の露頭をわざわざ見つけ出したほどだ。彼は苦労して、それらしい場所のヒントをつなぎ合わせたのである。今では、その露頭をほぼいつでも見つけられる、世界でも数少ない人物のひとりだ。その発見場所への初めての巡礼の旅では、これがその地層だと特定することができず、不満な気持ちで帰ってきた。その後、その露頭に何度かたどり着いているが、そこは草木がうっそうと生い茂っているし、目印もまったくないので、見つけられないのではと毎回ひやひやするという。

コーンプロブストは、少なくともクレルモン・フェランにある大学にはブリュンの記念碑を設置するべきだと考えて、数年間にわたり、世界中の地質関係機関や著名な物理学者に手紙を書くことに精力を注いだ。彼らに科学へのブリュンの貢献を思い出させて、ついにパネル設置の費用を調達することができた。そして二〇一四年に大学で、記念碑の除幕式と講演会を開催した。私がコーンプロブストを知ったのは、この除幕式がきっかけだった。コーンプロブストはアメリカ地球物理学連合の機関誌『Ｅｏｓ』に、除幕式についての記事を書いた。それを読んで私はコーンプロブストに電子メールを送り、ブリュンがそれほど重要である理由を教えてほしい、できればその粘土岩層を見つけるのも手助けしてくれないかと頼んだのだ。送信から一三分後に、彼は喜んで手伝いたいという返事をくれた。それから二週間後、私はクレルモン・フェランのホテルにいたというわけだ。

髪は軽快な型にまとめ、それと同じようなオフホワイトの厚手の縄編みセーターを着たコーンプロブストが、駐車場に車を置いてきたので、私たちはホテルを出発して、クレルモン・フェランの路地を足早に歩いた。ここはフランスでも特に古い都市にかぞえられていて、その基礎は二〇〇〇年以上前、当時は聖なる森と呼ばれていた土地に築かれた。そんなわけで、私たちは時間をたどりながら、科学の歴史の中を歩いていた。先の通りには、イエズス会の神父であり、古生物学者でもあったピエール・テイヤール・ド・シャルダンの名前がついている。テイヤール神父は、旧約聖書の創世記は事実というよりも寓喩《ぐうゆ》であると主張して、バチカンの不興を招いた〔テイヤールは北京原人の発見者のひとり〕。やがてブレーズ・パスカル大学の市内キャンパスにある地質学科を通り過ぎた。この大学の名は、一七世紀の数学者・物理学者であるブレーズ・パスカルにちなむ。パスカルの実験と呼ばれる、気圧についての画期的な実験は、この町から数キロメートル離れた場所で、パスカルの義兄によっておこなわれた（コーンプロブストは、通りの先を盛んに指さしながら、「パスカルは気圧の実験をここでやったという話がある」と熱弁を振るった。「しかしそれは正しくない！」）。一九世紀の動物学者カール・ケスラーの名がついた通りを渡る。そしてついに、ラバネス通りにやってきた。通りの名は、白っぽい石でできたルネッサンス様式の小さな砦からきている。これがブリュンの自宅であり、最初の観測所だったのだ。

コーンプロブストは得意満面でその建物を指し示し、眉毛を上げてみせた。それを見ただけでたくさんのことがわかるとでも言うように。

それはごく平凡な建物だった。にぎやかなアートスクールの向かいの、草が生い茂る狭い土地に忘れ去られたように建っており、周りは金網のフェンスで二重に囲われて近づけないようになっていた。低い位置にある窓——かつては気品があったはずだ——の多くが、セメントブロックで部分的にふさがれている。外壁は天然の火山岩で作られていて、それをかつては飾り塗りの漆喰が覆っていた。しかし今ではその漆喰もはがれてしまい、壁の境目に沿って段差ができているので、火山岩がどんなふうに組み合わされているのかよくわかった。建物についている小塔は、一九〇〇年からブリュンが気象データの収集を始めた場所で、これは今もしっかりしていた。六階建ての塔が空にのびていて、一五世紀に作られた透かし模様の鉄細工もそのまま残っている。

この観測所こそ、ブリュンの物語の始まるところだ。そしてブリュンの物語が始まるところは、地磁気逆転の発見の歴史が始まるところでもある。そしてその発見の歴史には、地球の中心核にひそむ、磁気という謎めいた生きものの物語や、それが再びひどく乱れた状態になっていて、またもや逆転するかどうか心を決めようとしているという話も含まれている。

かつてこの土地をさすらっていた吟遊詩人の言葉であるオック語で、「茶色」を意味する名前を持つブリュンが、地球の秘められた力である、磁気を理解することを夢見るようになったのが、この場所だ。私たちが磁気の力を感じることはないし、目にすることもめったにないが、それでも科学者や哲学者たちはその力を理解しようと、何千年にもわたって努力してきた。そしてこれまではたいてい、その力は狭い範囲に一時的に作用するものだと想像されていた。魔術とさえ思われていた。それも気まぐれな魔術だ。実際は、磁気は宇宙における数少ない基本的な力の一つなのだ。それを理解するには、宇宙の誕生まで時間をさかのぼり、宇宙がどのような配置になっているのかを知る必要がある。そしてそうするには、これまでで最も正確な、現実を説明する数学的法則を作り上げてきた、理論物理学者が一緒でなければならない[1]。

第2章　不対電子のスピン

現在、磁気の力は正しくは「電磁気力」と呼ばれている。これは四つある宇宙の基本的な力の一つだ。基本的な力とは、どこにでも必ず存在する力である。その性質はいつまでも変わらない。基本的な力は数学でいえば、素数——3や13のような、1とその数自身以外の整数に分解できない数——に概念的に似ている。基本的な力は、それ以上小さい力に分けることができない。この力は、ただ存在するのだ。

素数は、理論の上では無限個存在する。しかし現在の宇宙には、物理の基本的な力は、重力、強い核力、弱い核力、電磁気力の四つしかない——少なくとも、私たちが知っているのはそれだけだ（注意してほしいのは、科学者たちは五つめの謎の力を探し続けていて、ときおりそれを見つけたと主張しては、論争を呼んでいることだ。今後も目が離せない）。四つの基本的な力はどれも、宇宙のメカニズムに本質的に備わっている力であり、不可欠なだけでなく、逃れることのできない力である。四つの力は、宇宙や太陽、恒星、月、空とともに生まれたのだ。

重力は、ニュートンのリンゴを地面に落としたり、地球が自転してもあなたが地面から離れないようにしたりする力だ。質量のある物体を支配しており、引き寄せはするが、反発はしない。基本的な力のなかでは最も弱いが、空間中を無限に広がる。次の強い核力と弱い核力は、原子の内部では作用するが、それより大きいものには働かない力だ。そのうち、強い核力は原子の中心部（原子核）を一つに結合させる。

一方、弱い核力（「弱い」と呼ぶのは、影響がおよぶ範囲が強い核力よりも狭いからだ）は、原子がばらばらになって、別の種類の原子に変化できるようにする。その性質が弱い核力を究極の錬金術師にしている。弱い核力は原子核の放射性崩壊を引き起こすのだ。地球が今のように暖かくて、居住可能な場所であるのは太陽のエネルギーのおかげだが、このエネルギーは強い核力と弱い核力の両方によるものだ。あなたがこの本を読んでいるときも、太陽内部では、弱い核力によって二個の水素がエネルギーを放出して一個の重水素（二重水素）になり、次に強い核力によって重水素と水素が融合してヘリウム原子になる、という反応が起こっている。

それでは、電磁気力とはなんだろうか。それは、物体をまとめる力だ。私たちを地球にとどめている重力を別にすれば、私たちが目にするものはすべて、磁気力と電気力に帰することができるのだと、アメリカ人理論物理学者のショーン・キャロルは説明する。電磁気力は原子構造の基本であり、電子を適切な位置にとどめ、原子がつながって分子になることを可能にしている。[1] しかし、そうした原子の構造はどこから来ているのだろうか？　実は、宇宙自体の誕生によってもたらされたのだ。

つまりは、一三七億年前のビッグバンである。この宇宙には始まりがあるのだ。宇宙や、その中のあらゆるものは何からできているのだろうか？　場の量子論によれば、その答えは、原子よりもさらに基本的なところまで立ち返って考えることができるという。場の宇宙論では、宇宙は、基本的な力のそれぞれに対応する場と、物質を支配する一三種類の場から形作られているとされる。[2] 場とは、単純に言えば、宇宙のすみずみに広がり、世界のあらゆる場所である値を取る流体のような物質を、数学的に表現する方法だ。[3] そして、場はさざ波を立て、揺れ動く。難しい概念だ。アメリカ人物理学者の故リチャード・ファインマンは、カリフォルニア工科大学で学部生向けにおこなった有名な物理の授業で、自分は電磁場を頭の中でイメージできたことがないと語っている。「私自身電磁場をどうやって想像するか。私が実際見るのは何だろう。科学的想像の要請とは何だろう。部屋一杯に見えない天使がいると想像しようとするのとちがうだろうか。いや、見えない天使を想像するようなものではない。電磁場を理解するには見えない天使を理解するより高次の想像がいる。」[4]（『ファインマン物理学 Ⅲ 電磁気学』宮島龍興訳、岩波書店より引用）

とはいえ、電磁場の一部は目で見ることが可能だ。光の波は、空間を進む電磁場の凹凸である。一方で粒子は、一カ所にしか存在できず、同時に別の場所には存在できない。それでも、光の粒子もそうだが、粒子はやはり場の一側面であり、小さな波が集まってエネルギーの束になったものだといえる。[5] そして粒子は原子、つまり見たり、触れたりできるものの材料である。最も基本的な粒子は、電磁場についていえば、電子と二種類のクォーク（アップクォークとダウンクォーク）である。電子とクォークはそれぞれ独自の場を持っている。これを生物の言葉で表すなら、電子とクォークは、地球上のあらゆる生物の基本であるＤＮＡの塩基対のようなものだ。宇宙の不思議なところは、概念の上では、どのクォークも別のクォークと入れ替えられることだ。同じことが電子にもいえる。電子とクォーク、そしてそれぞれの場は、あなたも含めて、あらゆる物体を作るのになくてはならないものだ。

このことが必然的に意味するのは、といっても理論物理学者にとってはだが、私たちが観測しているものは、実際にそこにあるものの一部に過ぎないということだ。私たちが通常、何もないと思っている空間は、この強力な電磁場で満たされている。そしてこの電磁場が、物体に物理的な形を与えると同時に、他の力や場を生み出している。物理学者にとって、これは当たり前の現実である。

誕生から数百万分の一秒後、宇宙の温度は、クォークが結合して陽子と中性子を作れるほどまで下がった。陽子と中性子は、最終的に原子核を形作ることになる小さな粒子である[6]（原子〔atom〕という単語は「分割できない」という意味のギリシャ語に由来している。今考えれば、この名前は間違いだ）。電子が結合して、それより大きなものになることはない。電子は単独のままだ。こうした陽子や中性子、電子がこの段階で原子を作ることはない。宇宙はまだ熱過ぎるのだ。この時点では単なる粒子だ。

この新しい宇宙の人生が始まってから一〇〇秒ほどたつと、陽子と中性子が結びついて、ヘリウム原子の原子核――陽子二個、中性子二個――を作れるところまで温度が下がる。さらに三八万年たつと、さらに温度が低くなって、こうした単純な原子核の一部が、周りの空間にある電子をつかまえるようになる。電子はマイナスの電荷を持つ。陽子はプラスの電荷を持つ。電磁場には、反対の電荷は引き合い、同じ電荷は反発するという一般原則があり、電子と陽子はそれにしたがう。そのため、マイナスの電子がプラスの陽子に引かれていく。この引力のせいで、電子は原子核の周りの空間に住み続けている。中性子は、その名が示すとおり、中性だ。陽子がプラスで、電子がマイナスで、中性子が中性なのはなぜか？　その点についてはまだ、誰も満足のゆく説明をできていない。ただそういう違いを持って生まれ、私たちがたまたまそういう名前をつけただけというように思える。では、反対の電荷が引き合うのはなぜか？　これもやはり、場がそういうふうにできたということのようだ。

　原子の質量のほとんどはその中心、つまり原子核内の陽子と中性子にある。電子は軽く、いつも動いている。化学者たちが好むたとえで言えば、原子全体が野球場の広さだとしたら、原子核はその真ん中に置かれた野球のボールくらいの大きさだ。そのため、初期の原子構造理論では、原子のほとんどは何もない空間でできていると思われていた。現在では、この空間には目に見えない場が満ちていることがわかっている。原子が物質を作っていることを考えると、空間ばかりではなく、たいていの物質が、目に見えない場で満たされているともいえる。私たちの体を作っている物質も例外ではない。私はときどき、このことを解明した科学者の気持ちを想像してみる。彼は自らの手を改めてじっくりと見て、その内側をのぞこうとしたのではないか。

　原子の種類を決めるのは、原子の構成要素であるこれら三種類の粒子——電子、陽子、中性子——の組み合わせだ。ここでポイントをあといくつか理解できたら、磁気の中心をなす考え方の一つにたどり着ける。

　重要なのは陽子の数である。陽子の数が元素の種類を決めている。言い換えれば、元素のアイデンティティそのものが、その原子核にある陽子の数によってコントロールされているのだ。元素周期表の順番も同じだ。周期表は、水素を先頭に、原子番号（陽子の数）が増えていく順番に並べてあるからだ[7]。

　陽子の数が変わる場合——放射性崩壊や核融合などが起こる場合——には、原子の名前も変わる。つまり、水素が水素なのは、原子核に陽子が一個しかないからだ。超高温で加熱して、水素の原子核二個を融合させると、陽子が二個の原子になる。したがってこれはヘリウムだ。原子核内の陽子の数が元素の名前を決めているのである。

　これとは対照的に、原子に含まれる中性子と電子の数が変化しても、名前は変化しない。たとえば周期表の六番目の元素である炭素の場合、陽子は常に六個ある。しかし自然界には、中性子の数が異なる炭素がときどき存在する。中性子数が異なる元素を同位体という。[8] 中性子が多過ぎると、原子は放射性を持って不安定になり、より安定な別の元素に姿を変えようとする。

　電磁気の謎を解く鍵の一つが、原子核の周りの空間に存在している電子だ。一〇〇年あまり前に電子が発見されたとき、科学者たちはそれを、太陽の周りを公転する地球のように、中心星である原子核の周りにある決まったコース上を動く小さな惑星のようなものだと想像した。さらに「軌道《オービット》（orbit）」のように、用語を決めるときにもその想像を当てはめた。

　現在、科学者たちは、電子が「軌道《オービタル》」を動く、という言い方をする。電子軌道は、電子がどこに存在するかという確率を表す数式である。私には、これは回りくどい言い方に聞こえる。しかしそれは単に、電子が決まったコース上ではなく、原子をとりまく、かなり決まった形をした三次元の雲のどこかにいる、ということだ。つまり、たぶんこのあたりにいるだろう、という話であり、一カ所を指さして、まさに今、ここに電子がいる、と断言することはできないという意味である。そしてそれは必ずしも、円形の軌道とは限らない。電子軌道には、理論から導かれるさまざまな形がある。球形のものや、８の字形やダンベル形などの複雑な三次元形もあるし、それよりはるかに複雑な形もある。

　電子や他の粒子は、場を構成する流体状の成分としての役割と、実体を持つ一個の粒子としての役割を同時にこなしているというのが、直感には完全に反するが、非常に重要な基本的考え方だ。電子などは、宇宙を形作る場の構成成分である。たとえば電子は、ある電子軌道から別の電子軌道に飛び移るときには、一個の物理的実体としてふるまっている。しかし、特定可能な一つの場所に存在できない場合はいつでも、波や場のようにふるまうのだ。電磁気を理解したかったら、私たちはこの複雑な話を受け入れる必要がある。

説明はあともう少しある。電子のふるまいを惑星にたとえるのはもはや時代遅れだが、イメージするにはやはり便利だ。電子軌道が、原子核を中心とする同心円状のリングや層、殻の集まりのように配置されていると考えるのも、やはりイメージする助けになる。そうやって単純化すると電子軌道が少し想像しやすくなる。重要なのは、電子が原子核から遠くにあるほど、電子のエネルギーは高くなり、原子の影響力から引き離しやすくなるということだ。

電子軌道上にある電子が持つこうした特異な傾向は、磁場が生成されるしくみにかかわっている。多少の例外はあるが、宇宙にある電子はすべて、電子軌道上にあるか、電子軌道に移動する途中かのどちらかだ。[9] しかし破ることのできない宇宙の決まりとして、それぞれの電子軌道には電子が二個（一対）までしか入れず、そこで対になった電子（電子対）は逆方向にスピンしていなければならない。[10] わかりにくい話だが、ここで時計の比喩を使って方向を表せば、対になった電子の片方が時計回りにスピンしていたら、もう片方は反時計回りにスピンしなければならないのだ。要するに、片方の動きをもう片方が相殺することで、バランスを取らねばならないということである。さらに、それぞれの電子軌道は、決まった数の電子対を収められる電子殻に含まれている。つまり電子がグループ分けされているということだ。

電子には、電子軌道に入るにあたって、強いこだわりがある。非常に厳しく決まった方法で電子軌道を埋めていくのだ。実は電子には、例外的な状況でしか破ることのできない、厳格な行動規範がある。一つの電子殻をすべて埋めてからでないと、別の電子殻に進んではいけないのだ。野球場のたとえに戻ると、まずは内野席の前方ブロックの席を埋めて、それでもまだ十分な電子があったら、内野席の上の方や、外野席に進んで、ブロックごとに一列ずつ席を埋めていくようなものだ。

電子は、対にならないのが断然好きだ。[11] 電子軌道上の空いた場所をひとり占めしたいと思っている。対になるのは最終手段なのだ。それでも、その外側の電子殻、つまり球場の上の列に移動するためのエネルギーを使うよりは、対になることを選ぶ。外側の電子殻に行けば、空いた場所をひとり占めできるにもかかわらず。

この電子の特徴について、大学で化学を教えている気取らない性格の人が、野球場でビールを浴びるほど飲んだ若いころを思い出したのか、こんなふうに説明してくれたことがある。トイレで今すぐ小用を足したい男性が六人並んでいて、小便器は三つしかないとする。三番目の人までは当然ながら、小便器を一つずつ使える。その時点で、残りの人たちはそれぞれ、小便器を一緒に使わせてくれと頼む。誰も使っていない小便器があるときには、一つの小便器を二人で使うことはない。みんな自分一人で小便器を使うほうがいいからだ。そして、どの小便器も二人目の場所まで埋まってしまったら、並んで尿意を必死で我慢している人たちは、上の階に行って別のトイレを使わざるをえない。

しかし、一つの電子軌道で電子が入れる場所の数は偶数——二つ——だが、原子が持つ電子の数は偶数でなくてもよい。これはつまり、電子が電子軌道をひとり占めしている場合があるということだ。こうした電子を不対電子という。フランス語では不対電子を「électron célibataire」というが、「célibataire」には「独身」の意味がある。

磁気が関係してくるのはここからだ。物質を作っている原子に、一つ、または複数のスピンする不対電子がある場合、その原子自体が微弱な磁場を作り出している。ところが一部の変わった物質では、そうした単独の電子の大多数が同じ方向にスピンして、整列しており、より大きな物質全体としての磁場が強くなり、個々の電子よりも磁場の影響範囲が広がるのだ。たいていの物質では、そうした磁場は弱くて一時的であり、高感度の装置でしか測定できない。物質内の磁場が、互いに強め合うのではなく、打ち消し合うような向きに並んでいる場合もある。しかし強力な磁場を保つことのできる元素もいくつかある。最も一般的なのが、鉄、コバルト、ニッケルだ。鉄原子には、一番外側の電子殻に四個の不対電子がある。コバルトは三個、ニッケルは二個だ。こうした元素が他の元素と結合して、磁鉄鉱《じてっこう》や加熱された粘土岩、玄武岩などの物質になると、その物質内の磁場はきわめて長時間持続するようになる。

同じ方向にスピンする不対電子は磁場を作り出すので、全体の磁場もある方向を向くと考えるのは理にかなっている。実際にそうなっている。電子軌道の場合と同じように、科学者はこの現象を表すのに、身近な惑星のイメージを取り入れた。つまり、磁石にはN極（北極）とS極（南極）という磁極があり、そこで磁場が最も強くなる、そして磁場（磁力線）はN極からS極に向かうという言い方をするのだ。

同じ磁極は互いに反発し、異なる磁極は引き合う。原子構造の中の陽子と電子が持つ、プラスの電荷とマイナスの電荷と同じことだ。反対の電荷は引き合い、同じ電荷は反発する。そのため、二つの磁石のN極とS極をくっつけようとしたら、カチッとくっついて、磁場の範囲は広がり、力は増幅する。しかしS極同士、またはN極同士を近づけようとしても、磁石は反発し合う。一つになることを断固として拒否するのだ。これは、磁石が基本的に持つ押し引きの力だ。この押し引きをしているのは、磁石が持つ目に見えない強力な場であり、それは宇宙を作り上げているのと同じ場である。

　磁石には、向きと同時に、強さ、つまり強度もある。想像できると思うが、原子が一個だけであれば、そこにスピン不対電子が何個あろうとも、その磁場はかなり弱い。スピンする不対電子を持つ原子をたくさん集めれば、磁場はもっと強くなる（強度が高くなる）。つまり大きな磁石は小さな磁石よりも強力なのだ。また、さっき言ったように、二個の磁石のN極とS極をくっつけたりすれば、より強力な一個の磁石になる。これは筋が通っている。同じ方向を向いている、スピンする不対電子の数が増えたのだから。

　要するに、磁石やそれが生み出す磁場を完全に説明するには、方向と強度の両方について言えなければならないということだ。数学の世界では、二つの成分からできているものを「ベクトル」と呼んでいる。[12] 物理の世界でいう速度は、速さ（スピード）だけでなく方向も関係しており、ベクトルを使って表す。つまり、「この車の速度は北東方向に時速一〇〇キロメートルだ」と表現する。それは、「この車は北東方向に移動している（方向だけ）」や「この車は時速一〇〇キロメートルで移動している（速さだけ）」と言うのとは違うのだ。

　大局的な見方をするならば、もし宇宙が、電磁気力という基本的な力なしに作られていたら、そこは原子ひとつひとつの構造に至るまで、想像もできないほど根本から違った場所になっていただろう。

第3章　磁気の世界の忘れられた人物

コーンプロブストは、ラバネス通りにあるブリュンの観測所だった建物の敷地の周りを歩きながら、地磁気の科学を大きく変えたブリュンの役割について、じっくりと語った。ただし自分は地磁気の専門家ではない、ブリュンの専門家だというだけだと念を押した。私は信じなかった。科学者たちは昔から、ある分野の学術論文を山ほど発表していない限り、自分はその分野についてよく知らないと言うものなのだ。コーンプロブストよりも地磁気に詳しい人は、この地球中に数百人くらいだろう。

コーンプロブストは若手科学者だったころ、地球のマントルと恋に落ちた。マントルは、地球を形作る四つの層のなかで最も厚い層だ。外套という意味もあるマントル（mantle）と名づけられたのは、球形をした外核と内核をすっぽり包んでいるからだ。そのマントルもやはり大部分が、岩石でできた地殻に包まれている。ただし、マントルが地殻を突き破って出てきている例外的な場所が何カ所かある。「モロッコがそうだ」コーンプロブストはため息をつき、夢見るような目で言った。「あそこには、見事なマントルがある」

マントルは、ケイ素——コンピューターチップを作るのに使われる元素——を主な成分とし、強い圧力を受けている層で、放射性元素の崩壊エネルギーで熱せられている。いつも静かに動いていて、そのスピードは地球の中心核よりも遅い。一方、いくつもの固いプレートからなる地殻は、マントルの上をさらにゆっくりした速度で動いており、大陸や海をほんの少しずつ動かしている。ときおり、このプレートが引き裂かれたり、他のプレートの下に吸い込まれたりした結果、地震や火山噴火が起こる。内核や外核と同じように、マントルも、その熱の一部を放出する役目を果たしている。火山や地震が起こるのは、マントルの熱を逃がすためなのだ。熱を放出したいというその欲求は、中心核で生成される、地球独自の磁場を陰で動かす力でもある。地球の熱は内側から外側へと移動する。内核から外核へ、そしてマントルへ、さらに地殻へという流れだ。したがって、マントルを理解することは、中心核や磁場そのものを理解することになるのである。

コーンプロブストは一九八〇年代中ごろ、クレルモン・フェランにあるブレーズ・パスカル大学で地質学科の学科長の職にあったとき、火山と地磁気の研究センターを設立した。この研究センターはブレーズ・パスカル大学をこの分野の世界トップクラスの地位に押し上げた。フランスでは昔からこの分野の研究が熱心におこなわれていて、コーンプロブストによる研究センターの設立もそうした流れの一環だといえる。一九九八年までの一〇年間、コーンプロブストはクレルモン・フェラン地球物理観測所の所長を務めた。ブリュンが二〇世紀の最初の数年間、ラバネス通りのこの建物に住んでいたころに務めたのと同じ職だ。そしてこの建物こそ、初代のクレルモン・フェラン地球物理観測所だった。

建物の一階には、身をかがめないと入れないほど低い、厚板材のドアがあった。ブリュンはそのドアから、自宅兼観測所に入っていき、階段を六階まで上っていったはずだ。その丸い小塔の手すりの内側に立って、宇宙の星々と、地球の核で起こっている乱れの両方について考えたに違いない。その敷地に残っている木々のなかには、ブリュンと彼の家族が住んでいたころから立っていたと思えるほどの老木もあった。

フェンスに看板がぶらさがっていた。建物が二〇〇九年にフランスの歴史的建築物にされたというのに、土地が売られてしまって、これから四二軒の住宅に再開発される予定なのである。コーンプロブストは口を真一文字に結んだ。またも顎を突き出している。彼はすでに、この再開発計画に反対する学生たちの抗議活動のとりまとめを手助けしていた。ブリュンの最初の観測所を汚す行いを、黙ってみているつもりは毛頭なかった。

クレルモン・フェランに立つ、このほっそりとした「ラバネス塔」は、ヨーロッパ各地から天気や大気条件の情報を集める観測網の中継地点として始まったのだと、コーンプロブストは説明してくれた。もともと、この塔は地磁気とはなんの関係もなかったし、科学の流れを変えるようなものでもなかったのだ。

クレルモン・フェラン郊外にピュイ・ド・ドームという火山があり、ラバネス塔は当時、その山頂に設置された世界初の山岳気象観測所と電信線でつながっていた。ピュイ・ド・ドームは、フランス中部に連なる古い火山帯のなかで最も有名であり、勾配がとてもきつくて険しいため、自転車レース「ツール・ド・フランス」のコースの一部になっていたこともある。今でも、この山はクレルモン・フェランにとって圧倒的な存在であり、全能の巨人である。晴れた日には、今でも気象データを収集している気象観測所が山頂にぽつんとあるのが見える。

一方で、ラバネス塔はパリとも結ばれて、山岳部から平野部、そして首都へ、そしてそこからヨーロッパへとつながる気象観測ネットワークを作り上げていた。しかしブリュンの関心は気象学にとどまらなかった。一九九九年刊行の短い伝記によれば、ブリュンは一八六七年生まれだ。七人の非常に頭の良い子どもがいるという驚くべき一家で、ブリュンはそのきょうだいの一番上だった。きっと彼は、きょうだいに負けない成功を収めたいと思っただろう。

父のジュリアンは、クレルモン・フェランから南に車で二時間ほどのところにあるオーリヤックという町で、優れた靴職人の子どもとして生まれた。ジュリアンは商売の世界を飛び出して学問の道に進み、ついにはパリで学び、物理学教授になった。後に、ディジョン大学〔ブルゴーニュ大学の別称〕で理学部の学部長も務めた。

ベルナール・ブリュンと弟のジャンは、父の背中を追いかけるように科学の道に進んだ。実際、ジュリアンが一八九五年に亡くなると、ベルナールはディジョン大学で父に代わって教えるようになった。しかしよく知られているのは、地理学者だったジャンのほうで、「人文地理学」――人間と環境の相互作用を研究する社会科学――という用語を作り出し、この分野を立ち上げたことで有名である。

ベルナール・ブリュンが発表した論文や、伝記から浮かび上がるのは、体はきゃしゃだが、いちずな性格で、熱心なローマカトリック教徒であり、理想主義的な社会改革者という人物像だ。彼とジャンは一八九二年に、キリスト教社会主義者の青年代表団としてローマを訪れ、ローマ教皇レオ一三世に謁見した。ふたりは、レオ一三世が一八九一年に出した、労働者階級が置かれていた状況に向き合った初めての回勅《かいちょく》である「新しき事柄について《レールム・ノヴァルム》」に感化された。その回勅は、社会正義や気候変動に対する、現代のカトリック教会の見解の根拠とされており、教皇フランシスコによる取り組みの礎でもある。この回勅の影響を受けて、ベルナールとジャンは肉体労働者向けに夜間授業を始めている。

学術的な面では、ブリュンは博学者だった。彼の時代にはそういう学者がとても多かったのだ。関心のある分野は、光学から音響学、電気学から熱力学、X線、園芸学から植物学、そして現在は環境保護論と呼ばれているものまで、多岐にわたっていた。しかし一九〇〇年、クレルモン・フェラン地球物理観測所の所長に任命され、理学部の教授にも着任すると、意気込んでギアを切り替えた。新たな分野は地球物理学だ。それは幅広い分野で、地球やその大気の形状や構造を含む。しかしそれだけでなく、地震、重力、火山、岩石磁気も網羅している。

ブリュンは、ピュイ・ド・ドームの観測所を改装して広くし、電気が使えるようにガス発電機を導入し――当時の素晴らしい新製品だ――、弟子のピエール・ダヴィッドを常駐させた。一方、ラバネス塔はというと、立地条件が気象データの収集に最適ではないと考えて、立派な建物を数キロメートル離れた場所に新しく建てることを計画した。

ブリュンは、気象データを丹念に調べたり、ラバネス塔の観測所を運営したり、ピュイ・ド・ドームの観測所を改築したりしながら、岩石の磁気に燃えるような情熱を注ぐようになった。当時は基本的な疑問でさえ解明されていなかった。岩石はどのようにして磁気を帯び、それを持ち続けるのか？　岩石がいつ磁化したかを知るにはどうすればよいのか？　磁気を帯びた岩石から、この惑星のしくみについて何がわかるのか？

この日のスケジュールで決まっていたとおり、コーンプロブストは彼の小さなルノーをレ・ランドのがらがらの駐車場に入れた。この立派な建物は、二〇世紀の初めにブリュンの依頼で、現在のブレーズ・パスカル大学のメインキャンパス内に建てられたものだ。コーンプロブストは車から勢いよく降りると、自分のものであるかのようにあたりを見回し、ゆっくりと息を吸って、肺をサクラの花の香りで満たした。レ・ランドは立派な二階建ての赤い建物で、窓が何列も並んでいる。建物の周囲には、驚くほどいろいろな種類のサクラの木と、数棟の離れがあった。一九一二年に開設されたこの新しい観測所は、町中の小さなラバネス塔から比べれば飛躍的な進歩だった。コーンプロブストは観測所長として九年間、この建物にいた。そしてこの建物は、彼自身が数多くの業績をなしとげた舞台だった。彼はここに、噴煙内の粒子の速度を測定するドップラーレーダーを導入した。また、フランスに数十台配置されている地震計の一つがある地震観測点を設置し、最新の地震データを、起こりうる地震活動を監視したいという一般市民や科学者に無料で提供していた。

メインの建物は、フランス地質調査所（BRGM）に引き継がれていた。その仕事は、この地域の地下水水位や、試掘孔、石炭や鉛、ウランの鉱脈などのデータを集めることだ。当時の所長は数週間前に着任したばかりで、コーンプロブストは、いつも通りの手際よさで、新しい所長にあらかじめ電話して訪問予定を伝えてあった。彼は足早に玄関に向かった。そして所長が現れると、「コーンプロブストだ」と名乗った。彼女はコーンプロブストの語気の強さにぎくりとしたように見えたが、所内をあちこち見せてくれた。

コーンプロブストはあっけにとられていた。昔いたオフィスがすっかり改装されていたことにショックを受けたらしい。何というぜいたく！　幅の広い机がある。窓からの眺めも素晴らしい。彼女のオフィスから、コーンプロブストは私たちの次の訪問先を指さした。芝地の向こう側にある、大きな新しい建物だ。駐車場はほとんどない。車はレ・ランドの駐車場に残して、歩いて行こう。コーンプロブストはそう言った。

するとと所長がなだめるようにこう言った。「まさか、あなたなら駐車場の心配なんてしないでしょう？」私たちは車に戻った。コーンプロブストは、セメント造りの印象的な近代風のビル群に向かって車を走らせ、かなり大胆に、その前の駐車禁止の場所に駐車した。そのビル群は、クレルモン・フェラン地球物理観測所の三番目の、そして現在の所在地であり、コーンプロブストの自慢の種だった。

コーンプロブストは、ルネサンス時代の塔から、レ・ランドを経て、このセメント造りの巨大なビルへと続く、観測所の歴史をたどることができる。フランスに暮らしたことのあるすべての物理学者のなかで、クレルモン・フェラン地球物理観測所の所長という役割と、それをより近代的なものに生まれ変わらせるという事業の指導者という役割の両方を務めたことがあるのは、コーンプロブストとブリュンだけだ。

そうした親近感があったからこそ、コーンプロブストは、ブリュンの名を世界の人々の――あるいは、少なくともクレルモン・フェラン地球物理観測所の学生やスタッフの――記憶に間違いなく残そうという、この取り組みを始める気持ちになったのだった。その仕事がそれほど大変だったのは不思議だった。科学者というのは、ふつうはいくらでも正確に記憶できるものなのに。コーンプロブストは、建物の真ん前にある、堂々とした記念碑を指し示した。彼がＥｏｓの記事で書いた記念碑だ。明るい青緑色のエナメルが塗られた溶岩からできており――溶岩を使っているところは、火山学者と古地磁気学者の内輪ネタのようなものだ――二本のしっかりした足がついている。ブリュンの発見から一〇〇周年を祝う言葉が、細くて白い書体で書かれており、ブリュンの横顔が浮き彫りで描かれていた。

そこに描かれたブリュンは、ほっそりした男性だった。尖った顎ひげは手入れが行き届いており、首は長い。ぱりっとした高い襟は世紀末《ファン・ド・シエクル》の退廃的な雰囲気を連想させる。フランスにおけるブリュンの公式的な記念物は、今のところ、この記念碑と、この建物内にある、同じ肖像画を使った飾り額の二つだけだ。コーンプロブストの努力にもかかわらず、ブリュンはいまだに忘れられた物理学者なのだ。

コーンプロブストはうれしそうに、記念碑の右下に描かれているコンパスを身振りで示した。四本の針が、地球の端の四方向をそれぞれ指している。ただしこのコンパスは、東と西は予想通りの場所にあるが、北と南は入れ替わっていた。それは、ブリュンの発見を思い出させるいたずらっぽいやり方であると同時に、あまり知られていない現代科学の真実でもある。地球という磁石のN極（北極）は、実は地球の南極にあるのだ。それは、磁気を表す用語では、磁石から磁場が流れ出す極がN極だからだ。磁場が流れ込む極はS極になる。現在、地球の磁場は私たちが南極と呼んでいる極から流れ出している。

ホモ・サピエンスが磁気の謎を解き明かそうとしてきたあいだ、南北の磁極はずっと地球上で、私たちが考えていたのとは反対側にあったのだ。

第4章　鉄を引きつけるもの

磁気の問題を突き詰めて考えていくと、地球やその地質学的特徴、さらにはそこに住む生物種がどのようにしてその形になったのか、という話になる。そのため、磁気にかんする新発見は、伝統的な宗教思想とぶつかることが多かった。ブリュンも経験したことだが、そうした新発見が、伝統的な科学思想に疑問を投げかけることもたびたびあった。研究者のなかには、その時代の教義を疑問視する発見をしたことで、自らの評価や仕事、自由、さらには命まで危険にさらすことになった人もいる。長いあいだ、磁気の意味を解明するためには、反体制文化的な想像力が必要とされてきた。

「磁石」（magnet）という名前そのものは、古くは芸術の世界にルーツがあり、紀元前八世紀にイーリアスやオデュッセイアといった有名な長編叙事詩を書いた、古代ギリシャの詩人ホメロスまでさかのぼる。ホメロスの叙事詩をさらにたどると、アルファベットの発明以前から口承詩人によって作られていた物語に基づいている。ホメロスの詩には、ギリシャ神ゼウスの息子である、神話上の英雄マグネス（Magnes）が登場する。マグネスはギリシャ中部テッサリアの一地域の王で、その地域は王の名と、その民マグネテス人（Magnetes）にちなんで、マグネシア（Magnesia）と呼ばれていた。このマグネテス人の土地でよく産出した鉱物の一つは、今では人々とその土地、そして英雄である王にちなんで、磁鉄鉱《じてっこう》(magnetite)と呼ばれている。

磁鉄鉱は酸化した鉄で、自然に生まれる永久磁石である。その分子には十分な不対電子があり、スピンの向きがそろっているので、強い磁場を持つのだ。磁鉄鉱は何百年にもわたって、「lodestone」とも呼ばれてきた。この言葉は、ある人の人生を導く力、あるいは道徳的な基準点の比喩として、文学世界に広がっている。最近の分析で、ギリシャのテッサリアは珍しい純粋な磁鉄鉱の産地であることが明らかになった。つまり、テッサリアの磁鉄鉱は、非常に強力な天然磁石だったのだ。[1]

磁石という単語の由来については、古代ローマの著述家である大プリニウスが、一世紀に百科全書『博物誌』(*Naturalis Historia*)に記した別の説もある。それは、マグネスという名の羊飼いが小アジアかクレタ島の山を歩いていて、自分の靴や杖の金属部分に磁気を帯びた石がくっついてきたのを発見した、という話だ。この羊飼いの名が、「その抱擁の中に鉄が飛び込んでいく」物質の名前になったのだと大プリニウスは書いている。[2]

しかし、なぜ鉄は磁石に飛び込んでいくのだろうか。歴史家のA・R・T・ヨンカースは、初期の西洋哲学者たちが考えた主な説明は二つあるとしている。[3] 一方の陣営は、磁石が引き合うのは、生き物が相手への親しみや同情によって引き合うのと同じだと考えた。もう一方の陣営は、磁石の引き合う力は機械的なもので、実在する粒子か、「発散気《エフルヴィア》」(流出物)から生まれると考えた。

紀元前六世紀のタレスは、前者の「同情派」だ。西洋最古の哲学者として知られるタレスは数学と天文学の天才で、こぐま座を発見したり、紀元前五八五年五月二八日の日食を正確に予測したりしている。[4] その思想が後世に伝えられたのは、アリストテレスなどが彼について書き残したからだ。タレスは、教義によりかかるのではなく、決然とした観察眼を第一とするその姿勢によって、近代的な世界観の礎を築く役割を果たしたと言われている。

タレスは、哲学を専門としながらも、実際的な考え方の持ち主だった。現在のトルコ沿岸部にあたる、ミレトスというギリシャの植民市で、自らの研究を優先して貧しい暮らしをしていたタレスは、裕福な隣人たちに嘲笑されていたが、あるとき悪賢いいたずらを仕掛けた。ある冬、その天候でいけば翌年の秋にはオリーブが豊作になると予測したタレスは、金をかき集めて、その地域にあるオリーブの圧搾機を一つ残らず安価で借り受けた。オリーブが実ると、タレスはその圧搾機を貸し出して、かなりのもうけを出したのである。

アリストテレスが伝えるところでは、タレスは、磁石には霊魂があり、鉄を動かせるのはそのためだという画期的な考え方を示した。それは、神々だけが物事を実現できるという、当時有力だった考えを大胆に否定するものであり、物質と人間は神々の手駒だとする世界観に対する異議申し立てだった。代わりに示されたのは、世界を理解することとは、身の回りを見て、理論を立て、それを検証することだという、科学実験の基本となる考え方である。タレスがその思想を理由に処罰を受けたかどうかについて、記録は残っていない。しかし処罰を受けなかったことをうかがわせる手がかりは二つある。まず、タレスは老齢を迎えてから、体育競技会の場で倒れて亡くなったと伝えられており、収監されたり、隔離されたりしていた様子はないことだ。もう一つは、タレスが属していた学派がその後も長く続き、タレスの他にも多くの革新的な哲学者を生み出したことである。

シチリア島出身のエンペドクレスは、タレスらとは反対の陣営に属した紀元前五世紀の人物で、銅製のスリッパを好んで履くなど人目を引く装いをしていた。[5] 彼は、鉄が実体を持つ発散気、つまり蒸気のようなものを「小孔」から放出していると考えた。この蒸気が磁鉄鉱に引き寄せられるときに、鉄はその蒸気にただ引きずられていくのだ。このような、磁気を実体のあるものとして説明する考え方は、その先数百年にわたって、哲学者から哲学者へと伝えられていった。そして新たな哲学者の手に渡るたびに、少しずつ姿を変えた。紀元前四世紀にはデモクリトスが、「原子」が玉継ぎ手やかぎ止めのようなしくみで結びついているという理論を提唱した。彼の説では、鉄の原子が磁石に引き寄せられることで、鉄は磁鉄鉱と結合させられるとしていた。その一〇〇〇年後、エピクロスは、磁力の原因は謎めいた環のような結合にあるとした。[6]

紀元前一世紀には、『デ・レルム・ナトゥラ』（物の本質について）を書いた古代ローマのルクレティウスが、やはり機械的な説明を支持した。ルクレティウスの著作として唯一知られている『デ・レルム・ナトゥラ』は、ダクテュロス・ヘクサメトロス（長短短六歩格）という、ホメロスやウェルギリウスが世に広めた形式で書かれた、七四〇〇行の詩である。この詩は、デモクリトスが提唱した革新的な原子論をさらに発展させたものだ。ルクレティウスは、人間も含め宇宙のあらゆるものは、小さな粒子——原子——でできていると主張したのである。それだけでなく、宇宙や、そこに存在する生物は、時間とともに進化してきたとも述べた。これはタレスの考えを大幅に前進させたものだ。そして、神々が世界を創造したという考えを真正面から否定するものだった。ビクトリア時代の翻訳によれば、ルクレティウスはこの驚くべき作品において、磁鉄鉱を「人々が驚嘆する石」と描写した。[7] また、鉄と磁鉄鉱のあいだをめぐる空気が真空を作り出し、この真空が鉄と磁石を引き合わせるのだとした。

ルクレティウスは、磁鉄鉱をよく理解していたとまでは言えないが、磁石について非常に熱心に書いている。その後、彼の著作は忘れ去られていたが、一五世紀になって、ヨーロッパの修道院に埋もれていたわずか数点のかび臭い写本の形で再発見された。そしてこのときもルクレティウスの詩は人々に刺激を与えた。それは最終的に、ガリレオ・ガリレイや、チャールズ・ダーウィン、アルベルト・アインシュタインなど、世界でも特に革命的な近代科学者たちに影響を与えることになる。[8]

しかし、早い時期に磁石について考えた人々の一部は、磁石は、地球の誕生やその未来、あるいは神々の立場といった話とは関係がないという立場をとった。彼らにとって磁石は、思想上の問題を引き起こす存在ではなく、珍奇な品や、道具という位置付けだった。紀元前五世紀から四世紀にかけて、西洋医学思想の基礎を築いたヒポクラテスは、出血がある場合、磁鉄鉱を患部に直接縛り付ければ――石のままでも、粉末状でもどちらでもいい――止血作用があるとした。そこから磁石が完全に魔術とされるのは当然のなりゆきだったと言える。西暦四世紀に石の魔術への利用について書かれた詩「オルフェウスのリティカ（Orphic Lithica）」では、磁鉄鉱は、人間であれ、神であれ、情熱によって引きつける力を生み出すとしている。つまり、それは待ち望まれていた欲望の鍵だったわけだ。

方角を知るための道具として磁石を使うことも、やはり古代に始まっている。中国では、紀元前数世紀ころから、磁鉄鉱を使った複雑なコンパスが作られるようになっていたようだ。中国人は磁鉄鉱を「慈石」と呼んだ。物理学者であり、磁気の歴史を研究しているジリアン・ターナーは、著書の『北極、南極』（*North Pole, South Pole*、未訳）で、中国人が村の通りなどを、風水の考えに合った方向に配置するのに使ったらしい道具のレプリカを紹介している。[9] この道具には、おおぐま座（北斗七星）をかたどった、磁鉄鉱のスプーンが使われている。このスプーンは、天空を表す銅製または木製の板の上に置かれている。おおぐま座と天空の両方が、地球を表す正方形の板の上にあるという形だ。このスプーンの持ち手が指すのは南だ。面白いことに、中国人は基準となる方角を、北ではなく南としていたようだ。

ターナーによれば、中国人たちは西暦一二世紀初頭には、鉄の針を磁鉄鉱でこすることで、航海用コンパスを作る技術を身につけていたという。そうすると、鉄の針の不対電子が一時的に同じ方向に並ぶのだ。彼らは磁化した針を絹糸か何かで吊して、針が南北方向を指すようにした。この素晴らしい技術が西洋世界で完成し、船乗りたちが羅針儀上の磁化した鉄の針に頼るようになるのは、それから数十年もたってからのことだ。当時の船乗りたちは、「lodesmen」と呼ばれた。

とはいえ、近代磁気学の父であり、一部では近代科学研究の生みの親とも言われるのは、中世フランスの一人の技術者である。その人物は、ピエール・ペルラン・ド・マリクール、ラテン名ペトロス・ペレグリヌスとも呼ばれる一三世紀の科学者で――おそらくは騎士でもあった――シャンパンで有名な、北フランスの美しいピカルディ地方の生まれだった。ペレグリヌスの前半生については記録がないが、彼の名は、一二六九年八月八日に友人宛に書いた三五〇〇語の書簡（複製が数部残っている）によって、科学史にきざまれている。この書簡は、当時学者や上流階級が使っていたラテン語で書かれた磁気にかんする論文で、記録があるものでは科学史上最古の実験の結果が記されている。

ペレグリヌスは、ものを作ることに慣れていたようだ。機械類を自分で作っていたのは確かで、当時設立されたばかりのパリ大学で勉強していたのかもしれない。「ペレグリヌス」(Peregrinus) というのは一種の称号で、直訳すると「歩き回る男」という意味になるラテン語だ。これは、彼が十字軍騎士であったことを示している。ペレグリヌスは、中世にカトリック教会の権益を拡大する目的でなんども実施された、当時のローマ教皇の認可を受けた軍事侵攻の一つで戦った、貴族の戦士だったのだ。

ペレグリヌスがその書簡を書いたのは、アンジュー伯シャルルに騎士として雇われていたときのことだ。シャルルは、イタリアのルチェーラという丘の斜面にある町に対して戦争を起こしていた。この町は、主にイスラム教徒の住民からなり、中世において地政学的に重要な町だった。[10] シャルルは、フランスのルイ九世の弟であり、中世のヨーロッパ貴族で屈指の野心的な人物だった――そのため、そうした戦時中にはかなりの期待をかけられていたのである。ペレグリヌスは、長期におよぶ包囲戦を助けるために、自らの戦術の知識を生かして、軍隊の野営地の周囲に防御施設を築いたり、地雷を敷設したりした。また、要塞化した都市に火や石を使った飛び道具を投げ込む投石器などの攻城兵器の準備を指導したりもした。

ペレグリヌスにはどうやら、自由にできる時間が多少あったようだ。というのは、戦争が迫るなかで、古代ギリシャの数学者アルキメデスについて考えるようになったからだ。アルキメデスは紀元前三世紀の人物で、地球が中心になった、おそらくは銅製の太陽系三次元模型を器用に作ったと伝えられている。そんな球体を永久に動かすことができないだろうか？　ペレグリヌスは、今で言う永久機関、あるいは一種の発電機のようなものを思い浮かべていた。これがきっかけで、ペレグリヌスは磁石について深く考えるようになった。イタリアの八月の太陽が猛烈に照りつける野営地で、戦争のことを忘れ、宇宙の謎に思いをはせるペレグリヌスの姿がありありと目に浮かぶ。さらにペレグリヌスは、磁石の性質を確かめる実験も考え出した。

今となってみると、この科学に対する強い衝動と、彼が生きていた社会はなかなか結びつけて考えられない。この時代には、印刷された本は存在していなかった。紙は珍しいものだった。記録はみな、シャルルがおこなった他の戦争の記録も含めて、彩飾写本として残されている。この写本は、丹念に加工された羊皮紙で作られたものだ。写本に使われている鮮やかな赤色の顔料は、水銀や硫黄など、錬金術師が使う材料を加熱して作られていた。青色の顔料は、中東からラクダでヨーロッパへと運ばれていたラピスラズリという鉱物が原料だ。このラピスラズリをすりつぶして細かい粉にし、それを卵やにかわ（動物の皮をゆでて作ったゴム状の物質）と混ぜて定着させるのだ。また、ギリシャ時代やローマ時代の建築家や芸術家は、線遠近法を理解していた可能性があるが、ペレグリヌスの時代には、絵画などはまた、奥行きのない画法に戻っていた。顔料などの画材がどれだけ有毒かという知識が広まるのも、それから数世紀先のことだ。

その当時は、大学は世界全体でも数十しかなかった。のちにソルボンヌと呼ばれるようになるパリ大学は、設立されてからやっと一〇〇年を過ぎたところだった。当時は教育や文化への関心が高まっており、その一環として、アリストテレスや、最終的にはプラトンといった、長らく忘れ去られていた哲学者の著作が改めて注目されるようになっていた。そうした傾向の発端になったのが、一〇九五年からの第一回十字軍遠征だとする学者もいる。この十字軍遠征や、これに続く遠征は、古代ギリシャやイスラム世界でひそかに伝えられてきた知識をヨーロッパにもたらした。やがて、古代ギリシャの哲学者たちの著作をラテン語に翻訳したものが初めて世に出ると、中世の最も優れた頭脳の持ち主たちがそれに飛びついて、一言一句を詳細に分析し、世界のしくみを理解しようとしたのである。

しかし当時は、科学は哲学であって、観察ではなかった。そして思想であり、実験ではなかった。最も重要な書物は聖書であり、現在は物理学や化学、地学、生物学と呼ばれる分野でも、聖書が最も権威のある本だった。聖書に何か書いてあれば、それは神の言葉であり、それゆえに真実だった。聖書についてのバチカンの公式的な解釈は決して誤りのないものだった。たとえ科学的観察結果がその解釈に矛盾するように見えても、それは揺るがなかった。ペレグリヌスの義務は、観念的な信念を支えるために科学を使うことだった。

ペレグリヌスに、自分が物議を醸すようなことに気がついてしまったという自覚があったのは間違いない。当時は、磁気は一時的な魔法だと考える人がほとんどだった。存在するときもあれば、存在しないときもある。いつそれが存在するのか予測できないのだ。あるいは、磁石には悩ましい禁断の性的親和力のようなものがあり、その力が原因で、ある物体が別の物体に思わず引きつけられるのだともされていた。抵抗することも、制御することもできないもの、性交という行為そのもの、あるいは悪魔の仕業を隠喩的に表すものと考えられたのだ。磁気は宇宙における基本的な現象だとは、世間の人々は考えもしなかった。

ペレグリヌスは友人に向けて、次のように書いている。「この石の隠れた性質を明らかにするというおこないは、彫刻家が、彫像や印章を生み出す際に用いる術のようなものだ。私は、貴兄が問うた事柄を、はっきり目にすることのできるものであり、計り知れない価値を持つものと判断するが、民衆には幻想であり、想像力の産物に過ぎないとみなされている」

隠れた性質とはなんだろうか？　ペレグリヌスは、磁石には二つの極があることを初めて解明した人物なのだ。そして、磁石は引き合うだけでなく、反発し合うということに初めて気づいた研究者の一人である。しかしペレグリヌスにとっての極という概念は、運動や場の概念を含むものではなかった。原子配列のなかに存在する不対電子を想像することはできなかっただろう。磁石の中には天界の複製品が入っているというのがペレグリヌスの説明だった。この天界というのは、地球の自転軸に沿った、地理的な北極や南極の方向にある星々のことだ。こうした星が船乗りの星と呼ばれているのは、何百年にもわたって船乗りたちがこの星から船を進める方角を決めていたからで、そうした方法は今でもときおりおこなわれている。

ペレグリヌスは、驚くべき実験の成果をもとに、友人に天然磁石の極を調べる方法を説明した。一二六九年夏は、ルチェーラの包囲戦が小康状態だったのだろう。書簡によれば、この時期にペレグリヌスは、まず磁石を小さな丸い木製の器に入れて、水をたっぷり入れた大型の器にこの器を浮かべた。すると、磁石が小さな器を動かして、磁石の北極は天の北極の方角に向き、磁石の南極は天の南極を向いた。「たとえその位置から石を一〇〇〇回動かしたとしても、磁石はその位置へと一〇〇〇回戻る。まるで生来の本能でそうしているようだ」

近ごろでは学校で子どもたちが、何世代にもわたって、ペレグリヌスの実験と同じような実験をおこなっている。この実験はこんな方法だ。針を磁石に強くこすりつけると、針に含まれる鉄の不対電子が一時的に磁石の極の向きにそろう。この針をコルクか棒石けんの上に置いて、水が入った器に浮かべる。そうすると、針の北は、磁北と呼ばれる方向を向き、針の南は磁南を向く。

ペレグリヌスがどこでどうやって実験をしたのか、詳しい記録は残っていない。しかし、その状況を説明するヒントはいくつかある。第二次世界大戦中、イギリス軍の偵察部隊がイタリアのルチェーラを含む地域の航空写真を撮影したところ、シャルルによるルチェーラの包囲戦や、それよりはるか前の古代ローマ時代や新石器時代の集落の跡と思われる遺跡が見つかった。その後おこなわれた発掘作業では、包囲されていた町の城壁の外側から、中世の大規模な軍隊野営地の証拠となる品々が出土した[11]。発見された当時の陶器のなかには、釉薬をかけ、台の部分に環状の模様が施された、緑や黄、茶に塗られた大きな皿が何枚かあった。多くは、中央に哺乳類や鳥、魚、人間などの姿が生き生きと描かれていた。その皿は、天然磁石を載せた小さな木製の器を浮かべるのに十分な大きさがありそうだ。このときのシャルルの遠征軍を伝える彩飾写本をみると、顎ひげを丹念に剃り、髪の毛は額に垂れ、顎の下まで伸びて、肩の上で真っすぐに切りそろえてある男たちの姿が描かれている。戦いの際には、彼らの頭や首は、鎖かたびらの頭巾で保護された。かぶとは丸みのあるものだ。特に身分の高い男たちは、おそらくペレグリヌスもそうだが、鮮やかな単色に染められた、丈がふくらはぎの真ん中まである衣服を着て、革のベルトを締め、腰から剣を下げている。石弓もよく使われていた。剣や石弓を用意できなかった兵士たちは、鋤やつるはしを手に遠征軍に加わった。一三世紀の戦闘は主に騎兵戦でおこなわれたので、軍馬は野営地に必ずいたし、そうなると蹄鉄職人や鍛冶職人もいた。ペレグリヌスはどうやって、そんな野営地の騒音と悪臭のさなかで自分の科学研究をひそかにおこなえたのだろうか？

ペレグリヌスが一二六九年に『磁気書簡』を書き上げる直前、アンジュー伯シャルルは、ルチェーラ住民の降伏を待つ日々が一年を超えて、ついに嫌気がさし、町への食糧供給を絶ったうえ、町から半径三〇マイル（約四八キロメートル）の範囲には動物やその他の食糧がまったく存在しないようにした。シャルルは、徹底的な武器の徴用をすでに実施していたが、ペレグリヌスが書簡を書く日の一カ月弱前には、騎兵用の槍を五〇〇本、歩兵用の槍を五〇〇本取り寄せて、軍備品を増強した。大工を一〇〇人雇い、さらにレンガ職人と壁職人を呼び寄せた。麻繊維、ロープ、シャモアの革、そして兵器を研ぐための鉄と砥石を買い込んだ。ペレグリヌスが八月八日に書簡を完成させたときには、ルチェーラの住民は雑草を食べねばならないところまできていた。兵糧攻めによって、住民らは八月のうちに町から出て降伏した。三〇〇〇人の住民が殺害された。シャルルは、住民たちが虐殺される前に地面にひれ伏したことを自慢に思ったという。

ペレグリヌスはこの出来事について何一つ書いていない。おそらく食堂用テントの中で、木製の器と水の入った器のそばでじっとしていたのだろうが、残念ながら詳しいことはわかっていない。

わかっているのは、ペレグリヌスがその最も簡単な実験でやめなかったことだ。磁石を半分に切っても、あるいはどんどん切っていって小さなかけらにしても、それぞれのかけらが元の磁石と同じ二つの極を持つ新しい磁石になることを発見したのである。磁石を半分に切ったら、一方の極はこちらの半分に、もう一つの極はあちらの半分にそれぞれ残ると考えるほうが論理的なはずだ。しかしそうではなかった。そのうえ、磁石をどれだけ小さくしても同じだった。それぞれのかけらにはやはり二つの極があったのだ。

ペレグリヌスの実験は、磁石の北極が南極を引きつけ、北極とは反発し合うことも示している。南極は北極を引きつけ、南極を避ける。これは画期的な発見だった。次に、ペレグリヌスはその発見をもとにして、磁化された針と、そのまわりの三六〇度に分割した円からなる、初期型の丸形コンパスを作った。それを使えば、自分が世界のどこにいるかを説明できた。

とはいえ、こうした発見はどれも衝撃的で、新しいものだったが、ペレグリヌスによる最大の発見は、磁石には、彼が「生来の本能」と呼ぶものがあることだった。それは、磁石の力はつかの間のものではなく、常に存在するものであり、さらにペレグリヌスの考えでは、星々の力と決定的につながっているという意味だ。ペレグリヌスが到達したのは、地球の中をのぞき込んで、磁気を生み出す力を理解したり、あるいは——より画期的なことだが——そうした力が磁場の方向を逆転させられると断言したりといったことが可能な段階のずっと手前だった。それでも、目に見えない磁気の力が私たちを取り囲んでいて、逃れることはできないということを証明しようとしたのは、ペレグリヌスが最初である。

第5章　革命をもたらした論文

コーンプロブストが一九五〇年代後半に、パリのソルボンヌ（パリ大学）で大学院生として学んでいた当時、大陸移動説と地磁気逆転説という二つの説は、教授たちのあいだでひどく嘲笑されていた。クレルモン・フェランに近いボワセジュールの町で、コーンプロブストは首を伸ばしてシトロエン販売代理店の背後の丘を見やりつつ、どちらの説も今では地質学の真理になっている、と言った。

その丘は、ブリュンがパズルの別のピースを見つけた場所だ。クレルモン・フェラン地球物理観測所の所長になった直後、ブリュンは三編の重要な論文を読んでいて、それがきっかけで地磁気についての理解を深めていくことになった。同時代の他の科学者と同じように、ブリュンも地磁気の向きが頻繁に変わることを知っていた。地磁気は、偏角《へんかく》、伏角《ふっかく》、強度という三つの成分からなると考えられていた。地球上のどこでも、その地点の地磁気はこの三つの成分で表せる。これには、緯度と経度による一般的な二次元地理座標よりも多くの成分が使われている。ただし、時間がたつと地磁気の各成分が少しずつ変化するのが問題だった。

偏角というのは単純だ。コンパスは、南北の磁極に集まっていく磁力線に沿う形で、しっかりと磁極を指す。しかし一一世紀の初頭、中国の科学者だった沈括《しんかつ》は、コンパスが指している地点が、地球の地理的な北極とは異なることに気づいた。[1] 地理的な北極であれば、北極星の真下にあたる。沈括はこのことについて、一〇八八年以降に書いた『夢渓筆談』という書物で触れている。一五世紀前半になると、ヨーロッパの船乗りたちも同じことに気づいた。[2] 地理的な北極の方向と、磁力線がなす角度が、偏角にあたる。慣例として、コンパスが地理的な北極よりも東を指す場合、偏角の値はプラスになり、西を指す場合はマイナスになる。偏角は、地球上のどこにいるかによって変わる。その場から動かなくても、長期間測定すると変化する。磁極そのものが移動するだけでなく、コンパスに影響を与える磁力線も変化するからだ。これが直感的にはなかなか理解しがたい。特に、棒磁石の上に白い紙をかぶせ、その上に砂鉄をまく実験をしてみたことがあれば、磁力線が変化するとは思えない。その実験では、砂鉄は気味が悪いほど正確に、磁石の磁力線沿いに落ち着き、磁極で磁石に接する。白い紙に浮かび上がる磁力線は整然としているが、地球の磁力線はそうではないのだ。地球の磁力線は伸び縮みしやすく、激しくゆがむ傾向がある。こうした変化が数十年のあいだに非常に大きくなる。たとえば、最近復元されたデータによれば、一六五三年のロンドンの偏角はプラスだった。それが一六六九年の時点ではマイナスになった。[3] その後、ロンドンの偏角は大きく動き回り、二〇一八年の段階では、再びプラスに向かいつつあるように見える。

伏角が発見されたのはもっと後のことだ。伏角が散発的に測定されるようになったのは、エリザベス一世時代にあたる一五七六年のイギリスで、その概念が注目されるようになったのは、一五八一年にロバート・ノーマンという、かつて船乗りだった人物が書いた小冊子『新しい引力』（*The Newe Attractive*）が刊行されてからだ。ノーマンは、数十年間の船上生活でさまざまな洞察を重ね、その後はロンドンで羅針儀製造職人になった。地磁気の伏角についてノーマンがおこなった画期的な研究は、航海用羅針儀の製造で長年重ねてきた試みがもとになっていた。ノーマンは、コンパスの針が上下に自由に動ける円形の装置を作り、針を水平にすると、地球の磁力に引かれて、針の先が上か下に傾くことを発見した。上下どちらに傾くかは、磁気の赤道に対してどの位置にいるかによる。ノーマンがロンドンで測定すると、針の傾きは七一度五〇分になった。[4]磁気赤道では針はまったく傾かず、水平のままになる。現在北磁極と呼ばれる場所で測定すれば、この針は真下を指し、南磁極では真上を指すだろう。

場所や時間によってかなり大きく変化するという事実から、地磁気というのは、謎めいた独自のリズムで動く、広大な存在であることがうかがえた。一九世紀になると、科学者らは地磁気の暗号を解読しようと決意した。そこで目指したのが、過去数百年間の地磁気を再現するために、地磁気の地域的な時間変動を観測することだ。ここでブリュンが登場するのである。

ブリュンが関心を持った三編の重要な論文の一つめが、イタリアの物理学者マセドニオ・メローニの論文だった。メローニは一八四八年、ナポリ郊外にヴェスヴィオ観測所を設立した。一八四八年といえば、ヨーロッパ各地で革命が勃発した年だ。この気象観測所が設置されたのは、一つにはヴェスヴィオ山の火山活動を監視するためだった。西暦七九年に発生したヴェスヴィオ山の噴火では、ローマ人が暮らしていたポンペイとヘルクラネウムが破壊され、少なくとも一〇〇〇人が死亡したといわれている。現在のヴェスヴィオ山は、ヨーロッパで数少ない活火山の一つである。メローニは観測所を設立するにあたって、設置場所を選定するところから、建物を設計し、観測装置を選ぶところまでかかわった。しかし観測所開設から数カ月後に解雇されてしまう。ナポリから追放される事態だけはかろうじて避けられた。両シチリア王フェルディナンド二世に対する反乱に続いて起こった、学者の大量追放に巻き込まれたのだ。ナポリ国立文書館で最近発見された軍の書簡から、政治指導者たちがメローニを「よからぬ人物」とみなしたのは、ヨーロッパの超改革主義の思想家や、急進派の一部と親しかったのが理由だったことが明らかになった。[5] そうした人々の中には、イギリスの偉大な物理学者マイケル・ファラデーなど、著名な科学者たちもいた。

メローニにとって、激しい科学論争に直面するのはこれが初めてではなかった。研究を始めて間もない時期に、熱と光には関連があるとする研究成果を発表して、パリの科学界から追放されたことがあったのだ。しかし一八三四年には、その同じ研究がロンドンで高く評価されるようになり、メローニはヨーロッパで特に名高い物理学者の仲間入りを果たしていた。

急進的な改革主義者であることを理由にヴェスヴィオ観測所を解雇されたメローニは、ナポリ近郊の町ポルティチに移ると、かつて考えていた、イタリアからアイスランドまでの火山岩の磁気を測定するという研究への興味を再燃させた。メローニはそれ以前に、中国の初期のコンパスを連想させるシンプルな実験装置を開発していた。長さ九センチの針を二本用意し、磁化させてから、一方の針が別の針の上にくるよう絹糸で水平につるしたものだ。上の針に溶岩のかけらを近づけると、その針が溶岩に引きつけられて、下の針の指す方向から逸れるかどうか確かめることができ、逸れる場合にはその角度を測定できるようになっていた。

メローニは、溶岩が必ず針を動かすことを発見した。それをもとに彼は大胆な主張をする。溶岩は、冷却された地点での地磁気を正確に記録しているというのだ。簡単に言えば、イタリアにある溶岩と、ボリビアにある溶岩とでは、残留している磁気の方向が異なるということだ。溶岩に含まれる原子内の電子には磁気を記憶する力があり、その配列が作り出す磁気の指紋が、その溶岩があった地点の地磁気偏角や伏角、強度を特定するのに役立つのである。

研究はそこにとどまらなかった。メローニは実験室で溶岩を真っ赤になるまで加熱して、元の残留磁気を失わせた。その溶岩が冷えるときに、新たな残留磁気を獲得することを明らかにしたのである。メローニの研究の欠点は、同じ噴火で噴出した溶岩の場合、溶岩流全体で残留磁気の方向がぴったり同じかどうかを系統的に調べなかったことだ。彼の研究成果は興味深いが、決定的なものだったとはいえない。メローニは一八五四年にコレラの流行で亡くなっている。

一八九九年には、ジュゼッペ・フォルゲライターがメローニの発見をさらに深める研究成果を発表した。これが、ブリュンが読んだ二つめの重要論文だ。ローマを研究拠点としていたフォルゲライターは、考古学的な方法で年代がわかっている、ギリシャやローマ、エトルリアといった古代文明のテラコッタ（粘土）の器などを調べ、そうした器が数百年たっても強い残留磁気を持っていることを発見した。こうしたテラコッタは、窯で焼かれた時点での磁気の方向を記録しているのだとフォルゲライターは考えた。

三つめの重要論文は、ピエール・キュリーによるものだ。ピエール・キュリーはフランスの物理学者で、後に放射性物質の研究を評価されて、ノーベル賞を妻マリー・キュリーと、アンリ・ベクレルとともに受賞している。ピエール・キュリーは一八九五年に、どんな固体でも、十分な高温まで加熱すれば磁気的性質（磁性）を失うことを発見した。その温度は物質によって異なるが、摂氏数百度という高温になることもある。どういうことかというと、不対電子がその熱で励起して乱雑になり、向きをそろえようとしなくなるのである。溶岩や加熱された粘土岩のような、一部の比較的珍しい物質の場合は、原子が再び冷却されると、その不対電子がもう一度磁場の中で向きをそろえ、その時点での磁場成分を保存する。物質が一時的に磁気を失う温度はキュリー温度と呼ばれており、現在では確たる物理法則になっている。

ピエール・キュリーの論文発表から数年後、ラバネス塔にいたブリュンは、こういった話をすべてつなぎ合わせて考えた。ブリュンはそうするのに最適な場所にいたといえる。彼がいたのは、フランス中央部に連なる古い火山に囲まれた土地だった。言うまでもなく、あたりにはかつて熱い溶岩があった。場所によっては、堆積層のあいだに天然の粘土岩層も見られた。粘土は鉄化合物を含んでいるため、フォルゲライターが明らかにしたように、加熱された粘土岩には磁気のしるしが残る。コーンプロブストの説明によれば、ブリュンが必要としたのは、上に流れてきた溶岩によって加熱され、その後手つかずの状態で保たれている粘土岩の地層だった。そういう地層を見つけるのは困難だった。しかしクレルモン・フェラン近郊のボワセジュールには何カ所かそういう地層が残っていた。ブリュンは、おそらくはラバに乗って、六万年前にグラヴノワール山が噴火したその場所に行き、何個か試料を収集した。

コーンプロブストが何をしているのか確かめに、シトロエン販売代理店からセールスマンが一人出てきた。コーンプロブストは、一〇〇年前にこの裏山から小さな石を採取した、有名な物理学者の足跡をたどっているのだと答えた。セールスマンは肩をすくめて店の中に戻っていった。結局、ブリュンがそこの裏山から切り出した小さなキューブ形の粘土岩試料からは、それほど多くのことはわからなかった。しかし、岩石磁気のデータをもっと集めたいという思いをますます高めたブリュンは、もっと条件の良い火山地域を探すことにした。

第6章　磁気の霊魂

磁気の研究を長年続けた人々には、本業のかたわら研究をした人が多かった。ウィリアム・ギルバートも、本業は熟練した医師で、一六〇〇年に偉大な著書『磁石論』（*De Magnete*）を刊行したころは、医師としての絶頂期にあった。その年、晩年のイギリス君主エリザベス一世の侍医になったのだ。

磁気理論は、ペレグリヌスのいた一三世紀から大きく進歩していた。ペレグリヌスは、磁石の内部には天界の複製が入っている――天の北極と南極がある――という考えを提案していた。ペレグリヌスの理解によれば、天界は完全であり、変化することがないので、磁石も同じだということになった。ペレグリヌスの時代から数世紀後、数学者の一部は、コンパスの針が奇妙な変動を示すことに頭を痛めたすえ、地球の磁気は、天上ではなく地上に源があるという説を提案するようになっていた。[1] それは、想像力の大きな飛躍だといえる。地球は何か別のものの粗雑な複製品ではなく、独自の性質を持つ可能性があることを暗に意味したからだ。この謎に包まれた磁気の発生源は、磁気を帯びた山か、磁鉄鉱からなる島ではないか、そしてそれは北極にあるのではないか、などと考えられた。

ギルバートの時代に、磁気に再び注目が集まっていたのには、もっともな理由があった。ペレグリヌスにとって、磁石の分析は、知的な好奇心と、おそらくは実用的な興味からくるものだった。一方、ギルバートが磁石について考え始めたころには、磁石を知ることは緊急の問題になっていた。

当時は大航海時代が始まり、それと同時に国際貿易や、他国との海戦、ヨーロッパから遠く離れた土地の植民地化も盛んになっていた。それは大海を横切って航海することを意味していた。船乗りたちはもはや、海岸線を常に見張ったり、水深を測定したりといった方法で船を進めることはできない。そのため、コンパスへの依存度がこれまでになく高まった。しかし、船乗りたちが気づいたのは、海ではコンパスが不安定になることだった。偏角は場所によって変わるだけでなく、何年かたつとずれてくるのだ。このずれを説明しようとした人々は、安物の装置や、へたくそな舵取り、測定中の波の上下動など、さまざまなことに疑いの目を向けた。コンパスの横を通り過ぎる船乗りの息に含まれるニンニクのにおいだともいわれたし（ニンニクのにおいは磁石を乱すと考えられており、その船乗りはむち打ちの罰を受けた）、コンパス自体に使われている磁石の変化まで疑われた。しかし原因が何にせよ、一人の船乗り人生のあいだに、海図が大きく変化して、重大な影響を及ぼすほどになる可能性があった。船の現在位置や、将来的な位置を知ることが、生命や財産、名声を左右したのである。船の位置を知る一番の方法は、緯度と経度という地理座標で位置を表すことだ。しかしそれが不可能であることがわかってきていた。

難題は経度だった。[2] それと比べると、緯度は簡単だ。緯度は、東から西へと地球を一周して、決して交わることのない、概念上の平行線の集まりに過ぎない。そのなかで、地球を二等分する唯一の線が赤道である。そのため赤道は、自然に存在する基準として使うことが可能だ。海の上でも、アストロラーベや四分儀、ヤコブの杖といった観測装置を使って、目印となる太陽と星を頼りにすれば、緯度をかなり正確に知ることができた。そして、注意深い船乗りなら、行く手をさえぎる島がなければ、一本の緯線に沿って大海を真っすぐに航海することも可能だった。

一方で、経線はすべて、地球を南北に一周する大円［球の中心を通る平面と球面が交わってできる円］になっており、南極と北極で交わる。またどの経線も地球を二等分する。そうなると、どれが基準となる子午線になるのかが問題になる。また線の間隔は、緯線ならどこで測っても一定だ（ただし地球がわずかにつぶれた形をしているため、極付近では例外的に緯線の間隔が少し広くなっている）。そこで一般的には、緯度一分を一海里（ノーティカル・マイル）としている。緯度六〇分、つまり緯度一度は六〇海里であり、これは六九マイル（一一一キロメートル）にあたる。[3]ところが、経線の間隔は一定ではなく、地球上のどこにいるかによって変わってくる。赤道上では、経度一分は緯度一分と同じで、一海里だ。ところが北極や南極では、経線が一点に集中しているので、間隔はゼロになる。

地球は軸の周りを毎日同じ速度で自転しているので、航海するときの経度の変化は、距離の変化と時間の変化の両方にあたる。[4]地球は、一日三六〇度回転する球体だ。つまり一時間ごとに一五度動くということになる。母港の緯度と、そこでの時刻、さらに船の現在位置での時刻がわかっていると仮定すれば、毎日船が経度にして何度進んだかを計算できる。[5]緯度もわかっていれば、何キロメートル（または何マイル）進んできたかも割り出せる。当時の船乗りは、数学と幾何学が優秀でなければならなかった。星を読むことにも長けている必要があった。

問題は、当時の時計は振り子で時を刻んでいたので、揺れる船の上では正確に時刻を示せなかったことだ。これは四〇〇年にもわたり、ヨーロッパの最も優秀な人々を散々悩ませた、どうにも手に負えない問題だった。そのため、船乗りや科学者は、より確実な方法で船を進めるために、星を使うことを考えた。具体的には、地理的な極を示す星と、コンパスが指す磁極のずれを測定するということだ。これは彼らにとって、基準子午線を探すことを意味した。彼らは、同じ緯度に沿って、偏角を測定しながら地球を一周すれば、偏角がゼロになる点が二点、厳密に地球の正反対にあたる位置に見つかると考えていた。[6] その二点の中間にあたる、やはり同じ緯度上の点では、偏角が九〇度になるだろう。言い換えれば、基準子午線の位置がわかっていて、偏角を正確に測定できれば、自分のいる経度もわかるということだ。少なくとも、理論的にはそう考えられていた。この考え方は地球の磁力線が一定であると仮定しているが、後にわかるとおり、それが大きな間違いだった。地球の磁力線は、極と極のあいだで輪ゴムのように伸びたりよじれたりしていて、決して真っすぐではないのだ。

基準点が使えなくても、世界中の偏角をくまなく調べておけば、やはり経度を計算できるはずだと彼らは考えた。必要なのは、地球全体を徹底的に測定した大量のデータと、数学だけだ。それをきちんとした地図に書き込んでいけばいい。そうして経度の公式を探すレースがスタートしたのである。

ギルバートが一五八〇年代に磁気の研究を始めた時点では——ウィリアム・シェイクスピアがロンドンで劇作家の仕事を始めたのとちょうど同時期だ——偏角の記録は何年も前から大量に集まってきていた。[7] 問題は、データが増えるほど、話がさらに混乱していったことだった。それはギルバートにぴったりの課題だった。ギルバートは、アリストテレスの教えに対して、怒りに満ちた反感を抱いていたからだ。古代ギリシャの哲学者であるアリストテレスの理論は、ギルバートが学んだケンブリッジ大学も含め、当時の大学に強い影響力を与えていた。

紀元前三二二年に没したアリストテレスの教えでは、地球は、壮麗な天界の中心にあって、単調で変化しないとされていた。アリストテレスの考える地球は、空気、火、水、土という四元素で作られているとされた。対照的に、地球の周りをめぐる天界の天体は、それよりも優れた「エーテル」と呼ばれる第五の元素でできている。エーテルでできた天体は、わびしい地球とは違って、霊魂あるいは超自然的な知性を持っていると考えられた。

ギルバートは、ペレグリヌスの論文を読んだことがあり、彼の磁石の実験のことも知っていた。そのため、もっと複雑な実験をすれば、世界で起こっていることをもっと観察できるという大胆な考えを抱くようになった。この時代には、アリストテレスを完全に理解していれば、世界について理解すべきことはすべて理解したことになるという考え方が支配的だった。つまり、周囲の世界を見る必要などなく、古くからある書物で世界について書かれていることを読むだけでよいというのだ。ギルバートの姿勢は、そうした思想体系と真っ向から対立するものだった。当時、経験主義の立場をとることは、ほとんど異端に等しかった。

さらに当時は磁石についての言い伝えもあった。磁石が持つ不思議な力については、さまざまな言説が何百年にもわたって広まっていたのである。眠っている女性の枕の下に磁石を置くと、その女性が不貞を働いていたなら、ベッドから転げ落ちるという説があったが、ギルバートはこれを公然とけなした。磁石のはたらきで、妻が夫を前より好きになることもないし、人をうつ病にしたり、口を達者にすることもあり得ない。刺し傷を治すこともない。弱くなった磁石の力が、牡鹿の血で回復することもない。日が落ちると磁石の力が消えるということもない。実験をすれば磁石の真実だけが明らかになると、ギルバートは考えていた。

ギルバートは張り切って実験室に向かった。彼の研究で画期的だったのは、実際に地球上で観測された物理現象を再現できる、地球の小型模型——彼はこれを「テレラ」と名付けた——を作ったことだ。この模型は磁化した球体で、おそらく磁鉄鉱で作られていたと考えられる。南北両極と赤道、そして山地にあたる凸凹までついていた。オックスフォード大学で科学史を研究するアラン・チャップマンは、今日では模型を作り、それを使って実験することは、多くの科学研究の本質だと述べている。しかし当時は、それは常軌を逸したことだった。[8]

それだけで大変なことだ。それればかりか、地球の模型を作って、ギルバートがしたように、その球体上の位置によって磁気の作用が異なると発見することは、地球は均一で不変だとするアリストテレスの主張を否定することに等しい。ギルバートはさらに踏み込んだ。注意深い実験を通して、地球——「われわれの共通の母」とギルバートは呼んだ——はそれ自体が巨大な磁石であると確信するようになったのである。地球の磁力の源は、天界や、地球の表面ではなく、地球の中心にある。地球という磁石が生み出す、目に見えない恒久的な力は、地球の表面に広がっているが、場所によっては鉄が豊富な大陸のような異常によって乱されている。地球は、天界の天体と同じように霊魂を宿しているだけでなく、磁気の霊魂を宿しているのだとギルバートは断言した。地球は不活性ではなく、物体を引きつけたり、斥けたりすることができる。地球には力がある。思いもよらない厳然たる独自の戦略さえあるかもしれない。

これはまったく革新的だった。磁石に備わる力の源は、すでに天界から地球へと移されていたが、さらに地球の内部にあるとされたのだ。また、ペレグリヌスが三〇〇年ほど前に、磁石の「生来の本能」について書き、それが不変の性質だということを暗に示したのに対して、ギルバートは、地球自体にその基本的な力があり、さらにその力が地球の中心と分かちがたく結びついているとしたのである。それが意味するところは非常に大きかった。ギルバートは、自分が先駆者であり、これまで議論されてこなかった地球内部の秘密に迫りつつある探偵であることを意識していた。そうした秘密は、「古代の人々の無知、あるいは現代の人々の怠慢によって、これまで認識されず、見過ごされるままになってきた」のだ。彼は、自分が科学の歴史上初めて、「地球の一番深い場所」を理解しようとしているのだと書いている。

アリストテレスが地球を劣ったものとみなしていたことに対するギルバートの怒りは、彼の文章にも容易にみてとれる。

なにゆえに地球だけが、その発散気とともに、アリストテレスやその追随者によって有罪と宣告され、（無感覚で生命なきものかのように）卓越した宇宙の完全性から締め出されるのか、まったく不思議でならない。地球は、全体に比較すると小さな微粒子のように扱われ、無数の群れのなかで目立たず、注意を向けられず、敬意を払われない。（中略）それゆえにこのことは、アリストテレスの宇宙においては奇怪な存在とみるべきだ。すべてのものが完全で、活力があり、生きもののようだが、地球だけが、みじめな一部分として、無価値で、不完全で、退屈で、生命がなく、衰退しているとみなされている。

ギルバートが自分の研究対象に夢中だった様子がよくわかる。彼は磁気のことを高貴な性質とみなしていたらしい。霊魂が体に目的を与えるように、磁気も地球に目的を与えているかのようだと、いうのである。ギルバートの『磁石論』は、かなり読みにくいラテン語で書かれた、六巻からなる大著だが、そのうちの一章は電気と磁気の比較にあてられている。その文章には、電気を無視するためにはここで扱っておく必要がある、という感じが出ている。ギルバートはこの章で琥珀と黒玉を取り上げて、それらを摩擦すると、藁や籾殻を引きつけるようになる事実を紹介している。現在、そうした種類のエネルギーは静電気と呼ばれている。実は、電気という用語を作ったのはギルバートだ。「電気（electricity）」は、ギリシャ語で琥珀を意味する「エレクトラム（electrum）」からきている。しかしギルバートは、磁石の引力が変化しないのとは違って、琥珀の引力が一時的である理由を説明するのに苦労している。ただし「磁気（magneticks）」と「電気（electricks）」はまったく違うものだとはっきりと言っている。「すべての磁気は相互の力によって互いに走り寄るが、電気は物体を引き寄せるだけだ」とあざけるように書いているのだ。ギルバートの結論が十分ではないことは数世紀後に判明するものの、それでも、実験による発見の擁護者として影響の大きいギルバートが、あらゆる共通性を否定するためだけだったとしても、磁気と電気を同じ舞台の上で論じようとしたのは、やはり示唆に富む話だ。

ギルバートは、自分の新しい理論が古代ギリシャ人たちの理論といかに違っているかという認識を喜々として示している。自分の理論を「われわれの磁気についての原則」と呼び、それが「彼ら（古代ギリシャ人）の原理や定説の大半と食い違う」と誇らしげに書いた。ギルバートが磁気の実験に時間と財産を費やした主な目的は、アリストテレス的自然哲学を打倒し、それを自らが案出した理論と置き換えることにあった。[9] ギルバートの「磁気原則」は、彼が一六〇三年にペストで亡くなったときに取り組んでいた、さらに幅広い哲学の中心になっていた。その哲学について書いた『世界論』(*De Mundo*) がようやく刊行されたのは一六五一年であり、英語への翻訳はおこなわれていない。このギルバート晩年の著書を何とか読破したある学者によれば、『磁石論』は『世界論』の技術的な内容についての補足のように読めるという。[10]

ギルバートの研究成果のなかでは、ポーランドの天文学者ニコラウス・コペルニクスが数十年前に唱えていた、太陽中心説への支持がそれとなく示されている。コペルニクスは著書のなかで、地球はその軸を中心にして自転しており、さらに一点から動かない太陽の周りも回っているとした。ギルバートは（のちに間違いだとわかるのだが）地球が自転するのはその磁力のせいだと結論している。彼は、太陽中心説への支持を明確にしていたわけではないが、それは著書のなかに埋め込まれている。ギルバートはコペルニクスの隠れ信奉者だったのだ。

こうした考えは危険だった。聖書の重要な教えに、ひいては神自身の言葉に逆らうものだからだ。教会の聖職者はいうまでもなく、当時の市民が聖書に書かれている物語をいかに無批判にみていたかを理解するのは、現代の私たちには難しい。彼らはそれぞれの物語をいっさい誤りのない情報だと受け止めていた。たとえば、『磁石論』刊行の数十年前には、フラマン人の解剖学者アンドレアス・ヴェサリウスが、『人体の構造』(*De Humani Corporis Fabrica*) という画期的な著作を刊行した。ヴェサリウスは、ときには絞首台からそのまま運んできた死体も使っておこなった、数多くの人体解剖に基づいた多くの発見の一つとして、男性と女性では肋骨の本数が同じであると発表した。これはけしからぬことだった。「創世記」に描かれている、神がアダムの肋骨を一本取り出してイブを作ったという創造の物語と合わないのだ。ヴェサリウスは自説の正しさを証明するために、観衆に自分が発見したものを見せる公開講義をイタリア中で催し、大きな論争を招いた[11]。

太陽中心説はそれと同じくらい、あるまじきものだった。この時代の聖書の解釈によれば、地球は神による創造の中心だった。つまり、地球以外のものはすべて、地球の周りを回っていなければならない。それ以外の主張をすることは、聖書が間違っていると主張するのと同じだった。つまり、異端の思想ということだ。『磁石論』刊行の数年前、イタリアのドミニコ会修道士で、哲学者でもあったジョルダーノ・ブルーノは、星はどれもみな太陽であり、その周りを回る惑星の名簿を持っていると主張することで、コペルニクスの学説を補足しようとした。その結果ブルーノは、ローマカトリック教会を守るために設立された裁判所である、異端審問所に引き出された。異端審問所はブルーノの有罪を宣告し、ギルバートの著書が世に出たのと同じ年、ブルーノはローマで火刑に処されている。

キリスト教の教義を守る人々にとっては、聖書に書かれていると彼らが考えていたのと異なる事実を明らかにしつつあるのが、星や惑星の新たな観測であることは問題ではなかった。当時、神学と科学は互いに区別できなかったからだ。ギルバートの『磁石論』の刊行から十年もしないうちに、イタリア・フィレンツェの天文学者であるガリレオ・ガリレイは、手製の望遠鏡で空をじっくりと観察し、木星の周りをめぐる四個の新しい衛星を発見したり、われわれの銀河系である天の川を探ったりした。それからの数年で、望遠鏡を使った天体観測により、ガリレイは地球と他の惑星は太陽の周りを公転していると確信し――コペルニクスが一五四三年に主張したことと同じだ——一六三二年にこの考えを、対話体の著作として発表した。

ブルーノのときと同じように、これが異端審問所の目にとまった。ガリレイはローマに召喚され、尋問にかけられた。有罪である証拠は四つ示されたが、その一つとして、ガリレイがギルバートの『磁石論』を読み、その内容を支持していたことがあげられた（当時の『磁石論』の写本は、コペルニクス説を支持する部分が切り取られた状態で見つかっている。異端審問所の検閲で指示されたためだと考えられる）[12]。一六三三年に有罪を宣告されたガリレイは、嘆かわしい誤りを認めることと、その著作の刊行禁止を受け入れることを強いられた。その後はフィレンツェに戻り、晩年の数年間を厳しい自宅軟禁状態で過ごすことになった[13]。

ギルバートが同じ危険にさらされることはなかった。コペルニクスの学説を明白には支持しなかったのは、おそらくは彼が保守的な上流階級の医師だったからであって、彼が公的な訴追を恐れていた証拠だとはいえないだろう[14]。なにより大きかったのは、ギルバートがいたのが、改革派のエリザベス一世がプロテスタント系教会の長を務めていたイギリスだったことだ。カトリック教会は、離反者が背教的な教義に流れるのを食い止めようとしている最中で、革命的な思想に神経を尖らせていたが、エリザベス一世にはそうした思想を懸念する傾向はあまりなかった。とはいえ、この時代には、必ずしも罪にはならないにしても、時流に外れた意見を持つのは、医師というもうかる仕事をぶちこわしにする可能性があった。ギルバートと同じ医師だったウィリアム・ハーヴィーは一六二八年に、そのことを不幸な形で悟った[15]。ハーヴィーはその年、心臓が体全体に血を循環させているという画期的な発見を発表した。すると国王の侍医という地位にあったにもかかわらず、彼の診療所からは上流階級の患者が消え去ってしまった。

ギルバートはそうした運命をまぬがれた。しかし何の苦労もなかったわけではない。ギルバート自身がその予期せぬ影響を、彼らしい辛辣な表現で予測していた。

なぜ私は、この混乱した学問の世界にさらに何ごとかをつけ加えねばならないのか？　これまで明かされていない非常に多くのことを含むがゆえに、新しく、素晴らしいと思われるこの高貴なる哲学を人目にさらさねばならないのか？　すでに他の人物の意見に誓いを立てている人々や、そうでなければ優れた芸術を愚かにも腐敗させる人々、学問のある間抜け、学者ぶる文法屋、詭弁家、口論好き、あるいはよこしまな庶民の呪いの言葉によって非難され、ずたずたにされるというのに。

そうした非難の先頭に立ったのはイエズス会だった。ギルバートの罪は、地球よりも太陽を卓越したものとして考えたことだった。そのことに比べれば、地球は巨大な磁石だという主張はあまり議論を招かなかった。実際のところ、イエズス会はその考え方を受け入れており、太陽中心説に反論するために利用さえしたほどだ。イエズス会は、地球自体が磁気を持つと考えれば、地球は神の創造物の中心に保たれるとした。[16]

ギルバートの研究は一時、当時の差し迫った経度問題にも関係していた。ギルバートは、偏角、つまり地理的な真北とコンパスが指す北のあいだの角度が変化することは決してないだろうと考えていた。偏角が生じるのは、大陸がコンパスを極から遠ざかる方向に引っ張っているためであり、この大陸が変化しない以上、偏角も変化しない、というわけだ。したがって、偏角を一度測定すれば、その値は常に同じであり、同じ場所に何度戻って測定しても変わらない。ギルバートの研究は、世界中で偏角を測定して、それで決着をつけようという動きを後押しすることになった。

しかし、ギルバートの磁気理論の一部が正しくないことがわかるのは、それからわずか数十年後だ。実は、磁力が地球の中心に由来するというギルバートの推論は正しかったが、その磁力が変化しないというのは間違いだった。むしろ、当時も、そして現在も、磁力は変幻自在なのだ。

第7章 地下世界への旅

クレルモン・フェランを見下ろす眠れる巨人、ピュイ・ド・ドーム火山の山頂へのケーブルカーは、ブルターニュから来た高校生たちでいっぱいだった。コーンプロブストは、かつてブリュンや自分の管理下にあった山岳観測所への社会見学に向かう、典型的なフランス人の若者たちを見回した。このなかにブリュンが誰なのか知っている者がいたら驚きだと、コーンプロブストが私にこっそり言った。

ブリュンが歴史に残した足跡をたどるツアーの長い初日が終わりに近づきつつあった。私たちはここに来る前に、ラシャンに寄り道して、がっかりする目にあっていた。ラシャンは、クレルモン・フェランから数キロメートル離れており、地図で見れば小さな点だ。ここは一九六〇年代に、博士課程の学生だったノルベール・ボノメが、この地域にある五〇以上の火山から試料を採取したすえに、「ラシャン地磁気エクスカーション」の証拠を発見した場所である。「地磁気エクスカーション」とは地磁気が逆転しかける現象のことで、現代に最も近い地磁気の混乱期である「ラシャン地磁気エクスカーション」が起こったのは四万年前だ。それはしばらくのあいだ、一番新しい完全な地磁気逆転の証拠と考えられていた。コーンプロブストの同僚であるジャン＝ピエール・ヴァァレは、このエクスカーションのタイミングと、ネアンデルタール人の絶滅を結びつけて考えている。コーンプロブストと私は、コンパスを手に、雪の中を苦労して歩き回り、ボノメが試料を採取した場所を見つけようとしたが、残念ながらうまくいかなかった。私たちはとうとう諦めて、昼食にした。食べたのは、この地方の名物であるトリュファードだ。これはスライスしたジャガイモと、たっぷりのバター、そこにさらに溶かしたチーズをかけるというこってりした料理で、赤ワインとともに供される。

コーンプロブストは、ピュイ・ド・ドーム山頂の観測所をぜひとも案内したいと熱望していた。ブリュンはこの観測所でかなり多くの時間を過ごしており、古代ローマ時代に作られたつづら折りの古い道路を、ラバに乗って苦労して登っていた。その道すがら、興味をそそられたのが、二世紀に作られた、旅人の神メルクリウスをまつるどっしりとした多層式神殿の遺跡だった。この神殿は、ローマ帝国の宗教上の聖域のなかでは指折りの規模であり、ローマ人たちがはるか下界に築いた道からも見えた。

この神殿は何百年も忘れ去られていたが、一八七二年に、観測所を建設するための建材を求めて、山頂の掘削作業を始めたときに再発見された。それから三〇年近くしてから訪れたブリュンにとって、この神殿の発見が示していたのは、ピュイ・ド・ドームの白っぽい溶岩から切り出され、この神殿を作るのに使われた巨大な長方形の石材に、地磁気についての豊富な情報がある可能性だった。ブリュンの助手のピエール・ダヴィッドが四個の石材を調べたところ、それらが過去の地磁気を記憶していることがおおむねわかった。ブリュンたちの実験技術を裏付ける重要な結果だった。ブリュンとダヴィッドは石材の実験をさらに重ねる決意をした。

とは言え、火山の山頂に登るということは、目的が科学でも、神殿への参拝でも、芸術でも、火山の内側の恐ろしい世界をのぞき込むことでもある。毎年五〇万人にもなる大勢の人々がピュイ・ド・ドームの山頂にやって来るのには、火山のへりに立っていると、ずっと休止状態にある火山でも、地獄のとば口に立っている感じがすることがある程度は手伝っているだろう。足下にどんな恐怖が突然襲いかかろうと待ち構えているのかわからない。火山に登るのは、世界を消し去るほどの威力を持つ、地球の奥深くにある不可知なる力を垣間見ることなのだ。

古代ローマの人々は、ピュイ・ド・ドームが古い火山だと知っていた可能性が高い。だからこそ、道から離れた山の上に、不規則に広がるメルクリウスの神殿を建てたのだろう。電車がある現在でも、そこまで出かけていくのはなかなか大変だ。歩いて下山するには、早足で一時間半かかる。しかしローマ時代以後、これがかつて火山だったという知識は、神殿の記憶とともに失われた。一〇〇〇年以上にわたり、ピュイ・ド・ドームは、この地域の他の山のように、侵食が進んだ山だと考えられてきた。脅威は忘れ去られやすいのだ。

その後一七五一年に、フランスの博物学者ジャン＝エティエンヌ・ゲタールはピュイ・ド・ドームに登るとすぐに、この山がフランス中部オーベルニュ地方に三〇キロメートルにわたって連なる、約九〇の火山の一つであることに気づいた。[1] この山は休止状態から目覚め、再び噴火するかもしれないとゲタールは警告した。現代の火山学者たちも同じ意見である。何千年も静穏状態にあったヨーロッパの一角の、すぐ目につく場所に古い火山群が隠れていたことがわかり、大騒動になった。その後、このシェヌ・デ・ピュイ火山群への関心が高まったことで、本格的な火山研究がスタートした。シェヌ・デ・ピュイ火山群にはヨーロッパ中の火山学者たちが巡礼にやってきて、この火山群が溶岩を吐き出したしくみを理解し、その噴火が最後に起こった時期を突きとめようとした。地球の内部をのぞき込み、時間をさかのぼろうとしたのだ。

地球物理学の多くの分野がそうだが、火山学も神学への挑戦だったといえる。地球の年齢が神学者にとって常に重要な関心事だったのは、地球がいつ始まったかがわかれば、地球がいつ終わるかもわかると神学者が考えていたことが理由の一つだ。それだけでなく、彼らの考え方では、神が世界を作ったのであり、その創造の年代記は聖書そのものに書かれているとされていた。

一七世紀になるとこの考え方が一つの論理的な結論を導いた。アイルランド国教会のアーマー大主教であったジェームズ・アッシャーが、苦労して旧約聖書を詳しく調べあげ、歴史上の大きな出来事がキリスト誕生よりどのくらい前に起こっていたのかを詳細に計算したのである。アッシャーは、地球が誕生したのは紀元前四〇〇四年一〇月二二日（曜日は土曜日）の夕方だと書いたことで知られている。その日付にたどり着いた方法の説明には、ラテン語で二〇〇〇ページを要した。[2] 他の学者たちも、地球誕生をほぼ同じころと計算していた。つまりは地球が六〇〇〇歳まではいっていないと考えていたのである（現代の科学的計算によれば、地球は約四六億歳だ）。

一八世紀初頭に発行された欽定訳聖書注解版では、対応する節の欄外にアッシャーが計算した日付が掲載されており、聖書は信頼できる年代記だという説に根拠を与えた。この地球が誕生したとされた日付が誤りだと学術界から指摘があったのは一九世紀後半になってからで、二〇世紀後半になってもこの日付はまだ議論の対象とされていた。[3] 二〇世紀後半といえば、火山学という学問分野が始まってから相当な時間がたっている。古生物学者が古代人の化石を発掘するようになったのも、イギリスの博物学者チャールズ・ダーウィンが『種の起源』を刊行し、生物は長い時間をかけて共通の祖先から進化してきたという理論を説明したのも、それよりずいぶん前のことだ。

さらに一八世紀の博物学者たちのあいだには、火山が吐き出す物質の成因をめぐって異なる理論が存在していた。溶岩の成因を水とするか火とするかで、二つの派閥に分裂していたのだ。古代ローマの海の神ネプトゥーヌス（ネプチューン）にちなんで「ネプチュニスト」（水成論者）と呼ばれた派閥は、玄武岩（急速に冷却された溶岩）は海底で堆積岩として生成されると考えていた。そして火山は、おそらくはタールか硫黄が地下で爆発することで形成されるとしていた。一方、対立する派閥は、燃えたぎる地下をつかさどる古代ローマの神プルートにちなんで「プルートニスト」（火成論者）と呼ばれていて、溶岩は、溶けた岩石が地面の下に集まり、やがてどっとあふれ出たものだと考えていた。ネプチュニストとプルートニストはオーベルニュ地方を訪れて、ピュイ・ド・ドームや他の古い火山を見学し、それぞれがそこで見つけた証拠を使って自説の正しさを証明しようとした。[4] 最終的に勝ったのはプルートニストだ。

しかし、ピュイ・ド・ドームはいつ噴火したのかという、やっかいな問題が残っていた。最近の分析では、溶岩のもととなったマグマはおよそ一〇万年前に、コーンプロブストが大好きなマントルの上部にあたる地下三〇キロメートルで、中心核の熱の残りによって形成され始めたことがわかっている。[5] それは始原的な玄武岩が溶けたもので、強力に加熱されたため逃し弁が必要になり、ものすごい勢いでオーベルニュ地方の地下にあるマグマ溜まりへと上昇した。そして約一万八〇〇〇年前に、マグマの圧力が限界に達した。[6] マグマ溜まりが決壊し、沸きたつ溶岩が放出されて、ピュイ・ド・ドームの山頂に勢いよく上昇し、空中に噴出した。噴火が非常に強力だったため、ピュイ・ド・ドームの山腹東側が広範囲にわたって破壊され、溶岩が麓へと流出した。さらにその一六〇〇年後、部分的に植生が回復していたピュイ・ド・ドームでは、マグマ溜まりに始原的なマントル玄武岩からマグマが供給され、再び大規模な溶岩の流出が起こった。一部の科学者は、オーベルニュ地方の古い溶岩の下には、ヴェスヴィオ山と同じように、先史時代の集落がいくつか埋まっている可能性を指摘している。

溶岩ドームの内側にできたこの新しいドームには、今では草が生い茂り、その上にメルクリウスの神殿がある。そして山頂には観測所があり、さらにその観測所の上には、何キロメートルも離れたところからでも見える、白い巨大な蛍光灯のような機器が設置されている。コーンプロブストと私は、神殿の前を通って観測所へと向かう、凍って歩きにくい道をゆっくりと登っていった。三月も後半で、翌週はイースターだったが、寒さが骨にしみた。コーンプロブストの頬は赤くなり、髪は風で乱れている。神殿の外壁を囲む地面には、小さな雪の山がいくつもあった。神殿の薄灰色の石材――ブリュンの助手ダヴィッドがそのあたりの石材を調べたはずだ――と、白みがかった空との対比が際立っている。私たちは、炎の気配の上にかかる、氷のような雲の中にいた。

時間や空間を越えてさまざまな宗教が、火山や、火山とつながる地下世界に敬意を払ってきた理由が私にはわかった。古代ローマの火の神ウルカヌス（Vulcanus）は、その名が火山（volcano）や火山学（volcanology）に残っている。体が不自由だったウルカヌスは鍛冶の神でもあった。生と死の象徴であるユピテルとユーノーの息子で、父ユピテルのために雷《いかずち》を作っている。また日本の富士山は、最近では一七〇七年に噴火した火山だが、日本そのものの聖なる象徴として、人々を精神的にひきつける存在だ。巡礼者たちは富士山の山頂から日の出を拝むために、夜のあいだに山を登る。

そうした畏敬の念は文学にも影響を与えていて、地球内部を罪と苦しみが溢れる禁断の世界として描くというのは長きにわたる伝統だ。その流れに連なる作品には、ダンテが一四世紀に『神曲』の「地獄篇」や、ジョン・ミルトンが一七世紀に書いた『失楽園』、さらに一九世紀にジュール・ヴェルヌが書いた冒険物語『地底旅行』がある。『地底旅行』の主人公たちは、アイスランドにある、山頂ドームが二つある火山の中の空洞を通り、地獄のような地球の中心に降りていく。いたるところで死の危険から身をかわしながら、最終的には沸きたつマグマに乗り、地中海地方の火山から地上に戻ってくる。あるいはもっと最近の作品なら、アメリカの人気連続ドラマシリーズ『バフィー ～恋する十字架～』がある。このドラマの主人公は、悪魔たちが出てきて文明を破壊しないように、カリフォルニア州の架空の街サニーデールにある「地獄の口《ヘルマウス》」をふさごうと、七シーズンにもわたって大変な思いをするのだ。

コーンプロブストと私は、神殿の周囲をめぐる道を最後まで歩くと、滑りやすい外階段を上り、鍵が一つついたドアにたどり着いた。コーンプロブストがコツコツとノックすると、やがてドアから顔がのぞいた。コーンプロブストが自分の名を告げる。自分は、ここの研究を取り仕切っていたことがある者で、今日は見学に来たのだ。

出てきた科学者は、この観測所で働いている八人か一〇人のうちの一人で――ここで一時的に生活している人もいた――空気のサンプルを採取しているのだという。それは、ブリュンがガスエンジン一台だけですべてをまかなっていた時代と比べれば、はるかに近代的で、範囲も広く、技術集約型の作業だ。現在、この山岳観測所は、人間活動が地球全体の大気に与える影響を監視する観測所ネットワークである、世界気象機関の「全球大気監視計画」に参加している。人文地理学を創始した、ベルナール・ブリュンの弟ジャン・ブリュンが聞いたら、よい研究だと言っただろう。

コーンプロブストによれば、ピュイ・ド・ドームは、オーベルニュ地方の火山では最高峰であり、また大西洋とのあいだに重工業地帯がほとんどないので、空気がとてもきれいなのだという。対応してくれた若い科学者は、一台の装置のしくみをとても詳しく説明してくれてから、その日の観測結果をいろいろと見せてくれた。そのなかにひときわ目立つ数字が一つあった。温室効果ガスである二酸化炭素の濃度が四〇三・一九七ｐｐｍだった。これは、産業化以前の二八〇ｐｐｍと比べれば衝撃的な高さである。気候変動の指標である二酸化炭素濃度は、ベルナール・ブリュンがわずか一〇〇年後にこれほど重要になると想像もしなかった数値の一つだといえる。

とうとう、フランス国立科学研究センター傘下の物理気象研究所で研究ディレクターを務めるカリーヌ・セレグリが私たちに会いにやってきた。セレグリは雲の化学が専門の一つであり、このチームリーダーだった。

「コーンプロブストだ！」私の道連れは大声でそういって、わずかに会釈した。そして私たちは地磁気の逆転というブリュンの大胆な発見の重要性について、世間の理解を高めようとしているところだと説明した。セレグリは申し訳なさそうな顔をした。観測所にはブリュンの名前がついた小さな会議室が一つあるが、誰もその理由を知らされていなかった。クレルモン・フェランの大学での授業でも、ブリュンは出てこなかった。しかし、地磁気逆転についての小規模な講演がかつてあったことを思い出したセレグリは、表情を明るくして、もちろん、ブリュンの実験は聞いたことがあるといった。

「実験ではない!」コーンプロブストがどなった。「あれは観測だ!」

その後、ピュイ・ド・ドームからの帰りの電車を待つあいだ、コーンプロブストはエスプレッソとビスケットを前にして思索にふけっていた。引退後、彼は「ヴュルカニア」(欧州火山パーク)の科学顧問を務めている。ヴュルカニアは、一般の人々が火山や、その他の地球内部の謎について学べるように作られたアミューズメントパークだ。ヴュルカニアもやはり、火山がこの地域の精神性を力強く形作ってきたことのシンボルであり、その実現を後押ししたものの一つが、クレルモン・フェランを火山学研究の国際的な中心地にしようという、観測所責任者としてのコーンプロブストの強い決意だった。ピュイ・ド・ドームからわずか数キロメートルのところにあるヴュルカニアではその日の夕方、観光シーズンの幕開けを大々的に祝うことになっていて、コーンプロブストは来賓として出席する予定だった。

コーンプロブストはエスプレッソをすすりながら、磁気の発見をめぐる科学の歴史をいとおしむようにたどった。ペレグリヌスやギルバートといった重要人物の言葉だけでなく、この分野を前進させた重要な論文までよどみなく引用した。ブリュンは要となる人物だった。彼の前に磁気の科学があり、彼の後にも磁気の科学があったが、それらは同じ科学ではない。私たちは次の日になによりも重要な予定があった。ブリュンが彼の有名な岩石試料を、つまり科学の歴史を変えた試料を地層から採取した、まさにその現場を探しに出かけるのだ。

第8章　磁気十字軍

一六三四年六月一二日、太陽が夏至点への最終段階に入りつつあったころ、ヘンリー・ゲリブランドは、ロンドンのすぐ西に位置するデトフォードにある友人ジョン・ウェルズの庭園へ、長さ約六〇センチメートルの磁針と二台の四分儀を運び込んだ。そしてその装置を使って、太陽が空高く昇っていくなか、午前中に五回測定した――太陽が示す真の北と、磁針が指す磁北の方角のずれ、つまり偏角を測定するのだ。太陽が空を下っていく午後には、六回測定した。それから、ロンドンのグレシャム・カレッジの天文学教授という、誰もがうらやむ地位にあった若き数学者ゲリブランドは、ちょっとした計算をした。

その計算結果は、磁気への理解を一変させた。「天才的なひらめきとは無縁で、こつこつと研究に取り組む勤勉な数学者」[1]と形容されているゲリブランドでさえ、すぐにそのことに気がついた。デトフォードにあるジョン・ウェルズの庭園で（あるいは少なくともその近くで）測定された偏角は、たった五四年のあいだに七度以上変化していたのだ。つまり、地球上の同じ場所に立ち、同じ観測装置を使った場合でも、偏角は時間とともに変化するということだ。

それは、当時の航海者や学者がわかったつもりでいた話とは完全に矛盾していた。海で偏角が変化するのは理解できる。海には波の動きや、目印となる天体を隠してしまう雲、地理座標の誤差など、変動要素がとても多い。しかしロンドン近郊の庭園で偏角が変化しているとなれば話は別だ。しかもかなりのスピードで変化していたのだ。ロンドンは当時、世界でも偏角測定が特に進んでいる都市であり、その後の測定で、その偏角が駆け足のスピードで変化したことがわかった。[2] 一六世紀末には東に一一度だった偏角は、一八二〇年には西に二四度まで変化したのだ。

当時、この発見がいかに信じられないものだったか、今となってはおよそ想像もつかない。磁気は一気に、その時代では重力についで大きな科学上の難問になったのだ。私たちの時代でいえば、朝起きたら、時間が逆向きに進んでいたようなものだ。当たり前だと思っていた宇宙のルールが、もはや同じようには機能しなくなったのである。

ゲリブランドの発見は、二つのことを意味していた。一つには、地球の磁場は単純な永久磁石のようなものだというギルバートの考えが間違っている可能性があることだ。磁場は動いているのである。そしてもう一つ、長年にわたって慎重に記録されていた偏角の測定値がすべて、日付とともに記録されていない限り、役に立たないことだ。つまり地磁気成分には、偏角や伏角だけでなく、時間の次元も含まれているのだ。何年もたった測定値が今も同じだと信じることはできないのである。

実は、ゲリブランドにはあらかじめヒントがあった。その研究の土台には、グレシャム・カレッジでの前任の天文学教授で、計算尺を発明したことで知られる優れた数学者エドモンド・ガンターの研究があったのだ。ガンターは一六二二年に、デトフォードとおぼしき場所で（彼には型にはまった作業に思えたに違いない）偏角測定を実施していた。[3] 目的は、四二年前にウィリアム・バローが同じ場所で測定した偏角値を確かめることだった。バローは海賊討伐に情熱を燃やしていた航海者で、イギリス海軍の会計官になった人物だ。ガンターは、測定値が五度以上違っていることに気づいて驚いた。彼は、地球が持つ磁気の「霊魂」が一定ではないというのは考えられないこととして無視した。それでも測定値はきちんと記録しておいた。ガンターが一六二六年に亡くなると、ゲリブランドがその職を引き継いだ。やがて、この食い違いに注目したゲリブランドは、一六三四年、ガンターの磁針をジョン・ウェルズの庭園に運び、再び偏角を測定したというわけだ。ゲリブランドは、翌年に自らの研究成果を出版するにあたり、この現象を「永年変化」（secular variation）と命名した。「secular」はラテン語で「長期間」を意味する「saeculum」からきている。今この現象に名前をつけるとしたら、「長期的変化」（long-term variation）になるだろう。

この一冊の学術書のなかで、磁気という分野は革命的な変化をとげていた。古代ギリシャ人にとって、磁気とは磁鉄鉱が持つ局所的で、一定しない性質だったが、ペレグリヌスはそれを、磁石に備わる永遠の「生来の本能」と考え、ギルバートは永久的な地球全体の現象とみなした。それがゲリブランドによって、地球の中に存在する、目に見えない気まぐれな命ある力に類するものとされたのだ。地磁気は、それを数秒ごとに測定しようとも、数百万年後に測ろうとも、必ず変化しているはずだ。地球の内部にはいったいどのような秘密の力があって、こうした変化を起こしているのだろうか？　そしてこの先はどうなるのだろうか？

当時の科学者や航海者たちにしてみれば、地磁気の測定値が変化するなら、それがどう変化するのか計算する方法があるはずだ、という話になるのは当然だった。言い換えれば、地磁気の変化には根本的理由があるはずであり、それゆえに、少なくとも航海者が偏角から経度を割り出せるようにする数式が存在するはずなのだ。この仮説が意味するのは、より多くの測定をして、その数式を見つけ出そうということだ。この問題を系統立った方法で解決したいという思いは抗しがたいものだった。

航海の問題を解決することの緊急性がますます高まるなか、こうした事態がエドモンド・ハレーの伝説的な偉業と、英国王室の直接的な介入への道筋をつけたといえる。天文学者で、英国で二人目の王室天文官であるハレーは、その名がつけられた彗星で最もよく知られている。ハレーは、その彗星が天空を進む経路を正しく計算し、一七五八年にこの彗星が再び現れることを見事に予測した。しかしこの時代に星々の世界に関心を持つということは、航海や地磁気に関心を持つことでもあった。そのため、裕福な石けん製造業者の息子であったハレーは、一七世紀末の数年間、英国君主の名によって、初めて科学だけを目的として実施された外洋遠征に加わって、海に乗り出したのである。

勅命によってハレーのために特別に就役させた、平底の小さなピンク船（船尾のとがった帆船）であるパラモア号で出かけた最初の航海はひどいもので、途中で切り上げざるを得なかった。しかし二度目の航海では、大西洋を横断し、アフリカ大陸や南アメリカ大陸の先をまわったところまで出かけた。ハレーは偏角測定データを手に――伏角は測定しなかった――意気揚々とロンドンに戻ってきた。彼は大胆にも、南極海をそれ以前の誰よりも遠くまで航海していて、そこを「氷の海」と名付けた。

ロンドン中がハレーの航海の成果に期待していた。しかし発見したものを、船の舵を取る男たちに理解できるような方法で表現するにはどうすればいいだろうか。

妙案がひらめいた。数字が並んだ表の代わりに、地図を作るのだ。偏角の測定値を地図上に記入して、同じ角度を示している数字を結ぶように曲線を引いた。彗星の楕円軌道を描いたと同じやり方だ。最終的にできあがった地図は、人々の磁気についての考え方をまたもや大きく変えた。そして磁気についての考え方だけでなく、磁気を見る方法も変えたのだ。

この「一七〇〇年に国王陛下の命により、エドモンド・ハレーによって観測された、西方および南方の海洋におけるコンパスの変動を示す、新しく正確な地図」(A New and Correct Chart Showing the Variations of the Compass in the Western & Southern Oceans, as Observed in ye Year 1700 by his Majesties Command by Edm. Halley) と題した地図には、見慣れた緯度と経度のマス目の上に、今までにない、鳥が急降下するような曲線が描かれている。[4] 海上のどこにいるかによって、コンパスを東向きに調整するよう指示する曲線もあれば、西向きに調整するよう示す曲線もあった。この地図は、地球の磁力線の存在を視覚的に理解できるようにした、初めての出版物である。つまり、地球の中心核から送り出され、一方の極から噴き出して、ゴムひものようにもう一方の極へとつながり、地球を包み込んでいる磁気エネルギーの場として現在では理解されているものの証拠だといえる。ここに来て、磁力を、地球上のあらゆるものに影響を及ぼす、不安定で変化し、絶えず動いている力として考える必要が出てきたのである。

船乗りたちには多少の説明が必要だった。地図の左上にあたる、「カナダ・ニューフランス」という字よりも上の「ハドソン湾」という字の真下には、次のように書いてある。「この地図で海の上に引いてある曲線は、コンパスのずれが等しい場所を一目でわかるよう示したものだ。その曲線にそえた数字は、コンパスの針が真の北から東に、または西に何度傾いているかを示している。またバミューダ諸島とカーボベルデ諸島の近くを通っている二重線は、コンパスの針に傾きがなく、真っすぐ北を指している場所だ」どうやらハレーは、偏角の基準線を発見していたようだ。その線は、それまでは既知の経線と平行になるという意見が強かったが、どの経線とも平行になっておらず、アフリカ西側のはりだした部分と南アメリカ東岸のあいだで大西洋を二分し、その後はバミューダ諸島の南で右にそれて、フロリダ半島北の海岸に向かっていた。

現在、地形図で使われている似たような地図表記は等高線と呼ばれていて、さまざまな地形上の高さを示している。たとえば、山の麓に海抜一〇〇メートルを示す等高線があるとする。さらに山を登っていくと、海抜二〇〇メートルを示す別の等高線があり、頂上に到達するまで次々と等高線が現れる。気象図の場合、そうした曲線は、示しているのが気圧と気温のいずれかによって、等圧線か等温線と呼ばれる。そして、ハレーの地図の曲線は「ハレー線」と呼ばれるようになり、一気に広まった。ハレーは後に、他の航海者のデータを使って、地図を太平洋の一部まで拡大した。また、新しい情報が得られたときにも地図を改訂した。偏角地図は一九世紀まで何らかの形で発行されていた。[5]

しかし、ハレーの主張とは逆に、彼の地図は発行されるとすぐに不正確になった。地球の磁場がすでに動いていたからだ。そもそもこの地図は、経度を求めるのにはほとんど役に立たなかった。ハレーの曲線が海岸と平行に伸びている場所を航海する場合には例外的に使えたが、それも磁場がさらに変化するまでの期間に限られた。[6]

ハレーは地球磁場の不安定さを調べ、その成分の一部が西に向かって移動しているように見えることを示した。「西方移動」と呼ばれる現象だ。それを説明するために、ハレーは地球内部について興味深いモデルを考え出す。地球の内部には液体の中心核があり、それを何もない空間が取り囲んでおり――この空間には、未知の生物が住んでいるとハレーは考えていた――その外側に殻がある、という構造だ。ハレーは、内側の中心核には一対の磁極があり、さらに外側の殻にも一対の磁極があって、惑星全体では四つの極があるという説を提案した。[7] 内側の磁極は外側の磁極よりもゆっくりと回転している。簡単にいえば、二対の磁極は互いに優位に立とうと争っており、磁力線をあちこちへ引っ張っているのだ。

　このモデルは、いくつかの基本的な部分で間違ってはいたものの、地球磁場の変動についての全体的な原因を明らかにしようと試みたものであり、地磁気の測定値が時間とともに変化するというゲリブランドの発見から大きく前進したといえる。このモデルは、「なぜ」を考えるものだったのだ。ハレーのこれまでにない惑星モデルは、変動の原因を液体の地球中心核に求めようとした点で、予言者的なものでもあった。この説が広く受け入れられることはなかった。しかしここから、地球全体の磁気を説明し、それがそもそも何によって引き起こされたのかを考える仮説を探そうという動きが始まったのである。

　ハレーは、一七四二年に亡くなったが、その前に不気味なほど正確な予言をした。「磁気システムについて完全な学説を確立するには、数百年かかるだろう」と書いているのだ。[8]

　ハレーが亡くなったとき、地磁気のパズルの大きなピースが一つ、未解明のまま残されていた。偏角は、時間とともにとても大きく変化し、特に大西洋では変化が大きく、太平洋では小さい。一方の伏角は、磁化された針を水平に対して押し下げる、または押し上げる磁力で、これも時間とともに変化していたが、偏角ほど大きくは変わらないようだった。どちらの測定値も、地磁気の方向についての情報を与えてくれる。しかし地磁気の強さはどうだろうか？　物理学の言葉でいうなら、それはベクトルを作る部品の片方についてはわかっているが、もう片方についてはわかっていないことになる。車が北西に向かって進んでいるのはわかっているが、時速一〇キロメートルで進んでいるのか、それとも時速一〇〇キロメートル、あるいは一〇〇〇キロメートルで進んでいるのかわからないようなものである。

高緯度地方に出かける探検家の一部は、以前から伏角の観測装置を使っていて、極に近づくほどコンパスの針を引く力が強くなることに気づいていた。伏角を測定する針を押し下げるか、押し上げるかして、それが最初の位置に戻るときの振動の周期に数式を適用すれば、地磁気の強度がわかる。しかしその場合に測定されるのは、実際の強度ではなく、使っている磁石の強度に対する相対的な強度に過ぎない。

ドイツの博物学者で地質学者でもあったアレクサンダー・フォン・フンボルトは、比較のための基準をどうにかして決めようと決意した。一九世紀が始まろうとするころ、フンボルトは中南米で大規模な科学調査旅行をおこなった。彼は各地を旅行し、未知の生物を収集してヨーロッパに持ち帰っただけでなく、地磁気強度の測定もおこなった。地磁気が一番弱かったのはペルー北部のミクイパンパという町で、それを元に、その町での地磁気強度を一単位としたと、ジリアン・ターナーは説明している。[9]そうすれば、それ以後の強度測定では、このペルーでの一単位を基準として用いることが可能になるのだ。それがスタートであり、少なくとも地球上の数カ所で、ある時点での地磁気の相対強度を測定することができた。フンボルトは、世界中に磁気観測点のネットワークを作って、そこで偏角や伏角、そしてペルーを基準とした相対的な地磁気強度を測定することを夢見るようになった。
一八二八年に、フンボルトはドイツの数学者カール・フリードリヒ・ガウスと出会った。ガウスは、両親は無学だったが、話せるようになる前に数をかぞえられるようになったといわれている。早熟な三歳児だったガウスが、父親の仕事の給与支払い名簿の合計が間違っているのに気づいて、正しい答えを教えたという話は有名だ。現在、ガウスは数学界の大家として知られている。また、最初の磁力計も考案した。これは、一個の磁石が別の磁石を直角の方向から引っ張るようになってい る装置で、これを使えば伏角を測定している磁石の強度が計算でき、そうすることで地磁気の強度も計算できるようになっていた。これは科学界にあっという間に広まって、磁気観測の標準的な方法になった。現在、地磁気強度については、一八四〇年以降の正確な測定データが残っている。磁気ベクトル全体を完全に測定する方法があっという間に完成したのだ。それだけでなく、ガウスは一八三八年までに、地球磁場の主な成分が地球自体の内部で生成されていることを数学的に証明している。ギルバートが二〇〇〇年以上前におこなった大胆な実験が正しかったことが、ついに証明されたのだ[11]。

その一方でフンボルトは、磁気観測所の世界ネットワークを設立するという決意を推し進めていた。彼は地磁気の全体像をつかみたいと思っており、それを系統立てて進めるには、地球全体に、基準に適合した観測装置を用いた観測所を展開し、同時に情報を収集する必要があったのだ。フンボルトは、ガウスだけでなく、世界中の多くの人にこの取り組みへの協力を求めた[12]。ロシア皇帝ニコライ一世もその一人だ。一八三四年には、ゲッティンゲン磁気協会が誕生する。ゲッティンゲンはガウスが拠点にしていたドイツの都市だ。それは、やがて磁気十字軍と呼ばれることになる事業の始まりだったといえる。いってみれば、史上初の国際科学協力プロジェクトであり、欧州原子核研究機構（ＣＥＲＮ）のような機関の祖先にあたる。ＣＥＲＮは、ヨーロッパの国々をメンバーとする原子核研究機関で、素粒子の性質を探る実験をおこなっている。

経度は依然として差し迫った問題という位置づけだった。経度問題の技術面は、一七五九年にイギリスのヨークシャー出身の時計職人ジョン・ハリソンが、彼にとって最高の作品である、海で正確に動く携帯式時計を完成させたことで、すでに解決されていた。この時計は、ハリソンが作った航海用時計では四番目だったため、「Ｈ４」と呼ばれた。それはハリソンの時計では最も完成されたもので、ハリソンと息子の三〇年にわたる仕事の成果だった。[13]

経度問題は、一八世紀と一九世紀を通してかなり熱心に議論され、英国議会は経度委員会を設立して、いくつもの経度法を可決した。航海者たちを悩ませていたこの問題を解決した人には、それが誰であっても、たっぷりの報奨金を与えるという法律だ。たとえば、一七一四年に成立した経度法では、二万ポンドもの報奨金を出すことになっていた。これは現在の四〇〇万ドル以上に相当する。この経度法では、経度を明らかにすることは、「航海の安全と迅速さ、船舶の保全、船員の生命」そして「英国の貿易、そしてなにより王国の名誉」のために絶対に必要だとされた。経度法が成立すると、さまざまな説が殺到したが、そのほとんどがでたらめだった。

しかし、ハリソンが開発した時計は、海で時を正確に刻むことができた。そして時刻が距離と同じであることは、船乗りの常識だったが、時刻は経度でもあった。地球は二四時間で三六〇度自転するからだ。ハリソンのＨ４時計は、最初は一七六一年から六二年にかけてのジャマイカへの外洋航海で、次は一七六四年のバルバドス島への航海で、天体に基づいた経度測定と比較しながら厳密に試験されたが、見事に正確に動いた。しかし、それと同じものを作るのは簡単ではなかった。当時の器械というのは希少なもので、値段も高かった。この時代のコンパスや四分儀、六分儀などの航海用機器を展示している博物館を見て回れば、複雑な彫刻が施され、美しく磨き上げられた、精巧な芸術品を楽しむことができる。安い模造品などなかった時代なのだ。

経度委員会（Longitude Commission）は（最終的には「経度評議員会」〔Board of Longitude〕という、前よりももったいぶった名称になった）どの舵取りでも自分のものにできる解決法を求めていた。最終的にはハリソンが報奨金を勝ち取るのだが、それまでには何年も議論があった。[14]とはいえ、月や太陽、星の位置から経度を求める方法なら、もっと安価で誰にでも簡単に使えるのではないかという点をめぐっては、議論の余地が残っていた。実のところ、ヨーロッパの科学界の内部では、活発で影響力の強い一派が、経度問題の本当の解決策は天球にあるとその当時も主張していた。そのころでも、大英帝国で経度に一番詳しいのは、王室天文官――ハレーがかつて務めた役職だ――だと考えられていた。その役職にある者は、グリニッジ天文台を監督する立場にあった。グリニッジ天文台は一六七五年にチャールズ二世が、海で経度を測定するための天文データの収集という特別な目的で設立した天文台だ。天文学と経度が不可分に結びついていたのだ。そしてそれは、地球の磁場に注目することを意味した。

ここで騒ぎに登場するのが、アイルランドの軍人で天文学者のエドワード・サビーンである。サビーンが、後にはほとんど狂信的と思われるようなところのあった磁気十字軍を指揮することになった。[15]磁気十字軍が実施された一八三〇年代は、ある歴史家によれば「英国の科学史における屈指の動乱時代」[16]だった。経度委員会はその直前に解散していた。一方、海で経度を測定するという日常的な問題は未解決だった。英国科学振興協会は生まれたばかりだった。[17]また、ジェントルマンの身分にあった博物学者のチャールズ・ダーウィンは、ビーグル号で世界一周の航海に出かけていた。この航海は五年近く続き、ダーウィンが進化と自然選択の理論を生み出すきっかけとなった（ビーグル号の船長ロバート・フィッツロイは、ダーウィンが植物や動物を観察しているあいだに、地磁気の伏角を測定していた）。一八三〇年代には、ビクトリア女王の即位が予定されていたし、磁気のデータを集めようという熱は、国をあげての熱狂へと変わっていく。経験主義はもはや科学における罪ではなく、むしろ必要とされるものだった。

サビーンは以前から地磁気に対する情熱を抱いていた。[18]北極に二度航海して、伏角測定を実施したことがあったし、一八三〇年代の一時期には、ブリテン諸島では初となる系統的な地磁気観測を実施していた。一八三六年にフンボルトに会うと、地磁気への情熱は熱狂へと変わった。サビーンは、より多くの観測所に資金を提供し、データ分析を援助してくれるよう、英国政府や、政府科学機関、海軍を説得する運動を熱心に推し進めるようになる。英国では、ふつうなら奴隷廃止運動や禁酒運動のような、当時みられた社会改革運動や宗教改革運動に向けられるような熱意が、この科学プロジェクトに向けられた。[19]地磁気を理解することは、個人的な仕事を卒業して、十分な資金援助を受けた国家レベルの目標になった。海軍省の正式認可も与えられた。

これだけ熱心だったのは、科学における英国の優位性を証明するためという面もあった。[20]英国で磁気十字軍を支持する人々の多くは、ライバルであるヨーロッパ諸国が磁気研究の先頭に立っていると考えていた。ドイツにはフンボルトとガウスがいた。フランスには、パリ天文台という素晴らしい天文台と、フランス経度局がある。そして英国は帝国の範囲を広げつつあり、海軍力を誇っていたが、どちらも航海術に依存しており、磁気学の点で他国の後塵を拝していた。それは耐えられないことだった。

そこでサビーンは、植民地に磁気観測所を設立する計画を立て、指揮した[21]。場所はカナダのトロント、熱帯のセントヘレナ島、アフリカの喜望峰、そしてオーストラリアのタスマニア島にある、現在のホバートだ。サビーンは、南極と北極がこの磁気調査旅行に重要であることをわかっていたので——未知の理由によって、伏角を示す磁針が極では垂直になるからだ——南極に磁気測定航海を派遣するべきだと主張して、無事認められてもいる。また、一八四五年に出発した、北西航路発見を目指したサー・ジョン・フランクリンの北極探検隊に、最新の磁気測定機器を十分に持たせるようにした。私が「はじめに」で書いたとおり、フランクリンの探検は大失敗に終わる。一二九人の船員全員が亡くなった。過酷な二度の冬を生き延びた船員は、氷で動けなくなったため、船を捨てて、一番近くにあった氷で覆われたキングウィリアム島に向かい、人肉食に訴えたあげく、一人残らず亡くなった。しかし二度目の冬のあいだに、えり抜きの探検隊は北磁極に近い位置で、その探検の優先事項とされていた磁気測定をおこなっていたようだ。サビーンは、ゆくゆくは国際的な磁気十字軍を率いることになる。彼はそれぞれの観測所で、地磁気の三成分——偏角、伏角、強度——を一時間おきか、場合によってはもっと頻繁に測定するよう求めた。ガウスや他の研究者は、データの多さに仰天した。サビーンはあきらめずに、英国の科学者チームに、すべての観測所から得られた世界規模のデータをまとめ、分析するよう命じた[22]。

当時の歴史家は、磁気十字軍全体について、「世界で例を見ない優れた科学事業[23]」と評している。一八四〇年までに、磁気観測所は世界中の三〇カ所以上に広がった。[24] そのうち、ロシア政府の支援を受けたものが一一カ所、アジアには東インド会社が資金を提供したものが四カ所、英国の植民地には英国政府が支援したものが六カ所、そしてアメリカのペンシルバニア州フィラデルフィアとマサチューセッツ州ケンブリッジの二カ所で、どちらも大学内に設置された。科学界は、系統的な観測データの力を借りて、地球の磁気の暗号を解読しようと決意していた。磁気が変化していることがわかったり、その強さを計算できたりするだけでは十分ではない。科学者たちは、磁気を決定づけている法則を理解したいと考えていたのである。

英国の偉大な物理学者アイザック・ニュートンが一六八七年、重力を決める法則を明らかにしていたことから（ハレーはこの学説を発表するよう、ニュートンを説得している）、当時の学者たちは、磁気は地球に残された最後の謎だと考えた。英国科学振興協会の設立者であるウィリアム・ヴァーノン・ハーコートは一八三九年に、磁気の公式を見つければ、ニュートンが始めたこと、すなわち「新しい宇宙法則の発見、つまり計量できない力の性質と関係性の発見」が完成することになると述べている。[25] サビーンは仲間とともに、ギルバートが二世紀前に求めていたものを見つけ出そうとしていた。世界のしくみを理解するための新しい網羅的な方法だ。時代を越えてきた宇宙の謎がそのとき、解き明かされようとしており、もう少しで手が届きそうだった。サビーンたちはそのための鍵を探していたのだ。

一八四〇年代の終わりごろ、磁気十字軍が徐々に縮小されていくと、かかわった人々の多くが、その鍵が見つからなかったことに気づいた。ある英国の科学史家は、「科学的な成果としては、多大な努力をしただけの価値はなかったといえる」と書いている。[26] 一八五〇年代には、地球の磁場を理解しようという動きは下火になり、その代わりに、ビーグル号での世界一周旅行を終えたダーウィンが練り上げた、進化と自然選択にかんする驚くべき生物学の新理論が存在感を高めていた。生命はどのようにしてその姿になったのかという、はるかに論争を巻き起こしやすい疑問の前で、地球のしくみについての疑問は勢いを失っていた。残念なことに、物理学者や地理学者によって、地磁気は世界の日常的な機能にとってまったく重要ではないと結論されてしまった。地磁気は、説明をもはや必要としない、主流から外れた科学的興味ということになった。

それでも、いくつか前進はあった。サビーンが地磁気データをじっくりと調べて、分析してみると、太陽表面に発生する奇妙な黒い点と、地磁気の強度の一時的な乱れにつながりがあることがわかった。太陽と地球磁場に関連があるかもしれないという兆しが初めて見えたのだ。現在、地球の不安定な磁石がどうなるのかを予測しようとしている新世代の科学者にとって、この太陽と地球磁場のつながりは重要だ。

それ以上に大きな成果は、ガウスが設立した磁気観測所のネットワークが、現在まで一七五年以上続く地磁気観測を始めたことだ。もっといえば、地球磁場が弱くなってきていることが初めて示されたのである。磁極が逆転する前には、地球磁場が弱くなるはずだ。そして、一九世紀には地磁気を理解しようという動きが停滞し、新しい科学研究が盛り上がるなかで忘れられてしまうものの、その状況はそれほど長く続かなかった。磁極逆転が文明に与える影響を理解しようと科学者たちが奮闘するにつれて、すぐに緊急性の高い新たな問題が生じ、現代の磁気十字軍が始まるのだ。

第9章　世界をひっくり返した岩

コーンプロブストと一緒に田園地帯を車で走ると、地球が歩んできた苦悩のドラマと燃えさかる激動に満ちた物語を読み取るすべを学ぶことになる。地球は衝撃的な時間のなかを歩んできたのだ。数十年も修練してきた結果、それはコーンプロブストにとって呼吸するのと同じくらい容易なことになっていた。「あれは三億年前の基盤岩だ！」コーンプロブストは、細い道を運転しながら、右手にある大陸地殻の一部を指さして言った。もう少し先では、周囲とまったく同じに見える岩を指さして「一五〇〇万年前の小さな火山だ。火道しか残ってないが」という。さらに進むと「一万年前の玄武岩」。一拍後には「四万年前の溶岩」そして「玄武岩だ！」

私たちは、ブリュンの粘土岩層を見つけられればと考えて、クレルモン・フェランから車で二時間くらいのところにある、ポン・ファランという小さな村の郊外に向かっていた。雪は一晩で溶けていた。湿った冷たい空気も消えていた。空はセルリアンブルーに晴れ渡り、中央フランスの畑は冬から目覚めようとしていて、整然とした長方形の農園のあいだには、あちこちに緑色の畑が見えている。数週間もすれば、ここの畑ではトウモロコシやジャガイモ、小麦の種まきや植え付けがおこなわれて、この地域にみられる古い火山群の遺産である、肥沃な黒土に育てられるだろう。火山は、作物や牧草、濃厚なクリーム、ほろほろとした食感のチーズ、タンニンの渋みがきいたチーズによって、この地域に住んできたすべての世代の食事を支えてきた。そして最近では、火山岩という精巧なフィルターがきれいにした川の水を使う産業を通して、火山は人々の生活を支えている。

一〇〇年以上前にブリュンは、フランスの真ん中にあたる田園地方で仕事をしている道路技術者たちに探りを入れて、粘土堆積層が、古い火山からの熱い溶岩で覆われている場所がないか注意深く探してほしいと頼んだ。ブリュンは、溶岩によって高温に加熱されたことで磁気の「指紋」をいったん失って、再度獲得した岩石を探そうとしていた。当時は他の地球物理学者も多くがそうしていた。メローニの研究結果や、フォルゲライターの結論、さらにキュリー温度にしたがえば、そうした地層内の粘土岩は、後からその上に流れてきた溶岩（ここの場合は玄武岩という粒子の細かい黒い岩）と同じ方向の磁気を帯びているはずだ。物理学者たちがより大きなゴールとしていたのは、世界中のさまざまな場所で採取した岩石試料から長期的な地磁気変動を割り出し、時間の経過にともなう地磁気の変化を再現し、その変化の原因となった可能性のあるものを突きとめることだった。

やがてある日、ブリュンは友人のひとりで、土木工事管理当局の技術者であるヴィナイ氏——彼のファーストネームは記録に残っていない——から、ポン・ファラン（当時はポンファラインと呼ばれていた）の近くで新しい道路を作るために、地面を掘る作業をした話を聞いた。その道路工事の結果、粘土岩層がかなりの範囲にわたって玄武岩溶岩で覆われているという、まさにブリュンが探していた配置の地層が露出したという。ブリュンは、岩石採集用のたがねを荷物に入れて、馬にまたがり、出発した。

コーンプロブストが運転する車は、フランスの元大統領の名がつけられた「ジスカール・デスタン高速道」を南に向かって疾走している。彼は地図を取り出した。目当ての切り通しを見つけるのには苦労しそうだった。ポン・ファラン自体がわかりにくい。グーグルマップにかろうじて載っているような、曲がりくねった田舎道に隠れているのだ。コーンプロブストが少し不安になっているのがわかった。スピードをあげると、猛スピードで突っ走り、車の列を追い抜くと、また急に右車線に戻った。よその車が怒ってクラクションを鳴らしてから、ぱっと追い抜いていった。コーンプロブストは右手をシフトレバーから離すと、バックミラーの前にかざし、手のひらが体のほうを向くようにして、軽蔑するように手を振った。真っすぐに結んだ口が断固たる無関心を示している。

コーンプロブストは景色をくまなく見渡した。地球物理学者にとって、カンタル県と呼ばれる、フランスのこのあたりに来ることは、大切な友人と豪華なディナーをともにしながら、楽しい思い出話をするようなものだ。この高速道は、漸新世にあたる三〇〇〇万年前にできた堆積岩の地層を切り分けて走っている。漸新世といえば、実に原始的な動物に代わって、ゾウやブタ、ウマ、サルといった、今見てもわかりそうな動物が登場した時代だ。そうした堆積岩は、固い花崗岩の基盤岩の上に形成されている。この基盤岩は、遠い昔に熱による作用をうけ、その後、あちこちで割れて、地殻自体の運動によって地表に上昇してきたものだ。その下には、シェヌ・デ・ピュイ火山群よりもずっと古い火山にマグマを供給していた、マグマ層の名残がある。数千万年前にできたそのマグマ層は、大量の玄武岩質のマグマを流出させ、その溶岩が湖になった。地質学者が玄武岩を大好きなのは、玄武岩質のマグマはマントルで形成されるので、玄武岩は原始的なマグマに最も近いからだ。現在、かつてはヨーロッパ最大規模だったその古い火山は、風や雨、時間によって衰え、昔の栄光の影と化してしまっている。そして玄武岩溶岩の湖は、広々とした肥沃な平野に変貌している。

午前一〇時四五分、私たちは絵のように美しいわき道を走り、レ・テルヌという、道の片側に段々に作られた人口六〇〇人ほどの村に到着した。整然と積まれた石壁が、その村に数本しかない通りに沿って並んでいる。コーンプロブストが、その村の一六世紀に建てられた城の下にあるレストランでコーヒーでも飲もうと、さりげなく提案してきた。そして彼は、同じくらいさりげない様子で、レストランの立派なバーカウンターに座っている二人の中年の男に近づいた。一人はブルージーンズを、もう一人は迷彩柄の作業ズボンをはいている。ポン・ファランの場所を知っているかね？

もちろん！（Mais oui!）

コーンプロブストは、男たちがポン・ファランへの道順を説明してくれるのを、熱心に聞いていた。フェンスで囲った牧草地に沿って走っている道を村の端まで行って、左に曲がるんだ。コーンプロブストは礼を言い、そして我慢ができなくなった。磁極が逆転することを、つまり北が南に、南が北になることを、ここからちょっと行ったところで発見した、有名な物理学者をご存じか？　海外からのお客――そこで彼は私を指さした――は、このとても有名な物理学者の本を書くためにここに来たのだ。男たちは私を見て、礼儀正しく笑顔を見せ、コーンプロブストに向かって肩をすくめると、飲み物のほうに向き直ってしまった。

村はずれに「Ｄ５７」と道路の路線名を記した小さな金属の標識があったが、その先には何も標識はなかった。コーンプロブストがまた地図を調べる。大丈夫だ、この道で合っている。畑の中の曲がりくねった道を走りながら、コーンプロブストがつぶやいた。苔むした石垣や低い屋根をさらに通り過ぎた。やがてポン・ファランについた。誇らしげな様子のコーンプロブストは、車を止めると、私がノートをかかえ、村の名前が書かれた看板の前に立っているところを写真に撮った。

「村」というのは大げさかもしれない。あるのは家が二軒と小川だ。しかし、その二軒の家を過ぎたもっと先には、また別の小さなカーブがあった。コーンプロブストはためらいがちに路肩の傾斜に車を寄せた。ここがそうですか？　コーンプロブストは口ごもる。違う。彼はまた車を進ませて、同じような場所を見つけた。ここだ！　コーンプロブストが歓声をあげた。車のトランクをさっと開けて、地質調査道具を取り出す。ぼろぼろの赤いケースに入ったコンパスと、ハンマーだ。

私たちはすぐに狭い道を歩き始めた。その道は丘の斜面に沿って続いており、道路の左側は切り立った崖がはるか下の川に落ち込んでいた。これが、ブリュンの友人が一〇〇年以上前に建設にたずさわったというあの道路なのだ。私はそれが今でもそこにあるという事実に驚嘆せずにいられなかった。村は無秩序に広がらなかった。道路拡張もおこなわれていない。大規模小売店か工業団地ができて、この昔ながらの場所をアスファルトで舗装してしまうこともなかった。フランスのこのあたりは、何百年ものあいだほとんど変わっていない。鳥が陽気にさえずる。肥やしが強くにおう。日差しがやっと暖かくなって、私たちは重ね着していた服を脱ぐ気になった。私たちの他には、まったく誰もいなかった。

ああ！　テラコッタだ！　コーンプロブストが大声を上げ、右手の丘の斜面からちょろちょろと流れ出る小川の深みに散らばっている、赤い色をした、もろい岩の薄片を指さした。近くまで来ている。ブリュンのテラコッタ、つまり加熱された粘土岩の露頭を探しに初めて来たときには、結局見つけられなかったのだと、コーンプロブストがいう。彼は採石場のような場所を期待していた。しかしそこは、ほとんど手つかずの露頭が、一〇〇年分の岩屑で覆われているという場所だった。私は、この場所で科学革命が始まったことを示す標識か、何か小さな目印でもあるのだろうと思っていた。実際には何もない。フランスでここ以上に忘れられた片すみがあるとは思えない。私たちはすでにずいぶん歩いていた。コーンプロブストは、カーブを曲がってすぐのところに一軒の家を見つけると、急に立ち止まった。行き過ぎた。私たちは来た道を戻った。コーンプロブストは行きよりもいっそう没頭していて、加熱された粘土岩だとすぐにわかる赤い地層を見つけようと、かがみ込んで斜面をじっと見つめたり、ときには斜面をハンマーでたたいたりしている。

突然、コーンプロブストが小川を飛び越えて、丘の斜面をよじ登り始めた。そこにはプラスチックのオイル容器や、捨てられたワインボトルが散乱していた。若木が分厚い土の上で生き延びようと懸命になっている。コーンプロブストはハンマーを手にかがみ込み、苔が生えた一角を強くたたいた。粘土岩のかけらが彼の手の中にころがり落ちて来る。それを私に手渡す彼の顔には、子どものようなはしゃいだ笑顔が浮かんでいた。

私の手に収まっているぎざぎざした石は、一〇〇〇万年前から一五〇〇万年前にまさにこの場所に堆積して以来、この瞬間までここから一度も動かされていなかった。五〇〇万年前、火山が爆発する。溶岩が広々とした粘土岩の上に流れてきて、キュリー温度よりもかなり高い摂氏七〇〇度まで加熱した。粘土岩には鉄がたくさん含まれていることは前に説明した。鉄原子一個には四個の不対電子がある。粘土岩が溶岩に覆われて、高温になると、それまでの数百万年ずっと持っていた磁気の向きが消える。その後、火山の噴火直後に粘土岩が冷えると、地球上のその場所での、その時点の地磁気の方向と強度に合わせて、粘土岩の磁気が再配置される。粘土に含まれる十分な数の不対電子が地磁気と同じ方向を向けば、その岩の磁気の流れは、そのときの地磁気の方向で固定する。要するに、その粘土岩は、地殻に閉じ込められた磁石になったのだ。

ところがブリュンが、まさにこの粘土岩層から採取した資料をクレルモン・フェランのラバネス塔にある研究所に持ち帰ってから——加熱された粘土岩はとてももろかったので、完璧な形の試料を切り出すのにかなり苦労した——時間と熱によってその岩に閉じ込められていて、岩が冷えたときの磁場の方向を示している、残留磁気の伏角成分を調べると、当時の北と思われる方向とまったく逆方向を指すことがわかった。粘土岩のすぐ上にある溶岩の玄武岩層からも、たがねを何本か折りながら試料を採取したが、結果は同じだった。

この粘土岩が溶岩層の下で加熱され、その後冷えた時代の北磁極は、一九〇五年にその粘土岩があったフランスの地点に対して、地球の反対側にあったのだ。ブリュンにはそれ以外の結論は考えられなかった。ブリュンはこの発見についての論文を一九〇六年に発表した。その二、三年は、電磁気学にとって重大な出来事がいくつも起こった時期だった。一九〇六年にはJ・J・トムソンが、電子の発見によってノーベル賞を受賞した。素粒子が見つかったのはこれが初めてだ。一九〇五年には、アルベルト・アインシュタインが特殊相対性理論を発表するとともに、近代文明の中枢神経系である巨大な電磁気インフラの基礎となる理論も世に出した。Ｊ・Ｊ・トムソンのノーベル賞から、一九二〇年に陽子が発見されるまでには一五年かかるし、一九三二年に中性子が見つかるまでにはさらに十数年かかることになる。そして、第二次世界大戦が終結してから、磁気における不対電子のスピンの役割が十分に理解され、地磁気逆転のしくみについての科学が争う余地のないものになるまでには、さらに長い時間がかかるのだ。

しかし一九〇六年の段階では、磁極がかつて逆転したことがあるというブリュンの主張には驚くような意味合いがあったため、大半の科学者には信じることができなかった。科学者たちはそれから何十年も、ブリュンの主張をあざ笑い、地球の岩石が過去の地磁気を記録するものとして信頼できるかどうか疑問視した。その当時、地磁気の偏角や伏角、強度が変化するタイミングやプロセス、そしてその原因についてはまだ理解されていなかった。地磁気が逆転しうるという説は、科学者たちが地磁気そのものの性質について決定的な見当違いをしていることを意味した。さらに、地磁気をそもそも機能させている原因については何の手がかりもなかった。革新的な考えではあったが、それは科学の名誉を汚すものだった。そしてその考えをあざ笑うのが簡単だったのは、科学界を最終的に納得させることになる決定的な証拠がまだ、地球の地殻や、海底、中心核の奥深くに隠されたままだったからだ。

ブリュンが再び地磁気についての論文を発表することはなかった。ただ、研究は続けた。一九一〇年五月八日日曜日。ブリュンは、カンタルへの旅行からクレルモン・フェランに戻ってきたばかりだった。カンタルでは、何カ所かの鉱山で測定を行っていた。悪天候で、ひどく雪が降っていた。雪や自らの疲れにもかかわらず、ブリュンは真夜中近くにラバネス塔を出て、近くの町であった選挙の結果を聞きにでかけた。その直後、近くの古い通りを巡回中の警察官たちが、男性が意識を失って倒れているのを発見した。ブリュンだった。警察官たちによって自宅に運ばれたが、重い脳卒中だった。ブリュンは五月一〇日火曜日の昼に亡くなった。四二歳だった。

ブリュンは、自分で設計した新しい立派な観測所レ・ランドを見ずに亡くなった。その完成は二年後だった。生きているうちに、とっぴだといわれた地磁気逆転説の正しさが確かめられるのを目にすること、あるいは地磁気は一度ではなく、地球の歴史上何百回も逆転していたことを発見することもなかった。現在の磁極期に自分の名前がつくことも知らなかった。さまざまな新しいデータが地球を回る人工衛星から送られてきて、地球磁場の日々の変動が激しさを増すようになることや、南半球磁場の一部がすでに向きを変えつつあることを示すことを、ラバや馬に乗って旅していた彼が目撃することはなかった。

ブリュンが亡くなってから一〇〇年後、科学者たちのあいだでは、磁極がまた逆転に向けて勢いづいているのかどうかという議論が進んでいる。地磁気が逆転すれば、人類が建設した莫大な電磁気インフラは危機にさらされるだろう。科学者たちは、地磁気逆転が地球上の生命に与える影響や、文明にとって大災害となる可能性を理解しようと努力している。それはブリュンが想像もできなかった未来のはずだ。

第II部

電流

したがって、われわれの物理学はもはや、運動や熱、空気、光、電気、磁気、その他ありとあらゆることについての断片の集合ではなくなり、われわれは世界を一つのシステムとして受け入れることになる。

——ハンス・クリスティアン・エルステッド
（一八〇三年）

第10章 コペンハーゲン実験

私が到着したその日、現代物理学発祥の地であるコペンハーゲンのニールス・ボーア研究所は、現代アートのインスタレーションで飾られていた。研究所の外壁にずらりと取り付けられたLEDライトは、そこから一〇〇〇キロ以上離れているCERN（欧州原子核研究機構）につながっていた。CERN地下にある大型ハドロン衝突型加速器（LHC）の磁場内では、素粒子が容赦なく分裂させられているのだが、その分裂を引き起こす素粒子同士の正面衝突が起こるたび、このライトが点灯するようになっているのだ。点灯するLEDの位置や、明るくなるスピード、点灯の継続時間は、CERNが作り上げた原始宇宙の複製品であるLHCの中で、どの粒子が互いに高速でぶつかり合うかによって決まっている。デザインした芸術家たちによれば、このインスタレーションは、宇宙誕生の音楽を、研究所正面の灰褐色の壁に映し出される光のシンフォニーに置き換えたようなものだという。

デンマークの物理学者ニールス・ボーアを記念する研究所の研究室やオフィスが入った、この堂々たる赤屋根の建物は一九二〇年に建てられた。〔訳注：一九六五年よりボーアを記念して現在の名称になった〕ボーアは一九二二年にノーベル賞を受賞している。陽子と中性子が結合して原子核のまわりを、電子がぶんぶんと飛び回っているという、原子の内部構造のシンプルなイメージを初めて考えた功績によるものだ。ボーアは、物質の核心を初めてじっくりと見つめた人物である。そして、物理学者たちが原子核を分裂させて原子爆弾を作る可能性に真剣に取り組んでいた、二つの世界大戦のあいだの微妙な時代において、ボーアの研究所は世界中の理論物理学者にとっての聖地となった。物理学界では、研究所がある「ブライダム通り（Blegdamsvej）一七番地」でさえ、シャーロック・ホームズや推理小説のファンにとってのロンドンのベイカー街二二一B番地と同じくらい、いろいろな思いの詰まった住所だ（Blegdamsvej〔ブライダムスヴァイ〕は「漂白池通り」の意味で、一九世紀にコペンハーゲンの洗濯屋が、指定された池でリネン類を濡らしてから、日にさらして漂白していたことにちなむ）。この研究所は、その壁の内側できわめて重大な物理学上の大発見がおこなわれたことを記念して、二〇一三年に欧州物理学会によって史跡に選ばれている。

ひとひねりあるユーモア感覚の持ち主である、理論物理学者のアンドリュー・D・ジャクソンは、玄関で私を待っていて、研究所に迎え入れてくれた。この場所に伝わる伝説に臆するふうもない。にっこりと笑って、上階を手振りで示す。量子物理学の基礎を築いた功績でノーベル賞を受賞した、ドイツの天才物理学者ヴェルナー・ハイゼンベルクのバスタブが上の階にありますよ。見たいですか？　ジャクソンはそういって、くっくっと笑ってから、彼のオフィスに案内してくれた。

話し方にまだニュージャージーなまりがかすかに残るジャクソンは、いつもは、ボーアが最初に考えた原子のイメージには含まれなかった、原子の構成要素のなかでも特に難解な――そして場合によっては純粋に概念上の――ものを研究している。これまでに、スキルミオンのような謎めいた素粒子や、ソリトンと呼ばれる波束についての論文を発表してきた。しかし数年前、科学の世界を鳥のようにひらりとよぎった不思議な偶然から、ジャクソンと、彼のデンマーク人の妻で、英文学の専門家であるカレン・イエルヴィは、電磁気にかんして、物理学を決定的に変えるような謎をもたらした、一九世紀のデンマーク人科学者ハンス・クリスティアン・エルステッドの世界に飛び込んだ。

一九九三年夏、ハーバード大学の科学史研究者ジェラルド・ホルトンがデンマークにやって来て、コペンハーゲンの南に中世の城を所有する友人のもとを訪ねた。その城の図書室には、安くまとめ買いしてきた書籍が棚いっぱいに並んでおり、そのなかにホルトンは、一八五一年に亡くなったエルステッドの著書の希少な初版を偶然見つけた。実は、ホルトンは一九八〇年に、物理学教育に貢献した人に授与される、権威あるエルステッド・メダルを受賞しており、その後の講演でエルステッドの認知度の低さを強く批判していた。その理由の一つには、エルステッドが主にデンマーク語とドイツ語で論文を書いていて、英語にほとんど翻訳されていないということがあった。さらには、彼が亡くなったときには、その考えはかなり時代にそぐわないものになっていたということもある。とはいえエルステッドの業績は、一九世紀に起こった科学におけるロマン主義から近代主義への構造的転換の過程をたどるものだったといえる。それゆえに、エルステッドのきわめて重要な論文を世界に紹介することは、意味のあることとなのだ。ホルトンは城の主である友人に向かって、感慨深げにそういった。その友人は、物理学者で科学史家のアブラハム・パイスと知己の間柄だった。パイスはかつて、ボーアの助手だったアルベルト・アインシュタインの同僚だった。ホルトンの友人はパイスに、エルステッドが残した業績を世に広めるという夢について話した。パイスはジャクソンと毎日昼食をともにしていて、ジャクソンとイエルヴィが、言語と科学のスキルをいかせる新しいプロジェクトを探していることを知っていた。パイスはジャクソンにその話を持ち込んだ。それで決まったんだ、とジャクソンたちはいう。

ジャクソンとイエルヴィは今では、エルステッドの言葉を英語圏に伝える仲介者として知られており、エルステッドが科学や文学、詩、哲学について書いた著作の英語版を刊行している。ふたりは誰よりもエルステッドをよく理解している（ジャクソンは、エルステッドの人生を私にわかりやすく説明しようとして、「経験から知っているんですが、優れた科学者にはロマンティックな人が多くて、さみしがり屋なんです」と語った）。二人は、エルステッドの科学論文のなかから特に重要なものを精選して翻訳する作業を手伝い、さらには、エルステッドが一九世紀の前半に、ヨーロッパ内を八回にわたり旅するあいだに自宅に向けて書いた手紙を苦心して読んだ。エルステッドの手紙は、羽根ペンを使い、ブラックレターという書体で書かれていた。紙はひどく薄くてインクが裏抜けしてしまっていた。さらに悪いことに、エルステッドは強調の意味で、単語にしょっちゅうアンダーラインを引いていた。エルステッドは郵便料金を心配して、できるだけたくさんの文字を、半分の大きさで書くようにしていた時期もあった。そう語るジャクソンの口調は、やや非難めいていた。

それだけでなく、エルステッドの娘マチルドは、一八七〇年に編集をかなり加えた短いエルステッド書簡集を刊行しているが、そこからは、父の最初の婚約が破談になっていた証拠をすっかり消し去ってしまっていた。一八〇一年、エルステッドは自らの師の家事使用人だったソフィー・プロブステインと結婚を誓い合っていた。しかしエルステッドは最終的には、マチルドの母であるインゲ・ブリジッテ・バルム（ジッテと呼ばれた）と一八一四年に結婚している。ソフィーとの関係の証拠を記録から締め出そうというマチルドの試みも、ジャクソンとイエルヴィが隠された恋愛事件の証拠を徐々に明るみに出したことで、失敗に終わったといえる。

エルステッドの旅行や研究生活は、今ではデンマーク黄金時代と呼ばれる、一九世紀前半の高揚した雰囲気にあふれた時期と一致する。一九世紀が始まろうとしていた数年間にかけて、当時は約一〇万人が暮らしていたコペンハーゲンは、二度の大火に見舞われたばかりか、イギリス軍による二度の砲撃で大変な被害を受けた。市街地の再建が必要になり、その過程から創作活動が一気に盛んになった。そのうねりは建築や文学、音楽、絵画や彫刻にまで広がり、最後に科学にも及んだ。多くの人に愛される童話を書いたハンス・クリスティアン・アンデルセンは、その当時に最も有名だった人物の一人であり、エルステッドとは親友だった。

エルステッドはデンマーク黄金時代を駆け抜けた。その手紙からは、彼が旅行の機会や、高まりつつある名声を利用して、ヨーロッパ内でのデンマークの地位を高めようとしていたことがわかる。ジャクソンがこっそり教えてくれた話では、エルステッドにはさも親しげに有名人の名前を出すくせがあったという。そのうえ、少しでも重要な人にはほとんど誰とでも会っていた。一八二三年七月四日にイギリスのエジンバラで、崇拝していた小説家サー・ウォルター・スコットに会ったのは、彼の人生における頂点の一つだといえるだろう。

エルステッドは旅行を通じて、当時ヨーロッパ中に広まっていた磁気理論のうちのいくつかにも触れた。一八二三年の外国旅行では、地磁気の測定をおこなっているし、最後となった一八四六年の旅行では、蒸気船に乗ってロンドンからグリニッジまでテムズ川を下り——故郷への手紙では、ウォータールー橋、ブラックフライアーズ橋、ロンドン橋とくぐっていったことを、大喜びで説明している――グリニッジにあった有名な磁気観測所を訪問した。

一八二七年には、世界でも特に優れた磁気研究者の会議に参加するため、ドイツのハンブルクに近いアルトナ（当時はデンマークの支配下にあった）に旅行した。その会議には、あちこちを旅してきたアレクサンダー・フォン・フンボルトがいた。フンボルトは、ペルーのミクイパンパという町の測定値を基準とする、磁場強度の相対測定のしくみを初めて考え出した人物だ。また、後に磁場強度の絶対測定法を考案する、才能あふれる数学者カール・フリードリヒ・ガウスもいた。エルステッドやその他の科学者も加わった会議では、初めての磁気測定全球ネットワークを設立することが提案された。この会議の結果として、一八三四年に設立されたゲッティンゲン磁気協会は、歴史上初の国際共同研究であり、ＣＥＲＮの祖先だといえる。

アルトナの会議で研究者たちが必要だとしたのは磁気の測定だけではなかった。地球磁場の北極の位置を最終的に特定するための計画も必要だと強く主張したのだ。それから四年後の一八三一年六月一日、それが実現した。北極探検家のジェームズ・クラーク・ロスは、自らの小型船と部下とともに氷の中で身動きが取れなくなっていたが、現在のカナダ本土最北端の近くで、絹糸で吊り下げた磁針を使い、北磁極を発見したのである。ロスは、その位置を示すために石を積んでケルンを作り、英国国旗を立てて、ここを英国領とした。ロスが北磁極を発見したのは、本当にかなり幸運なことだった。北磁極はそれ以前から長期にわたって南に移動してきていて、当時は数百年で最も南に近い位置にあったのだ。それ以降はほぼずっと、北磁極は北に移動している。最近ではカナダの領海を出て、ロシアの領海に入りつつある。

エルステッドの認知度が低いというのは、フランスのベルナール・ブリュンの場合とは意味が違う。エルステッドの場合、人々の記憶から抜け落ちてしまっているのは、その業績の幅広さだといえる。彼は科学の世界で、一八二〇年におこなったたった一度の実験によって記憶されているが、科学を探求し続けた数十年間は評価されていないのだ。エルステッドは、ボーアが二〇世紀の天才と呼ばれたように、その一回の公開実験から、デンマークにおける一九世紀の科学の天才と呼ばれるようになったのである。現在、コペンハーゲンにはエルステッドと、彼の有名な弟アンデルス・サンドー（デンマーク憲法の起草者）にちなむ公園がある。またエルステッドが設立した大学は、地球磁場の衛星観測にかんする国際研究拠点になっている。エルステッドの名がついた人工衛星はいまも空の上にある。エルステッドの法則といえば、定常電流にかんする物理学のかなめだし、エルステッドという単位は、磁気を科学的に記述するときに欠かせない。そしていくつかの物理学賞と、垂涎の的である奨学金が、今もエルステッドの名のもとで授与されている。

エルステッドの偉大なる発見とは？　エルステッドは、二〇年近くにわたる考察のすえ、一八二〇年におこなった実験によって――そのころ優勢だった科学思想には反する事実として――磁気と電気には物理的なつながりがあることを証明したのだ。この発見にヨーロッパ中の研究者がにわかに活気づき、それがきっかけで、英国の物理学者マイケル・ファラデーはその後一〇年、発電機の原型となるものを作るようになる。エルステッドの発見は期せずして第二次産業革命の引き金になったのだ（英国の大蔵大臣に、どうして電気を実用に供することなどできようかと言われたファラデーが「電気に課税する日がくるかもしれません」と当てこすりを言ったという話がある。ただし作り話の可能性も高い)。やがてファラデーの発見の影響を受けた別の科学者が、電磁気理論を表す数式を構築する。エルステッドの発見は、その後の出来事をすべて変えてしまうような、科学の歴史上まれな瞬間にかぞえられるのだ。そうしたことが起こった理由を理解するために、ジャクソンの手助けが得られたらと期待して、私はコペンハーゲンに来たのである。

第11章　密接な結びつき

これまで電気と磁気が研究されてきた年月をほぼ通して、科学者はこの二つが異なるものだと考えてきた。しかし実際には、磁気現象と電気現象にはつながりがあるだけでなく、同じものを別の面から見ているのだ。物理学者が現在、相当する宇宙の基本的な力を「電磁気力」と呼んでいるのはそのためだ。リチャード・ファインマンは、「磁気と電気とは独立ではなく、一つの完全な電磁場としていつも一緒に考えねばならない」と述べた。[1] さらにファインマンは、この二つには「大変密接な結びつき」があると、熱く語っている（以上は『ファインマン物理学　Ⅲ　電磁気学』宮島龍興訳、岩波書店より引用）。

電気力を理解するには、電子と陽子に話を戻す必要がある。電子はマイナスの電荷を持つ。陽子はプラスだ。こうした電荷が電場のみなもとだ。磁場や他の場のように、電場も宇宙を作り上げる材料であり、独特の動きが可能な流体的性質を持つ力線に沿って、宇宙全体に広がっている。電気力線と磁力線［それぞれ電場と磁場の向きを表す］は、同時に作用する傾向がある。しかし電場と磁場にはいくつか違いもある。磁力線は、終点のないループを描くが、電気力線は終わる場合がある。[2] また電荷は、マイナスかプラスの単一粒子――電子と陽子がこれにあたる――として存在できるが、自然界で見つかっている磁石には、ペレグリヌスが一三世紀に発見したとおり、必ず北と南の二つの極がある。磁石がどれだけ小さくても、この二つの極は常に存在する（科学者たちは、極が一つしかない磁気単極子をずっと探しているが、まだ見つかっていない）。つまり、単独の磁荷というものはないのだ。

では磁場が磁荷から始まるのでないとしたら、どこから始まるのだろうか。ここからの話は、不対電子のスピンよりもやや複雑になってくる。磁場は、電荷に依存していることがわかっているのだ。地球の重力場のみなもとは地球であり、電場のみなもとは荷電粒子（帯電した粒子）だが、磁場を生み出しているのはその荷電粒子なのだ。ただしそれは粒子が動いているときに限られる。[3] 言い換えれば、荷電粒子が静止している場合、電場は作られるが、磁場は作られないということだ。運動する荷電粒子が電場と電流を生み出し、この電流が磁場を生み出すのである。それは、多数の荷電粒子が運動して電流を生み出す場合もあれば、原子内での電子のスピンである場合もある。この考えを、鉄原子一個のサイズまで縮小して考えてみよう。マイナスに帯電した不対電子は、そのスピンによって、循環する小さな電流を作り出している。つまり、鉄原子自体も、小さな磁場を作り出していることになる。そうした小さな磁場が、互いを打ち消し合うのではなく、増幅し合うような向きになるように、十分な数の鉄原子を結合させると、磁石の性質を持つ物質ができる。要するに、ファインマンの言葉どおり、すべての磁気は、何らかの電流から作られているのだ。[4]

アルベルト・アインシュタインは、ここでの「運動」がどんなものかは、見る人の座標系に依存することに気づいた。あなたが動かない電荷に対して静止していれば、電場が見えるだろう。[5] 同じ電荷に対して運動していれば、運動する電荷が見え、その電荷が電流と磁場を生成することになる。一方、運動している電荷に対して固定された位置にいる場合にも同じことがいえる。すべては視点次第なのだ。アインシュタインなら、すべては相対的だと言いそうだ。

電気と磁気を一つにしようという旅は、アインシュタインによって締めくくられた。とはいえ、それは神話から定説、実験へと曲がりくねりながら進み、最終的に数学までの道のりを、数千年かけて駆けぬける旅だった。電気と磁気という現象がお互いの別の面であるという事実は驚きだった。考えてみてほしいことがある。「電磁気」(electromagnetic)は、エルステッドが作り出した単語の一つだが、その一語のなかに、ウィリアム・ギルバートが今から四〇〇年前に、琥珀を意味するギリシャ語にちなむという奇妙な方法で命名した「electricity」という単語と、三〇〇〇年近く前にホメロスが語った、古代の英雄的な王マグネスの名前の両方を含んでいる。そんな名前が、それ以降の何百年ものあいだに進化してきた、磁気や電気をめぐる考え方の上に貼り付けられているのだ。この現在のラベルに埋め込まれている古くからの歴史や比喩を、魔法を使ってすっかり消してしまい、現在の物理学の知識を踏まえて電磁気力に改めて名前をつけるとしたら、磁気と電気が同じものであることを明確に示す名前をつけるだろう。

電磁気力は、宇宙全体を支えている一つの土台であり、あらゆる原子の構成要素の一つずつではたらいている力だ。電磁場は、波(振動)として現れる場合があり、その波はどんな長さにもなり得る。小さな波のなかには、光や色という形で私たちに見えるものがある。つまり本質的にいえば、光も電磁波であるということだ。自然界にそなわる心地よい対称性のおかげで、すべての電荷がほぼ常に互いに相殺し合うため、宇宙は電磁気的に中性の状態にある。ほとんどの場合、私たちは電磁気力がきわめて強力に作用していることに気づきもしない。

電気力は荷電粒子によって生成される。一方、電気は、電子の運動である。かつて科学者が気づいた最も簡単な形の電気は、現在静電気と呼ばれるものだ。火花が散るのは静電気だし、雷もそうだ。こすった琥珀から出ているのも静電気だ。そもそも電気（electricity）という名前は、この琥珀が糸くずなどを引き寄せる現象から、ギルバートが名付けたものだ。

風船で髪の毛を摩擦すれば、静電気が生まれる。風船によって髪の毛から一時的に電子がいくつか奪われるため、風船はわずかにマイナスに帯電し、髪の毛はわずかにプラスに帯電する。その風船を頭の上に持ってくると、髪の毛は風船に向かって真っすぐに立つ。髪の毛にあるプラスの電荷が、風船のマイナスの電荷と再会したがっており、そのあいだに、髪の毛を持ち上げるほど強い力がはたらくのだ。最終的には、電子は風船から移動していって、髪の毛は元に戻る。風船に使われているゴムは、電気を容易に伝えないので、「絶縁体」と呼ばれる。絶縁体は、かつては「非電気性物体」と呼ばれており、ガラスや木、プラスチックなどの素材も絶縁体だ。余分な電子を受け取ると、絶縁体はその電子を別の場所に動かすのではなく、風船の場合のように、電子を蓄積する。絶縁体は、異なる電荷の集団のあいだを隔てることもできる。

一八世紀末から一九世紀初めの科学者たちにとって、電気を流すことができるというのは、驚きの新発見だった。当時、電気は電線を流れる流体だと考えられていたため、あたかも流れる川であるかのように、「流れ」を意味する「current」（電流）と呼ばれた。現在では、電流といえば、壁のコンセントから電気コードを通って、照明まで移動していくもののことだ。電流が流れるのはどうしてだろうか？　電磁場を利用することで、「導体」と呼ばれる物体の中に電子を通過させ、一つの場所から別の場所へと移動させることができるのだ。人間の体は導体である。ほかには、原子の最外殻に不対電子が少なくとも一個ある金属が導体になる。たとえば銅は導体で、電線によく使われている。かつてあった白熱電球では、タングステンの細線が使われていて、そこに電子が集まってタングステンを加熱し、熱と光を生み出すようになっていた。ニールス・ボーア研究所のアート作品に使われていたような、最近のＬＥＤ電球が光るのは、電子が、小さな光の単位である「光子」の形でそのエネルギーの一部を放出しなくてはならなくなるためだ。光子はきわめて小さな電磁波だともいえる。

　ここで重要なのは、電磁気力は宇宙にとって基本的な存在であり、宇宙の終わりまで存在し続けるだろうが、その力を利用して電流を流すプロセスは、およそ二〇〇年前に登場したばかりだということだ。そして膨大な量の電流を、私たちが頼りにしている現代の電気インフラのような、相互に連結した大規模送電システムへと送り込むようになったのは、わずか一〇〇年ほど前のことである。このシステムを維持するために、社会全体が多くの時間と思考、そして金を費やしている。しかし地球の磁場が中心核で絶え間ないねじれを受けているなかで、送電システム自体が、それを生み出した人々が想像もしなかった種類のリスクにさらされている。科学者たちが調べ始めたばかりのある特定の状況下では、地球上に存在する、人間の手による送電システムのスイッチが切れてしまう可能性があるのだ。

第12章　瓶いっぱいの稲妻

磁気を理解しようという試みは、数世紀にわたり熱心に続けられ、それには神学上の危険性がともなっていたが、驚くほど大きな金銭的見返りを得られる可能性もあった。それに比べると、電気の研究はぱっとしない状況が一八世紀中ごろまで続いた。その一八世紀中ごろでも、電気についての考察から、地球や太陽の位置や、地球の年齢についての疑問が生じることはなかった。電気が地球に魂をさずけたり、聖書を権威の座から追い落とそうとすることもなかった。電気は「宇宙論的に中性」だったのだ。[1]

昔の哲学者も電気について調べていた。古代ギリシャのオリーブ圧搾機市場を独占する才覚があり、磁石の力に注目していた、あのタレスもその一人だ。タレスは、樹木に含まれる樹脂が化石化した、ハチミツ色の物質である琥珀を摩擦すると、籾殻を引き寄せるようになることに気がついた、最初の人物だといわれている。彼がこの現象に気づいたのは、同時代のギリシャ女性はときどき、糸を紡ぐ作業に、非常に高価な琥珀製の紡錘《ぼうすい》を使ったからだ。そうした紡錘は現在でも、博物館の収集品の中に見つかることがある。

しかし、古代ギリシャの人々や、ほとんどの中世の学者にとって、電気的な引力は、磁石の引力に比べれば一時的な現象に思えた。特定の条件の下で琥珀を摩擦すると火花が生じることがあったが、必ず生じるわけではなかった。羽根や籾殻が、摩擦した琥珀の表面に一時的にくっつくこともあった。しかし湿気の高い日や雨の日には、いくら慎重にやってみても、火花を起こしたり、籾殻を引きつけることはできなかった。そうした現象を引き起こしていたのは静電気で、電子が軌道から振り落とされて、少しの電荷を生み出し、他の軌道に一時的にとどまった結果として生じる。琥珀のような素材が湿っていたり、その周りの空気の湿度が高かったりすれば、その水が電子にとっての導体の役目を果たし、電子を運び去る。それによって、電子が蓄積して火花が生じることを妨げているのだ。昔の学者は、電気のことを、宇宙を理解するための鍵と考えてはいなかった。それは、少し興味深く、ほとんど理解不可能な、つかの間の珍しい現象だった。「磁気十字軍」ならぬ「電気十字軍」が存在しなかったのは間違いない。

電気に対して、実験に基づいた立場から持続的な関心が示されるようになるには、イギリスのエリザベス一世の侍医も務めた医師、ウィリアム・ギルバートの大胆な説が必要だった。ギルバートは、一六〇〇年に刊行された専門的な著書『磁石論』で、地球の磁気の力はその中心核の奥深くにあるという、衝撃的な結論について説明しているが、この本のための研究で、琥珀についても注目していた。そして琥珀だけではなく、黒玉やダイアモンドなどさまざまな種類の物質が、摩擦すると籾殻を引きつけるようになることを発見した。ギルバートはその現象を「electricity」と名付けたうえで、磁気よりも劣る現象として片付けてしまっている。彼は、磁気は偉大な力であり、地球を一日単位および一年単位で回転させ続けているという、誤った考えを抱いていた。

アイザック・ニュートンは啓蒙時代の非凡な物理学者であり、一六八七年に、電磁気力と同じように、宇宙の四つの基本的な力の一つである重力を数学によって説明した著書を刊行した。そのニュートンでさえ、静電気の方面ではあまり結果を残していない。ただし、静電気に魅了されてはいた。ニュートンは一七世紀後半に、静電気を理解しようと数多くの実験をおこなった。設立後間もなかった「自然についての知識を改善するためのロンドン王立協会」（現在は単に「王立協会」と呼ばれる）に宛てた、一六七五年一二月七日付けの小論では、摩擦してある丸いガラスを真鍮のリングの上に取り付けた仕掛けの下で、非常に薄い三角形の紙片を踊らせる方法について、混乱するほど詳細な説明をしている。その説明の方法ではうまくいかなかったため、王立協会のフェローたちはニュートンに、さらに詳しく説明するようにと返信を書き送った。ガラスを摩擦するのに、去勢しない雄豚の剛毛を使ってみて、ようやくその見世物のような仕掛けを作動させられた。[2]

現代アメリカの科学史家であるJ・L・ハイルブロンの説明によれば、ニュートンの小論は、当時としては最も優れた自然哲学者でさえも電気についてはいかに少ししか理解していなかったかを示している点で、特筆に値するという。[3] 静電気がパチパチ音を立てたり、踊ったりする理由は、この時代の最も有名な数学者にもさっぱりわからなかったのだ。

フランスの裕福な軍人一家の子弟だったシャルル・フランソワ・ド・システルニ・デュ・フェが一七三三年から始めた一連の実験は、ヨーロッパ中でおこなわれていた電気実験の成果をまとめようという、初の体系的な試みだったといえる。それまでの電気の実験が示していたのは、とりとめのない、矛盾した結果だった。デュ・フェは、物事を整理したいと考えた。法則を見つけたかったのだ。

デュ・フェの最初の発見は、流体や、やわらかすぎて摩擦できないものをのぞけば、あらゆるものが摩擦（デュ・フェはこれを「励起」〔excitation〕と呼んだ）によって電気を帯びることができるということだった。つまりあらゆる物質は、摩擦の方法が正しく、その物質が乾いていれば、静電気を生み出すということだ。そうなると、その電気の「効力」（virtue）つまり静電気は、どのようにして他の物質に移されるのだろうか？ それが接触と接近の両方によっておこなわれることをデュ・フェは発見した。しかし彼は重要な注意書きを添えている。電気火花を受け取る物質は、電気を伝えない物質——「非電気性物体」、つまり絶縁体——の上に置かれていなければならない、ということだ。これは「デュ・フェの法則」と呼ばれるようになり、一〇年以上にわたって熱心に信じられた。

デュ・フェは実験を通して、静電気には二種類あると確信するようになった。現在なら、電荷にはプラスとマイナスがあるものの、風船で髪の毛を摩擦したときに、風船がマイナスの電荷を持つのは電子を獲得したからであり、髪の毛がプラスの電荷を持つのは、電子を失ったからだと考えるだろう。しかしデュ・フェは、特定の物質は二種類の静電気のうちどちらか一種類を帯びると決まっていて、両方の種類を帯びることはないという、誤った考えにいたったのである。

一八世紀なかばを迎えるころには、電気はもはや、科学技術のなかで劣った存在ではなくなっていた。電気は相応の評価を受けたのである。状況を大きく変えた研究成果が二つあった。一つ目は、コンデンサ（キャパシタ）の元になる装置の発明だ。これは、ガラスの瓶に静電気を一時的に蓄積する装置で、少なくとも二人の実験家によって別々に発見され、オランダの大学町にちなんだ名前がついた。二つ目は、アメリカの外交官で科学者のベンジャミン・フランクリンによるもので、彼は凧を使って空中の電気を捕獲する実験をおこなった。

電気の研究者（彼らは「エレクトリシャン」〔electrician〕を自称していた〔現代英語では「電気技師」の意味になる〕）は、電気に仕事をさせられるかもしれない未来を想像できるようになっただけでなく、電気が、嵐の空にひそむ雄大なドラマと何らかの形でつながっていることも理解したのである。スウェーデンのウプサラ大学の物理学教授であるサミュエル・クリンゲンシェルナは一七五五年に、「四〇年前、電気については最も簡単な効果しか知られておらず、いくつかの物質にみられる重要性の低い性質だとみなされていたころ、電気が、自然界で最も偉大で、最も注目すべき現象である、雷や稲妻と何かつながりがあろうとは、誰が考えただろうか」と語っている。[4]

電気の研究を大きく前進させた一つ目の発明である、コンデンサの元になる装置は、一七四〇年代に登場した。ずいぶん前から実験家たちは、デュ・フェの法則にしたがって摩擦により発生させた静電気で、びりっとするショックを発生させられるようになっていた。彼らは実験で、ショックの強さを高めていった。エレクトリシャンのあいだには、電気のことは何から何までわかっている、だからそれ以上研究する必要はないという考え方もあったが、電気は、ガラス瓶に閉じ込めて持ち運べる流体ではないかと考えた人々もいた。同時代の人々からは、電気を持ち運ぼうというのはばかばかしい考えで、石けんの泡の中に光線を閉じ込めるのと同じくらい非常識だ、と思われることが多かったと、電気の歴史の専門家は後年述べている。[5]

しかし一七四六年一月になると、伝説的なオランダの物理学者ピーテル・ファン・ミュッセンブルークが、画期的な発見をする。[6] ファン・ミュッセンブルークは、ライデン大学の哲学教授で、ヨーロッパ各国の科学好きな王たちがこぞって、彼に自分の国で教えてほしいと言って王室の資金の提供を申し出たが、それを断っていた。ファン・ミュッセンブルークは、実験室にやってきてはあれこれいじっていた、アマチュア科学者である弁護士の実験を繰り返してみようと考えた。このアマチュア科学者は、静電気を帯電させようとする物質は、絶縁体の上に置かなければならないとするデュ・フェの法則を知らなかった。そのため水の入った瓶を片手に持ち、それに静電気を集め、電荷を運んでいるワイヤに触れてみると、ぱちっと火花が出たのだ。

その二日後、ファン・ミュッセンブルークはその実験を再現することにした。絹糸で水平に吊り下げた金属製の銃身に、薄いガラス製の球体を吊り下げた。助手の一人が、巧妙なからくりを使って、ガラスの球体を素早く回転させ、もう一人の助手がその球体を手で支えて、銃身との摩擦で生じた電荷を反対側まで流した。銃身の反対の端には真鍮のワイヤが取り付けてあり、このワイヤは半分水が入った瓶のなかに入れられていた。ファン・ミュッセンブルークが右手でこの瓶を持ち、そのうえで左手を使って、ワイヤから火花を引きだそうとした。静電気の強いショックが彼の右手に伝わった。稲妻に撃たれたかのようなショックを体全体で感じた。

ガラス球と銃身のあいだの摩擦によって飛び出してきた電子は、銃身や真鍮のワイヤにある不対電子のあいだを飛び去って、ガラス瓶の内側に集められた。電子がつかまったのは、ガラスは電子をそこより先に伝導しないからだ。そのため、ワイヤが片方の電極になり、ファン・ミュッセンブルークのとても導電性の高い手がもう片方の電極になっていた。電極はどちらも同じ量だけ帯電していて、ファン・ミュッセンブルークがワイヤに手で触れると、ワイヤの電荷がファン・ミュッセンブルークの手にある反対の電荷に向かって勢いよく移動し、高電圧のショックが発生したのだ。この実験手順には、感電の危険がともなっていた。ファン・ミュッセンブルークが住んでいた町にちなんで「ライデン瓶」と呼ばれるようになったこの装置は、実際のところ、動物を殺すために実験的に使われたほどだ。

ファン・ミュッセンブルークは、フランス人科学者のルネ＝アントワーヌ・フェルショー・ド・レオミュールに宛てたラテン語の手紙で、この実験について詳しく書いている。[7] 手紙を書きながらも、彼はまだ恐怖で震えていた。「新しい、しかし恐ろしい実験について、貴殿に知らせたい。ただし、貴殿自身で試みることは絶対にしないように忠告する」としたうえで、たとえフランスという国一つを与えられるとしても、こんな怖いことは二度と繰り返さないつもりだと宣言した。「ひと言でいえば、死にかけたのだ」

もっと重大なのは、ファン・ミュッセンブルークが実験の意味を理解していなかったことだ。彼の実験では、ガラス球の下に絶縁体になる素材がなかったのだから、デュ・フェの法則を覆していたことになる。彼にはそれが理解できなかった。「私はすでに電気についてきわめて多くのことを発見してきたので、何も理解できないし、説明できないところまで到達してしまった」彼はレオミュールへの手紙でそう書いている。[8]

ライデン瓶は、科学としてだけでなく、上流社会のエンターテインメントとしても驚くべき新発見だった。後に改良された装置では、瓶に水を入れる代わりに、内側と外側に鉛を貼って、プラスとマイナスの電極になるようにした。[9] 瓶に差し込んであるワイヤに、導電性のものでうっかり触れない限り、電気を瓶の中に数時間、場合によっては数日でも蓄積しておいて、後で放電することができた。それだけでなく、エレクトリシャンたちはすぐに、ライデン瓶を何本もつなげば、もっと強い静電気ショックを起こせることに気がついた。それは、重くて運びにくい、短寿命電池の原型のようなものだった。現代の電池と違うのは、電気が化学反応ではなく、摩擦によって作り出されていることだ。

ライデン瓶は、一八世紀の啓蒙主義的な支配者層をくぎ付けにした。ケンブリッジ大学の科学史家パトリシア・ファラによれば、さまざまな国が電気を作ることに夢中になったという。[10]人々は突然、生命の火を操れることに気づいたのだ。自分たちは力を手にした。電気はなんとわくわくするのだろう。

電気は危険でもあった。[11]ファン・ミュッセンブルークの実験を再現しようとしたり、あるいは実験台として志願したりした市民や研究者は、鼻血や一時的な麻痺、脱力感、目まいが生じたと報告した。現在では、高電圧によるショック症状と認識されているものが原因だ。ライプツィヒ在住の古典文学教授ヨハン・ウィンクラーは、こう書き記している。「私は自分の体に、それによるひどいけいれん症状を見いだした。血液がひどく動揺させられた。そのため、私は高熱発作を恐れ、体を冷やす薬を使わざるをえなかった。頭が重く、まるでその上に石が置いてあるかのようだった。鼻から二度出血した。私は鼻血の出やすいたちではない」

しかしここで、ある難しい問題が現れた。人間が摩擦によって作り出せる電気――あるいは火花――は、自然によって作り出されるものと同じなのだろうか？　たとえば稲妻は、ライデン瓶から生じる火花と同じもののように思える。しかし本当にそうなのだろうか？　あるいはこの二つは、完全に別の存在なのだろうか？　それを解明しようと研究を始めたのが、アメリカの実業家で、知識人であり、科学者でもあったベンジャミン・フランクリンだ。

フランクリンは今日、アメリカの独立宣言の起草を手助けする役割を務めたことや、英国植民地だったペンシルバニアを代表して外交努力をおこなったことで最もよく知られている。そして数多くの発明も知られており、いまでも彼の名前を冠している暖房用ストーブもその一つだ。しかしフランクリンは、国際的に名前の知られた独学の「エレクトリシャン」でもあった。彼はその長い生涯にわたって、工夫に富んだ実験を考案し、将来性の豊かな発見を重ねた。一七五三年には、「その電気についての好奇心をそそる実験と観測に対して」コプリ・メダルが贈られた。これは当時では最高の科学賞で、現在のノーベル賞に等しい。

フランクリンが電気に興味を持ったのは、一七四五年に、友人のアメリカ人科学者がロンドンから実験用のガラス棒を送ってきたのがきっかけだった。その友人は手紙で、上流階級の人々が自宅の広間で、新発見の電荷を使った実演を客に見せることが、ヨーロッパ中で流行になっているという話を、興奮した様子で知らせてきた。実際、その友人が書いたとおり、彼らは「驚異の時代」に生きていた。[12] フランクリンはその実験の方法を熱心に独学で勉強して、自宅に招いたたくさんの客の前で実演してみせた。そしてある隣人にその実験を教えて、電気にかんする珍品を持って巡回講演をするよう勧めた。その講演に移動遊園地じみたところがあったことは、その隣人の講演ポスターからファラが引用した、「電気の火によって動き、八個のハンドベルでさまざまな曲を奏でる不思議な機械」とか、「水中を三メートル通過してきた火花で、七挺の銃砲に点火する」といった文句をみればわかる。[13]

フランクリンにとって、電気は娯楽をはるかに越えたものであり、電気に何ができるかを探るため、念入りな実験を重ねた。一八世紀の神学者で科学者でもあり、教育や、電気の歴史にも詳しかったジョゼフ・プリーストリーの説明によれば、フランクリンは、ライデン瓶のどの部品に電荷が、つまり「電気の効力」があるのかを理解するために、ライデン瓶を順序立てて分解していったこともあったという（絶縁体の役割を果たしているのはガラスだ）[14]。デュ・フェと同じように、フランクリンも、すべての物質は本質的に電気を帯びる性質がある、またマイナスとプラスの電荷があって、これらには釣り合いを取ろうとする衝動があるという結論にいたった。フランクリンは、物質の均衡を強制的に崩して、電荷が放出される状態にできるとした。さらに、電荷は作り出されることも破壊されることもなく、ただ移動するのみだと主張した。フランクリンとデュ・フェは、そうした性質を電荷の運動として表現するところまでいたらなかったとはいえ、彼らの観察はことのほか鋭く、現在でも変わらずに通用する。観察に基づいて論理的な推理をするという彼らの精神は、チャールズ・ダーウィンに共通するところがある。ダーウィンはその数十年後、生物種が進化し、環境に適応するという結論に達した。それは、グレゴール・ヨハン・メンデルが遺伝についての研究成果を発表し、生物が変化してきたしくみの本質を見ぬくよりも前のことだ。

そして、電気の研究を大きく前進させた二つめの成果にあたるのが、雷の実験だ。フランクリンはこの実験で最もよく知られている。この実験は思いつきでおこなわれたように言われることがあるが、実際はそうではなく、フランクリンが長年積み重ねてきた電気研究の先にあったものだ。目指したのは、摩擦によってライデン瓶に集められる電気と雷が同じものかどうか確認することだった。一七五二年六月の嵐が来そうな日に、フランクリンはフィラデルフィアで、絹の布地と木の骨組みで凧を作り、そこに強い糸目をつけた[15]。そしてこの糸目にワイヤを取り付けた。空麻の糸の先には、絹で覆った金属の鍵を取り付けて、それをさらにライデン瓶に取り付けた。

で稲妻が光ると、電荷がワイヤに集まり（凧に稲妻が直撃したわけではなさそうだ。そうだったら、フランクリンは死んでいただろう）糸を伝わってきて、鍵を通り、ライデン瓶にたまった。その電荷で発生した火花は、以前ライデン瓶にためた静電気の火花と見分けがつかなかった。フランクリンは、天から火を取り出して、それが人間の作った火花と同じであることを証明したのだ。彼は大喜びだった。

稲妻が発生する物理的なしくみは、現在でもまだ研究中だ。[16] しかし基本的には、稲妻とは、長い距離のあいだで生じた静電気の火花だ。あられや氷、過冷却された水滴が積乱雲の中でぶつかり合うと、電子が自由に動くようになる。この電子は下の方にあるあられに集まるので、積乱雲の下部にマイナスに帯電した部分ができる。一方、プラスに帯電した氷の結晶は、積乱雲の上部に移動する。マイナスの電荷が十分に蓄積すると、プラスの電荷を見つけようとして、長い線状の静電気が地表や他の雲に向かってばしっと走る。[17] 電荷は空中を移動するときに熱を発生させる。その熱で空気をぱっと光らせるとともに、急激に膨張させることによって、稲妻と雷鳴を引き起こしているのである。

フィラデルフィアでの冒険は、フランクリンが二度目に成功させた雷実験だった。あまり注目されていないが、一度目の実験は、二度目の実験の一カ月前にフランスでおこなわれていた。二人のフランス人研究者がフランクリンの指示にしたがって、教会の尖塔に金属の棒を取り付け、落雷を待った。彼らの助手が勇敢にも、ガラスの持ち手で絶縁した真鍮のワイヤで尖塔の金属棒をつついた。すると火花が飛んだ。ライデン瓶の火花とまったく同じだった。この実験手法は危険をともなうもので、彼らのほかに、このやり方で雷を調べようとしてけがをした実験者がいるし、少なくとも一人が感電死している。

フランクリンはこうした実験結果をもとに、金属製の避雷針を教会のような高くそびえ立つ建物に恒久的に取り付け、それを金属のケーブルかワイヤで地上とつなぐことを求めて、ほうぼうに働きかけた。そういった金属製の棒は稲妻の電荷を集め、それを地面へと送る。電荷は地面で消散し、何の害もおよぼさない。そうしたフランクリンの説明は正しかった（アメリカの電気プラグに「接地《アース》」がついているのは、これと同じ考えだ）。その目的は、落雷と、落雷によって発生する火災の両方から、建物と住人を守ることだった。しかしこの提案は、特にフランスでは議論を巻き起こした。落雷は、怒った神による罰だとされていた。つまり、落雷をそらすことは、神の意志にそむくことになるというのだ。

電気はまだ役に立つものではなかったが、電気による素晴らしいショーと、それが嵐の力とつながりがあるという事実に、人々は夢中になった。ライデン瓶や火花生成装置がもてはやされ、この時代の象徴となる娯楽をもたらした。英国の宮廷では、舞踏会をやめて、「電気の余興」がおこなわれるようになった[18]。フランスでは、デュ・フェの弟子であるジャン・ノレがルイ一五世の前で、一八〇〇人の兵士を並ばせて電気を通し、兵士たちをほぼ一斉に飛び上がらせて、国王を喜ばせた。英国では、宴を開くときに、客が電気ショックを受ける様子を見て興奮したいがために、金属製のナイフやフォークを帯電させておくという、いかがわしい趣味を持った主人もいた。イギリスのエレクトリシャンだったスティーヴン・グレイは、「ぶら下げた少年《ハンギング・ボーイ》」という、観客が息をのむような奇術じみた実験をした。それは、慈善学校に通う子どもを水平に吊り下げて、その体を帯電させ、羽根がその子に向かって飛んでいくようにするものだった。また、国王の肖像画を帯電させておいて、たまたまその王冠を指ではじいた共和主義者にショックを与えるよう仕込んでおくというジョークも流行した。

しかし、こういった電気ショックを使ったいたずらは面白かったかもしれないが、電気が日常的に作られて、家庭や会社に運ばれるとか、電気が人間や馬による肉体労働に置き換わるとか、それが異なる種類の文明を作り上げるとかいったことが可能になるとは、当時は想像できなかった。ライデン瓶にためていた電気のスパークが磁石と関係があるとか、電気や磁石が、原子内部のしくみや、地球中心核の液体金属のねじれと何らかの方法で結びついているという考えは、まだ遠いところにあった。

第13章　薬局の息子

ハンス・クリスティアン・エルステッドは、原子の存在を信じていなかった。実際のところ、その生涯の仕事の大部分を、当時の「原子論」に含まれるあらゆる考えに異を唱えることに費やしたほどだ。自分の身の回りにある自然の栄光を形作っているのが、原子であるはずがない。それは自然だけの話ではなかった。エルステッドにとって、自然と人間の魂は互いに絡み合うものだった。この二つは一つになって、常に移動し、相互作用し、互いを形作っている。[1] 自然と人間の魂は、神の心を生き生きと表現したものであり、活気のない小さなかけらなどではないのだ。

エルステッドは、ドイツの哲学者イマヌエル・カントの教えを通じて、こうした信念を持つにいたった。カントの思想は、ヨーロッパがロマン主義に夢中になるきっかけとなった。エルステッドは、大学でカントの思想を詳しく学ぶようになり、すっかり夢中になった。その思想は、彼がどんな問題に取り組むかを決めるのに役だっただけでなく、彼の研究結果の解釈にも影響を与えた。良くも悪くもエルステッドは、カントが信奉した思想のいくつかを証明するために、自らの実験を使っていた。

当時の科学者で、カントに心酔していたのはエルステッドだけではなかった。一八〇四年に亡くなったカントは、科学の思想や実践に多大な影響を与えた最後の哲学者にかぞえられる。アンドリュー・D・ジャクソンは、ニールス・ボーア国際アカデミー内のオフィスにあるコンピューターの前でくつろぎながら、そう説明してくれた。このアカデミーは、ニールス・ボーア研究所内にある、独立したCOE（卓越した研究拠点《センター・オブ・エクセレンス》）だ。ジャクソンの両手は、ネイビーブルーのシャツの前で重ねられ、その目は楽しそうにきらきらしている。ジャクソンはこのアカデミーを、ヨーロッパでも特に優れた現代理論物理学の研究施設の一つに育て上げた（「私たちが証明したのは、優れた人々は他の優れた人々と一緒に研究したがる、ということです。私たちの仕事は、そういう人々に彼らのしたいことをさせて、外側から彼らを応援することですよ」とジャクソン）。プリンストン大学で学んだジャクソンは、実験原子核物理学で博士号を取り、その後はニューヨーク州立大学ストーニーブルック校で理論物理学を教えた。そして一九九〇年代なかばにコペンハーゲンに移ってきた。ジャクソンが学んだころのプリンストン大学には、ともに重力理論や重力波の研究で知られる、キップ・ソーンや亡きロバート・ディッケといった、二〇世紀の偉大な物理学者がいた（「彼らを五〇年前から知っている」）。

そうした他の物理学者や、エルステッドと同じように、ジャクソンは幅広い視野を持った知識人だ。彼と数時間にわたってじっくり話すのは、哲学者であり、科学者でもある人物とともに、科学思想史や文化史、文学などのあいだをぬうようにして、多方面にわたる洗練された旅に出ることに等しかった。その旅のあちこちに、登場する重要人物についての鋭い内輪話がはさまれるのだ。

（ある話で、ジャクソンは「リッターは頭がいかれていたんだ」と打ち明けた。リッターとは、ヨハン・ヴィルヘルム・リッターのことだ。一八一〇年に三〇代で亡くなったドイツの物理学者で、若いころのエルステッドに影響を与えた。）ジャクソンは、その幅広い好奇心から、ニールス・ボーア・アーカイブの理事会議長になった。その結果として、ジャクソンとカレン・イエルヴィは、各地で上演されている戯曲『コペンハーゲン』をデンマーク語に翻訳した。これはイギリスの劇作家マイケル・フレインによるもので、ボーアとハイゼンベルクが第二次世界大戦における原子力兵器の役割について話し合った、一九四一年の会議を題材としている。

しかし、ジャクソンが広い人脈を持った博識家である一方で、彼が研究対象とするエルステッドは、ロマン主義時代らしい人物だった。その当時、多くの人は科学のことを、知識の一分野ではなく、しっかりした神学教育という幅広いタペストリーに織り込まれた一本の糸だと考えていた。エルステッドは自らの科学研究を「文筆活動」と呼んでいたし、[2] それを信仰の一形態だとみなしていた。[3] エルステッドの科学思想は、原子や粒子を基本とするものではなく、物質は引力と斥力という二つの基本的な力を必要とするという、カント哲学の概念に依存するものだった。引力は物質を一つにする。そして斥力は、物質が一つになったときに、内側に向かってつぶれることを防いでいる。カントにとっては、誰かが観測したものをたどっていけば、必ず引力と斥力という原始の力までさかのぼることができた。それは、重力、強い核力と弱い核力、電磁力という、宇宙の四つの基本的な力についての現代的な理解を恐ろしいほど連想させる。ある意味ではカントはそれほど間違っていたわけではないのだと、ジャクソンは肩をすくめた。

それほど熱烈にカント哲学を信奉していたエルステッドは、自然界で観測される力はすべて、そうした二つの基本的な押し引きの力に由来すると結論づけた。つまり、自分が観測可能なすべての力のあいだに、関連性や相互作用が見つけられるはずだと考えていたのだ。電気と磁気だけでなく、光と熱、運動と空気のあいだにもそれが当てはまる。自然のすべての側面が、何らかの形で結びついている。すなわち、自然のあらゆる側面は、それよりも高い次元にあるものを表しているのだ。それは汎神論に似ていると、ジャクソンは説明する。エルステッドは、すべてがなぜ結びついているのかは理解したと考えたので、どのように結びついているのかを解明すること、つまり、すべてのものを説明する統一理論を構築することを目指した。この最優先とした自然の哲学と、実験に対する信頼から、エルステッドは一九世紀初頭のヨーロッパの科学において、進歩的で、どこか革命的ですらある人物とされ、デンマークの黄金時代を支える重要な一員となった。[4]しかし晩年には、世界が先に進んでも相変わらずその哲学的信念にこだわったせいで、どうしようもないほど時代遅れとみなされるようになってしまった。

　エルステッドの科学への関心は、化学から始まっている。現代の化学者の説明では、化学反応とは、原子同士が新たに結合して、新しい物質を作ることである。それを踏まえると、原子の存在を信じないと公言している人物が化学者だというのは、現在ではおかしなことに思える。しかしエルステッドにとって化学反応というのは、基本的な力の内的平衡に乱れが生じるという、定義がやや不明確な現象だった。そして化学反応が起こった後には、力の平衡状態が回復するとされていた。

　エルステッドが化学に情熱を抱き始めたのは、デンマーク南部のランゲラン島にあるルーケベングという町で、両親が経営していた薬局の実験室にいたときだ。ハンス・クリスティアン少年は、一一歳になるころには、父親の監督の下で薬の調合をしていた。ジャクソンとイエルヴィは二〇一五年の夏、ランゲラン島を自転車で旅行したときに、エルステッドの生まれ故郷を初めて目にした。ジャクソンはキーボードにさっと手を伸ばして、きちんと整理されたファイルをスクロールし、その旅行の写真を探し出して見せてくれた。そこにはいまも薬局があり、エルステッドの両親が経営していた時代には宿屋も兼ねていた。薬局の中には、真鍮製の容器がまだまぶしく輝いており、いまもラベルがきちんと貼られていて、謎めいた調合薬をすぐにでも入れられるようになっていた。

一七〇〇年代末、両親の薬局はとても忙しかったので、ハンス・クリスティアンと弟のアンデルス・サンドーは日中、通りの先に住んでいたドイツ人のかつら職人とデンマーク人の妻のもとに預けられていた。ジャクソンはその夫婦の家の写真も撮っていた。傾斜のついた屋根のある、大きくはない家で、いまでもきちんと修理がされている。その当時、デンマークの時刻は、経度の問題を解決したジョン・ハリソンの有名な四つ目の時計「H４」に合わせて決められていた。国の時刻を正確に保つことを仕事とする人物が、H４を持って国中を旅してまわっていたので、人々は自分たちの時計をその「デンマーク標準時間」に合わせていた。この標準時間は、一九四〇年まで、デンマーク独自の時間として使われ続けた。この年、ドイツ軍が侵攻してくると、デンマークではドイツの時間が使われるようになった。その結果、デンマーク人は今でも、自分たちは借り物の時間で暮らしていると言っている。そんなおかしな話をジャクソンはしてくれた。

ルーケベングのちりひとつない広場には、実物より大きなエルステッドの像が立っている。両手はかなり恰幅のいい体の前でしっかりと重ね合わされ、膝までのフロックコートを着ており、ベストのボタンはきちんと留めてある。エルステッドの時代には、この町はあまりに小さくて学校もないほどで、エルステッド兄弟は、自分の両親やかつら職人の家族から得られる範囲の教育を受けた。二人はいくつもの言語を使って、飽くことなく学んだ。どちらかが学んだことを、もう一人に教えた。デンマーク社会の主流からは外れていたし、場当たり的な教育しか受けていなかったが、二人はともにコペンハーゲン大学に進んで、そこでトップクラスの学生になった。

アンデルス・サンドーは法律を熱心に学び、やがてデンマークの首相になり、法律家としても有名になった。ハンス・クリスティアンは、化学と薬学に打ち込み、一七九七年に大学を卒業する。しかし、彼にとって残念なことに、当時化学は格下の分野だった。実際、カントは化学を非科学的だとみなしていた。彼が本物の科学に求めていた「直観」や自明の真実としての論理を持たない、単なる機械的なプロセスだと考えていたのだ。エルステッドの人生の目標の一つは、化学が、物理や医学に劣るものではなく、本来的に正規の研究分野であると認められるようにすることだった。

化学反応によると考えられる電気現象を発見したことで、化学の地位を向上させたのは、反目し合う二人のイタリア人実験主義者だった。その一人が、産科医のルイージ・ガルバーニ（Galvani）だ。彼の名は、英語の「galvanize」（電気を流す、活力を与える）という動詞に生き続けている。もう一人が、アレッサンドロ・ボルタ（Volta）で、その名前と業績は、電圧の単位「volt」（ボルト）や、「voltage」（電圧）、「voltaic」（動電気の）という単語に生まれ変わっている。

一七九八年に亡くなったガルバーニは、ボローニャで外科医と解剖学者としての教育を受けている。彼は、人間の体にはどのようにして命が注がれるのか、という疑問に引きつけられた。何が体に生命を吹き込むのだろうか？　その時代の人々と同じように、ガルバーニは、火花を飛ばす電気という新しい現象が関係しているのではないかと疑った。火花のパチパチいう音は、電気自身が生きているということではないだろうか。電気には、イエスが蘇らせたラザロのように、死者から生きものを育てることができるだろう。当時の研究者たちは、動物の死体だけでなく、人間の死体まで使って、電気実験をするようになった。死体に電気ショックを与えて、この世に蘇らせようとしたのだ。

小説家のメアリー・シェリーは、その時代の科学熱をよく理解しており、一八一八年に発表した小説『フランケンシュタイン、あるいは現代のプロメテウス』で、電気による死者の蘇りに魅せられる状況をうまく表現している。この副題の部分は、ギリシャ神話に登場する、不死のティーターン神プロメテウスを指している。プロメテウスはゼウスから火を盗み、人間に与えた。その彼を、おぞましい運命が待ち受けていた。岩につながれて、昼間にワシに肝臓を食われるが、その肝臓は毎晩再生してしまい、また翌日もワシに食われるという責め苦を受けることになったのだ。シェリーの小説では、正気を失ったヴィクター・フランケンシュタイン博士が、解剖室や納骨堂から、「穢らわしい指で人間の体の怖ろしい秘密を」かきまわしながら拾い集めた肉と骨をつなぎ合わせて、そびえ立つ大男を作った。そしてついに、「ほとんど苦悶に近い不安を感じながら」博士は、生命のないものに存在の火花を点ずるために、身の回りに「生命の器具類を集めた」のである。

同じ時代の読者は、この「火花」は、静電気を利用した装置から発せられたものだと理解しただろう。実験はうまくいった。フランケンシュタイン博士の怪物に生命が宿った。「それは荒々しく呼吸し、手足をひきつるように動かした」(以上引用は『フランケンシュタイン』宍戸儀一訳、日本出版協同より)。フランケンシュタイン博士は、神のように、どうにか生物を作り出したにもかかわらず、自らの創造物をひどく嫌った。それは博士を破滅させ、博士の愛する人々の大半を殺してしまう。博士の妻も、結婚式の夜に殺されてしまう。最終的に、他人の殺戮が嫌になった怪物は、自らを消滅させるために、ひとり立ち去るのである。この小説は、英語で書かれた初のサイエンスフィクションの一つと考えられているが、教訓物語としても読まれている。そこにあるのは、人間、あるいは人間が手にした電気というプロメテウスの火が、神に取って代わることができるという考えに対する拒絶である。

　ガルバーニの実験は、動物を生き返らせようとするものではなく、体の神経系や脳の謎にかんするものだった。当時の研究者たちは、ベンジャミン・フランクリンがおこなった凧の実験のおかげで、人工的に作り出す静電気と稲妻は同じものだろうと考えていた。しかしウナギやエイなど、天然の電気ショックを作り出しているように思える動物もいた。それもやはり同じものなのだろうか？　それとも、天然の、神が作った生体電気は、まったく異なる力なのだろうか？

　ガルバーニは、ヒツジとカエルを使い、生きたものと死んだものの両方で実験をした。[5] ある日、静電気を発生させる装置の近くで、解剖したカエルを調べていた。そのカエルは、金属箔で包んだガラス板の上に置いてあった。このガラス板は「フランクリンスクエア」といい、改良したライデン瓶のような機能を果たすために、ベンジャミン・フランクリンが発明した実験器具だ。実験中、ガルバーニは誤って、手術用メスでカエルの脚の神経に触れた。すると脚はねじ曲がり、静電気装置から火花が発せられるのと同じタイミングでぴくぴくと動いたのだ。ガルバーニはこの実験をいろいろなやり方で試みた。カエルやヒツジの脚を、真鍮のフックを使って鉄柵に引っかけるという実験も何度かおこなった。すると、脚はぴくりと動いた。ただしそうなるのは、異なる二種類の金属を使っていた場合に限られていた。

ガルバーニは、新種の電気を発見したのだと結論した。そしてそれを「動物電気」と呼び、動物の体内では、電気流体が脳から神経、さらに筋肉へと流れていて、筋肉は事実上、体に埋め込まれたライデン瓶だと主張した。実際には、ガルバーニが作り出していたのは、電流だった。つまり、化学反応の結果として回路中の金属内を移動する電荷の流れだ。

ガルバーニを支持する人々は大勢いたものの、科学者仲間のなかには、懐疑的にみる人もいた。イタリアのミラノから数キロメートルのところにあるパヴィア大学の実験物理学の教授だった、ボルタもその一人だった。ガルバーニの実験を再現したボルタは、異なる二種類の金属と、ある種の液体を使うことが実験のこつだとすぐに気がついた。反応を引き起こしていたのは、動物生来の電気ではなく、むしろ動物の体内にある塩分を含んだ液体であり、そのおかげで電気が流れるようになっているのだ。ガルバーニは、死んだカエルを使う必要はなかった。濡れたぼろきれさえあればよかったのだ。ボルタはそんなふうにガルバーニを嘲笑した。しかし、ヨーロッパの科学者の意見は二分した。動物電気の存在を非常に熱心に信じる人々もいれば、その説を同じくらい熱心に否定する人々もいたのである。

動物電気の実験から一〇年後、そしてガルバーニが亡くなってから二年後の一八〇〇年、ボルタが重大な発見をした。円盤形の亜鉛と銅を交互に積み重ね、そのあいだに塩水をしみ込ませた円盤形のボール紙をはさんだ装置を作った。この「電堆」(pile)と呼ばれる装置内では、塩水を媒介とする化学反応が起こり、亜鉛の円盤から奪われた電子が、銅の円盤に与えられた。電子が移動することで、電気が生じたのである。この電気は「化学電気」または「ガルバーニ電気」と呼ばれるようになった。

ボルタは電池を発明していたのである。私たちが懐中電灯や携帯電話、さらには車といった現代の各種装置を動かすのに使っている電池は、ボルタが作ったボルタ電堆の子孫である。実際のところ、フランス語では電池を「pile」という。金属と塩水をしみ込ませたボール紙を積み重ねた、ボルタの「電堆」(pile)を直接指しているのだ。時間がたつと電池が消耗するのは、化学反応がそれ以上進まなくなってしまうからだ。充電可能な電池の場合は、内部の化学反応を逆方向に進ませることが可能なので、電気を継続的に生成できることになる。

ボルタは直ちにその実験について、当時の科学界で使われていたフランス語でまとめ、その報告を出版のためにロンドンに送った。自分を売り込む名人だったボルタは、この発見のおかげで残りの人生を華やかにすごし、ナポレオンにも気に入られた。ボルタは当時、世界で最もよく知られていて、最も高い収入のあった物理学者だった。ヨーロッパ中の科学者がボルタ電堆を作り、新しい実験を始めていた。

しかし、電気とは正確にいえば何なのか、という点については混乱が広がっていた。ガルバーニ電気(化学電気)は、静電気や稲妻と同じなのか？　未発見の種類の電気がほかにあるのだろうか？　エルステッドは、一七九九年に発表した博士論文で、カント哲学による物理学に化学を含めるべきだと主張することを試みた後、[6] この当時は学者になったばかりだった。彼は自分で持ち運べるボルタ電堆を作り、それを携えて旅行に出た。ジャクソンによれば、ボルタ電堆は最新の発明品だったので、誰もがそれをひと目見たがったという。そこで一八〇一年には、そのボルタ電堆と、旅費の助成金を持って、数年にわたる海外旅行に出た。ボルタ電堆をヨーロッパ最高の研究所や上流社会に出入りするための手段として使い、ドイツの作家ヨハン・ヴォルフガング・フォン・ゲーテと面会する機会まで手に入れた。ソフィー・プロブステインとの婚約が破棄になったのはこの旅行のときだ。

エルステッドが一八二〇年にコペンハーゲン大学で重要な実験を計画できたのは、ボルタ電堆の改良版があったからだ。そこでは医学部の教員だったが、化学を教えるのを好んでいた。エルステッドはそれまで二〇年近くにわたり、彼の信じるカント哲学の原則を守るために、電気と磁気の結びつきを見つけ出そうとしていた。本質的にこの考えは異論が多く、かつ衝撃的なものだった。ヨーロッパの科学界の主流派は、電気と磁気に何らかの関連性が存在しうるという説を完全に否定していた。他ならぬフランスの大物物理学者シャルル＝オーギュスタン・ド・クーロンが、電気と磁気が関係することはありえないので、その結びつきを探す必要はないと断言していたのだ。クーロンこそ、静電気による引力と斥力の法則を説明する数学を研究した人物であり、電荷の大きさを表す国際的な標準単位には彼の名前がつけられている（「数学はほとんど使われていないがね」とジャクソン）。さらにフランスの物理学者で数学者でもあり、電流の単位に名前が使われているアンドレ＝マリー・アンペールは、電気と磁気が結びつきうるという考え自体を嘲笑した。

しかし、エルステッドは粘り強かった。一八二〇年四月、彼は上級学年のクラス向けの講義を練り直していて、一回の授業時間すべてを、理解しにくい電気と磁気の関連性のために割こうと決めた。それだけでなく、授業中に実験をして、電気と磁気がつながっていることを証明しようと考えた。[7] こっそりと予行演習ができればと思っていたが、その日の予定が立て込んでいて、時間の余裕がなかった。講義に向かう道すがら、実験はあきらめようと慌ただしく考えたが、授業が始まってみると、物事が申し分なく進んでいることにはっと気がついて、やはり実験をすることにした。エルステッドは、ボルタ電池に金属線を二本つなぎ、さらに金属線の両端をつないで、電流が回路を流れるようにしてから、それをコンパスの近くに動かした。すると、弱々しくだが、コンパスの針が動いた。金属線を流れる電流が、金属線の周囲に磁場を作り出していて、コンパスはその磁場に反応していたのである。これは、それまで誰も見たことのない現象だった。教室にいる学生たちは、自分たちが科学の歴史を目撃していることに気づかなかった。エルステッドは、この実験があまり目立った結果を示さなかったことに意気消沈した。

三カ月後、エルステッドはもう一度挑戦した。もっと強力な電池が必要だと判断していたので、この実験のために電池をあつらえていた。その電池は、二個のボルタ電池を連結して、能力が二倍になるようにしてあった。それぞれの電池は、長方形の銅の容器で、高さと長さはどちらも約三〇センチメートル、幅は約一・三センチメートルで、銅片が二枚取り付けてある。この銅片は折りまげてあって、そこに銅の棒が取り付けてある。この銅の棒に亜鉛プレートがついていて、それが隣の容器内に差し込まれるようになっている。エルステッドは容器に亜鉛プレートが浸るくらいの水を入れ、少量の硫酸と硝酸を加えた。それは基本的には、ボルタ電堆を横倒しにして、安定性を高めるとともに、媒介となる化学物質を含む液体を多く使えるようにしたものだといえる。エルステッドは、つないだ容器の両端――現代の用語でいえば、電池の陽極と陰極――に導電性のある金属線を接続してから、接続していない端同士をつなぎ合わせた。これで、電気が電池から金属線を通って流れる閉回路ができた。電気は、銅と亜鉛のあいだで、硝酸と硫酸を介して発生する化学反応によって生み出される。簡単にいえば、電子が移動することで、金属線にエネルギーが流れるのだ。そしてそのエネルギーの量はとても多く、金属線自体が自らの熱で光を放つほどだった。

次に、エルステッドはその金属線を、コンパスの磁針の上に、磁針と平行になるように設置した。金属線を近づけるほど、磁針は通常の北向きの位置から西へと大きく振れた。金属線を下にすると、磁針は東に振れた。金属線の金属の種類をどれだけ変えてみても、コンパスの針は振れた。金属線と磁針のあいだに、ガラスや金属、木、水、樹脂、陶器、石や、そうした素材を複数組み合わせたものを入れても、磁針の動きは妨げられなかった。これは、否定できない証拠だった。電気と磁気のあいだには、それまで気づかれていなかった、ある種の物理的な関連があるのだ。

エルステッドはこの実験を全部で六〇回、慎重におこなった。他の人々が自分の発見にどう反応するのか心配だったエルステッドは、彼の実験手法が正しいことを証明できる、科学の分野で指折りの人々に証人になってもらい、その前で実験をしてみせたりもした(「この段階で、エルステッドはこの実験の重要性をわかっていたのですか?」私がそう聞くと、ジャクソンは「もちろんんだ!」とうなずいた)。一八二〇年七月二一日、エルステッドは、研究成果をつつましくまとめた四ページの小冊子を自費出版し——そこには証人の名前と身分も記した——それを郵便馬車で、ヨーロッパじゅうのあらゆる一流科学者や学会に送り、反応を待った。

エルステッドがこの実験で使ったコンパスは、デンマークのヘルシンゲルにあるデンマーク科学技術博物館に展示されている。ヘルシンゲルは、愁いに沈むデンマークの王子を主人公とする、シェイクスピアの戯曲「ハムレット」の舞台として有名な城のある町だ(劇中では「エルシノア」と呼ばれる)。この博物館は、飛行機の格納庫を連想させる、暖房の入っていないがらんとした工場のような建物にある（ジャクソンからはあらかじめ「あそこはそれほど所蔵品がないし、展示のしかたもうまくない」といわれていた)。そこへは、コペンハーゲンから北へ、鉄道とバスを乗り継いで行くのだが、その道中の暗くて森林に覆われた北ヨーロッパの風景を眺めていると、「赤ずきん」の世界にいるような、ゴシック的な気分になった。

そのコンパス自体は、真鍮製の上品な品で、ガラスの覆いがついていた。コンパスを収めた木製の台は、丸みを帯びた形に丁寧に加工され、しっかりと磨かれている。学生たちだけでなく、この実験に感嘆したデンマークの科学者たちにとって、このコンパスはとても印象的に見えただろう。このコンパスの近くには、エルステッドが実験のために作った精巧な電池の複製品が、それ専用の堂々とした木製テーブルに置かれている。テーブルの黒い天板の上にボルタ電池が二列に並べてあり、一列には一〇個の電池が連結している。電池には、化学反応による白い析出物がついていた。両端の電池の前側には、それぞれ木製の糸巻き棒が設置してあり、金属線で電池の両端につながっている。この金属線は、テーブル上にあるもう一方の糸巻き棒につながっており、最終的には、コンパスの上を通るようになっている。この巨大で不格好な装置は、かなり散漫な印象がある博物館の中の隙間風が入る一角に押し込められていた。

近くにあるガラス張りの部屋は、エルステッドの実験室や自宅を再現した展示室になっていて、エルステッドの人生を垣間見られるようになっている。イギリスの物理学者マイケル・ファラデーからもらった、ガラスと金属でできた箱。高い木製の台がついた回転する地球儀。精巧な作りの枝付き燭台は、ろうそくの明かりで仕事ができるよう、エルステッドが作って、デスクの上に置いていたものだ。家族の写真。棚に並んだ蔵書には、聖書が二冊——一冊は古いもので、茶色の革表紙にはしわが寄り、すり切れていたが、もう一冊はそれよりも立派で、赤と金で装丁されていた——と、エルステッドがよく読んでいたウォルター・スコットの『島々の王』（*The Lord of the Isles*）がある。エルステッドを追悼して、ハンス・クリスティアン・アンデルセンが書いた詩も展示されていた。

その展示の壁側にあるケースには、エルステッドが出版した、科学界の主流に逆らう発見についての論文が収められている。エルステッドはその論文を、当時の科学界での公用語だったラテン語で書いており、「磁針に対する電気の衝突の効果についての実験」（Experimenta circa effectum conflictus Electrici in Acum magneticam）という題名をつけていた。当時としては大きめの字体で、丁寧に植字されたその論文には、堂々とした雰囲気がある。

この論文の反響はすぐに広がった。ジャクソンはそう言いながら、私にくれるというエルステッドの著書を見つけようと、本棚をがさごそと探している。意気揚々と本棚から抜き出したのは、デンマーク語と英語の両方で書かれた、厚さ二・五センチメートルほどの紙表紙の本だ。光沢のある白い紙を使った表紙には、中年のころのエルステッドの肖像が飾られている。胸に勲章を飾り、両手を腹の前で組んだエルステッドは、成功して、満ち足りたように見える。『力の理論』（*Kraftlæren*）というタイトルのこの著書は、長らく未発表だった動的化学についての教科書で、一九九七年に、一八一二年の校正刷がロンドンの古書店で発見されるまで、まったく知られていなかった。ジャクソンとイエルヴィはその数年後、この本の翻訳に取り組み、二〇〇三年に出版している。私はその次の日に、コペンハーゲン中心部の新古典主義建築の建物にある、この本の出版元であるデンマーク王立科学文学アカデミーの本部を訪ねて、一冊買えるかどうか聞こうと思っていた。しかしジャクソンは、その本を差し出して、それを私が持っているべきだと言い張った。

エルステッドの一八二〇年の実験と論文は、すぐに反響が広まったというだけではない。それは革命的だった。磁力が円を描くように見えるという、思いもよらない、説明しがたい発見があったからだ。金属線をコンパスの上に置いた場合には針は西に振れた。下に置いた場合には東に振れた。それは、磁力が円形に作用していることを意味していた。ファラデーの伝記を書いたピアース・ウィリアムズは、エルステッドの実験以前、科学で証明されている力は直線方向に作用するものに限られていたと説明する。その実験は「ニュートンが築いた科学の骨組みをひっくり返しそうだった」のである。[8]

それから三カ月もしないうちに、フランスのアンペールは、電流がどのようにして磁場を生み出すかを記述する、現在でも有効な数式を導き出した。そしてイギリスのファラデーに手紙を書いて、この数式についてどう思うかとたずねた（「アンペールはひどく傲慢な性格だった」とジャクソン）。数式を理解できなかったファラデーは、苦情を言った。

ジャクソンの話によれば、アンペールは翌年の二月、狂信的な愛国主義者である友人から、その発見をしたのが、磁気の研究にかんする長い歴史と専門知識、実験装置をほこるフランス人ではなく、デンマーク人なのはなぜなのだと詰問する手紙を受け取って、悪いのはクーロンだと返事したという。クーロンが磁気と電気につながりなどありないと断言していたので、フランスの科学者たちはその研究をしなかったというのが、アンペールの言い分だった（「定説を信じるなということだ」ジャクソンは、大げさに肩をすくめながら、そんなアドバイスをしてくれた)。
数カ月のうちに、エルステッドの論文は他の言語に翻訳され、ロンドン、パリ、ジュネーブ、ライプツィヒ、ローマで次々と出版された。ロンドンの王立協会会長である科学者ハンフリー・デービーは、エルステッドがその年のコプリ・メダルを確実に受け取れるように手配した。ヨーロッパ大陸中の科学者が、エルステッドの実験を再現しようとしていたし、懐疑的な人々を納得させようと、公開実験をおこなった科学者もいた。一八二二年になるとエルステッドは、ジャクソンがいうところの「凱旋行進」として、ヨーロッパ各地へ出かけていき、科学者たちと面会して、彼の素晴らしい発見について議論するようになった。同じ年、化学を科学の独立した一分野にするべきだという、エルステッドの強い思いが実を結んだ。医学部から独立した化学研究室を立ち上げ、デンマークでは初となる、常勤の化学教授という身分を確立することができたのだ。[9]
ジャクソンは、エルステッドの名を歴史に刻んだ実験を私に見せようと、オフィスにある天板の黒いテーブルの上に、自作の装置を並べてあった。ジャクソンが用意した小型のコンパスは、透明なプラスチックケースに入っていて、小さな定規としても使えるようになっており、ズボンのベルト通しにぶら下げたいときのために、上の方に赤いひもが結んであった。そのコンパスの横には、内側には二つのシンプルな金属の電極(陰極と陽極)がついた、飾り気のない黒いプラスチックケースがあり、中には単三電池が一個入っていた。黒のビニール電線が陰極から、赤いビニール電線が陽極から出ていた。この奇妙な仕掛け全体が、ズボンのポケットにすっぽり収められる大きさだった。ジャクソンは、ビニール電線の両端の導線がむき出しになった部分を触れ合わせて――その部分は絶縁効果のある色付きビニール被覆を剝がしてある――電流の回路ができるようにした。そして、その部分をコンパスの数センチメートル上に持っていき、導線と磁針が平行になるようにした。すると、磁針は真北から約二五度北西に動いた。何度導線をつないで、電流を流しても、磁針はやはり動いた。移動する電荷が磁場を作り出し、その磁場にコンパスが反応しているのだ。

「これがエルステッドの実験だ」とジャクソン。

ずらりと並ぶ、巨大な銅の容器もなければ、光を放つ金属線も、酸の希釈液もない。街角の店で買えるような、ありふれた電池が一個だけだ。それでも、科学史家のジェラルド・ホルトンは、エルステッドの発見は「物理学そのものを開放して、統一的理論と発見が次々と登場するようにした。そうした理論や発見なしでは、今あるような現代的な科学は考えられなかっただろう」としている。[10]

パズルの次のピースを解き明かしたのはファラデーだった。動く電荷が磁場を生み出すだけでなく、動く磁場が電場を作りだすことを明らかにしたのだ。それは、現在使われているあらゆる発電装置の基本になっている。ジャクソンは、この将来性豊かな科学的発見の瞬間についても、その基本を私に教えようと準備していた。彼は三〇センチメートルほどの長さのプラスチック製チューブを、体と平行になるように持ち、その上端に強力な磁石を入れた。磁石は予想どおり、素早く落下して、チューブの下からジャクソンの手の中に落ちてきた。次に、ジャクソンはプラスチックチューブの代わりに、アルミ製のチューブを使って、同じ実験を繰り返した。すると今度は、磁石がチューブ内を落下するスピードが予想よりもはるかに遅かったのだ。

「そしてこれが、ファラデーの実験だ」

何が起こっているのだろうか？　ジャクソンが説明してくれた。磁石が動いたときに、金属のチューブには電流が発生した。その電流が独自の磁場を作った。この磁場は、落下する磁石の磁場とは反対向きだ。反対向きの磁場は互いに反発する。磁石がチューブから出てくるのに時間がかかるのはそのためだ。

エルステッドの発見はたちまち認められたものの、なぜその現象が起こるかについての彼の理解はまったく受け入れられなかった。エルステッドは、その発見をカント哲学的に解釈して、力のあいだに生じる電気的な「衝突」として説明していた。その解釈を理解しようとしたフランスやイギリスの著名な研究者もいたが、誰からみてもほとんどつじつまが合っていなかった。実際、エルステッドは自分の言いたいことをうまく説明できなかったようで、長年にわたって、そのテーマにいくどとなく立ち返ったが、前よりも明確に説明することはほとんどできなかった。一八二三年、パリへの旅行中には、三時間かけてアンペールや他のフランス人科学者たちに自分の考えを説明した。それはうまくいかなかった（「アンペールは、彼がドイツ人の思弁的な哲学とみなしていた思想を軽蔑していた」とジャクソン）。エルステッドは、自宅の妻に宛てた手紙で、哲学と科学を統合するという考えにフランス人は共鳴しないようだと書いた。ロンドンのファラデーは、アンペールの数学を理解できなかったときと同じように、エルステッドの説明を理解できないと率直に認めた。

一八五一年に亡くなるころには、エルステッドがカントの自然哲学に寄せる不変の信頼は、その時代の科学にはそぐわないものになっていた。科学者たちはもはや、自然界に神の計画を見いだすロマン主義的な方法にあまり厳密にしたがわなくなった。近代主義と経験主義の色合いの濃い考え方が徐々に現れてきて、一九世紀後半から二〇世紀初頭にかけての科学的発見への地ならしをした。エルステッドの大作である、華美な文体で書かれた哲学対話『自然における魂』（*Aanden i Naturen*）は、彼が一八四八年に出版しようとしていたものだが、それを読んだ数少ないイギリスの科学者たちは嫌悪感を抱いた。イギリスの博物学者チャールズ・ダーウィンは、この著作を「ひどい」と感じたと述べている。ダーウィンが進化と自然選択の理論を発表したのはその一〇年後だ。彼の感想は、イギリス人全体の意見を代弁するものだった[11]。かつて科学思想の第一線にいたエルステッドは、いまや爪はじきの身であり、彼の研究は、仮に思い出されたとしても、馬鹿にされるだけになってしまった。

第14章　製本屋の見習い

マイケル・ファラデーが寝起きし、実験をしていた王立研究所は、ロンドンの高級住宅街メイフェア地区にある。イギリスの上流階級がロンドンにいるときには好む地域で、その大部分は、世界で最も裕福な人物の一人であるウェストミンスター公爵の所有地だ。王立研究所に行くには、バッキンガム宮殿を出発して、王立公園の一つであるグリーンパークの中の、スイセンがあちこちに咲く広々としたあたりをのんびりと歩いて行き、ピカデリー街のリッツ・ホテルを通り過ぎる。そこからはアルベマール・ストリートに入る。この通りの名は、ロンドンのこの地区にそびえる邸宅を所有していたが、一七世紀末に、負債を払うためにその邸宅を開発業者に売り払った浪費家の公爵にちなむ。アルベマール・ストリートを進むと、豪華なアンティークのペルシャじゅうたんを売るアートギャラリーを通り過ぎ、アメリカのファッション・デザイナーであるアレキサンダー・ワンの旗艦店の前を行き、ケンブリッジ公爵夫人（キャサリン皇太子妃）が着用していることで有名な、イギリスのデザイナーのアマンダ・ウェイクリーの控えめな店を過ぎる。さらにその先にある高級ジュエリーブランドのブードルズの前に立てば、その隣が二一番地、つまり王立研究所だ。

マイケル・ファラデーが初めてそこにたどりついたのは、一八一二年の春だった。ちょうどエルステッドが海の向こうのコペンハーゲンで、結局日の目を見なかった動的化学の教科書を準備していたころだ。ファラデーは二〇歳で、この地区が相手としている上流階級とはまったく縁がなかった。実際のところ、ファラデーは、上流階級とはこれ以上ないほど縁遠かった。正式な教育はほとんど受けていない製本職人で、生まれたときから職人になる運命だった。しかし科学の魅力にとりつかれたファラデーは、主に見習いとして働いていた製本屋で本を読むことで、独学で基本的な知識を身につけていた。特に熱心に読んだのが、ジェーン・マーセットの『化学対話』だった。[1]これは、一般大衆向けのイラスト付き科学入門書シリーズの一冊で、ミセス・Bという教師と、エミリーとキャロラインという二人の生徒のあいだの会話という形を取っていた。もちろん大学で教えるような正式な内容ではなかった。

王立研究所は、ファラデーが生まれてから数年後の一七九九年、大英帝国の拡大を目的として、科学に「応用」の要素を加えるために設立された。最新の科学知識によって、農業の発展や、工業や海運業の安全性の向上を目指したのだ。科学の大衆化と資金の調達をねらった活動の一環として、王立研究所は有料で一般向けの講演をするようになった。ファラデーは、そうした講演を聴くために来たのだ。

その日の講演者は、王立研究所きっての人気者ハンフリー・デービーだった。デービーは、語り口が魅力的だっただけでなく、優れた容貌の持ち主だったことから、ロンドンの女性にファンが多かった。マーセットもその一人で、ファラデーが愛読した化学についての著書は、マーセットがデービーの講演を下敷きにして書いたものだ。デービーの講演は大人気で、アルベマール・ストリートは、彼が講演する日に発生する馬車の大渋滞を解消するために、ロンドン初の一方通行の通りになったほどだ。しかし一八一二年の春の講演が、彼にとって最後の講演になった。コーンウォール地方の木彫職人の息子として生まれたデービーは、決然たる思いで社会階層を見事に登ってきていた。その年、デービーはナイトに叙される。非常に裕福なエジンバラの未亡人ジェーン・アプリースと結婚し、大金を相続したのは、彼女に「レディ」の肩書きを与えられるようになって数日後だった。デービーは人前に立つ過酷な仕事から引退することにしていた。

ファラデーがデービーの講演のチケットを手に入れたのは偶然だった。[2] それは、科学の歴史上で起こったとりわけ伝説的な思いがけない幸運といえるだろう。講演会場の天井桟敷にある時計の後ろに隠れて、ファラデーはデービーの話に聞き入り、丁寧にメモをとった。それから数カ月後、ファラデーはデービーの講演の詳細な記録を書き、精密なイラストを添えて製本した。そしてクリスマスの直前に、勇気を奮い起こしてそれをデービーに送った。実はファラデーはその前に、デービーが実験中の爆発で目を負傷した後の数日間、彼の代筆をする助手として働いたことがあった。デービーはこの講演記録を心から喜んで、クリスマスイブに感謝の手紙を書き送った。一八一三年三月に、デービーの実験助手の一人がけんか騒ぎに関与したとして解雇されると、ファラデーが代わりに王立研究所で働くことになった。その給料は製本職人のころより安かった。ファラデーはその後の数十年間を、科学の進路を変えることに費やした。デービーは自らの実験室で、ナトリウムなど多くの元素の化学的な単離に成功するという業績をあげているし、もとより控えめな性格で知られていたわけでもないが、そんなデービーでも、自分の最大の発見はファラデーだと冗談を言ったほどだ。

王立研究所の収蔵品部門の責任者で、科学史の教授であるフランク・ジェームズほど、ファラデーが科学の世界に残した足跡を精密に、そして鮮やかにたどることのできる人物はほかにいない。ジェームズは、インペリアル・カレッジ・ロンドンの博士課程を修了すると、ほぼそのまま王立研究所に職を得た。そして、ファラデーの五〇五三通の書簡集の編さん者になる。私と会ってすぐにジェームズは、謙遜するようなお辞儀をして、博士論文ではファラデーについて一章の半分しか書いていなかったんですが、といった。ファラデーの書簡をまとめる仕事には二五年かかり、完成した書簡集は分厚い六巻組になった。その仕事のかたわら、ジェームズはファラデーについて、ほかにも何冊もの本やエッセイ、雑誌記事を書き、講演をしてきた。またファラデーが研究人生のあいだに実施した実験について説明した、製本されたノートを注意深く読んでいた。ジェームズは、世間の人々からファラデーと重ねてみられるようになっていて、彼がビクトリア時代の身なりをして、本物のファラデーの磁気実験室に座っているところを、画家に特別に依頼して描いてもらった油彩画があるほどだ。この油彩画は現在、王立研究所の地下に飾られている。

　エルステッドの実験の結果を受けて、ファラデーが磁気と電気という概念を結びつけるのにどのような役割を果たしたのかを理解したいので、ぜひ会って話を聞きたい。私はジェームズに連絡して、そう頼んでいた。ジェームズはひどい風邪にかかっていたにもかかわらず、王立研究所内にある上品なカフェで朝のカフェラテをごちそうしてくれて、そこでおしゃべりをした。王立研究所の建物は、ファラデーがこの中でした研究も理由の一つとなって、史跡に指定されており、二一世紀の最初の一〇年で、多額の予算をかけた改築工事をしていた。カフェからは、開放的なコンセプトの建物の中央部を、ガラスとスチールでできたきらびやかなエレベーターが上下しているのが見える。私たちの頭上には、オフィスが輪になって輝いている。下の方は、ジェームズの監督の下で改装された、ファラデーの実験ノートのアーカイブとファラデー博物館という、心惹かれる眺めになっている。この博物館には、ファラデーが実際に磁気の実験をした実験室もある。その部屋は、一八二〇年代にファラデーがひそかに実験室にしてしまうまでは使用人部屋だった。

ファラデーを電磁気学の世界に引き込んだのは、一八二〇年に郵便馬車でデービー宛てに送られてきた、エルステッドの独創的な論文だったと、ジェームズは説明してくれた。その時点でファラデーは、その非凡な才能によって、単なる実験助手ではなく、王立研究所で自分自身の研究をできるようになっていた。エルステッドの論文をきっかけとして、他の多くの研究者が電磁気についての論文を書くようになっていて、一八二一年の段階では混乱状態になっていた。ファラデーは、友人であり、『哲学年報(*Annals of Philosophy*)』という論文雑誌の編集者であるリチャード・フィリップスから、決定版になる解説論文を書いて、熱が高まっている科学コミュニティに向けて、エルステッドの発見した電磁気現象が実際には何であるかについて説明してほしいという依頼を受けた。

そこでファラデーは、手に入る論文をすべて読んだ。そこにあったのは、矛盾する情報の寄せ集めだった。電流が磁場を生むのは電気的な「衝突」が原因だというエルステッドの説明は混乱を招くばかりだと感じた。アンペールによる電磁気の数学的記述にも飛び込んでみたが、ファラデーは高等数学の教育を受けたことがなかったし、一度は数式を「象形文字」のようだと言ったくらいだ。[3] どんなときでも実践的な実験家だったファラデーは、エルステッドの実験も含めて、他の論文で説明されている実験をすべて再現してみようと決心した。最終的に、実験をしてわかったことを、フィリップスのために何編かの論文にまとめた。公開を認める署名は、謙遜の気持ちから「M」と書くにとどめたが、それは謎めいた感じもした。これが世界で初めての、電磁気に対する理解可能な説明になった。この一連の論文はとても好評で、人々は著者の正体を明らかにするよう切に求めた。そこで名乗り出たファラデーは、名声を味わったのである。[4]

しかしファラデーは、他の人の実験を再現する一方で、独自の実験もいくつか考え出していた。注目したのは、エルステッドのコンパスが電流の近くにあったときに、磁針を動かした力そのものだった。アンペールが支持していた伝統的な考え方では、磁針と電線は互いに引き合ったり、反発し合ったりしているのであり、そうした引力や斥力が空間や距離を越えて作用するとしていた。ファラデーはそうではなく、電線の周りの空間に、円形の力が存在しているのではないかと考えるようになった。電線という一つの物体の周りの力が、コンパスの磁針に影響しているのだ。その考え方は、エルステッドが観察した、円形に作用する特有の効果を説明する一つの方法になりそうだった。

そこでファラデーは、この説を確かめるために的確な実験を考え出した。一八二一年九月三日、彼は水盤と、蠟、磁石、そして大量の水銀を用意した。水銀には電気を伝える性質がある。N極を上にした磁石を蠟で水盤に固定してから、水盤の中ほどまで水銀を注いだ。そして、絶縁してある台から短く切った電線を吊り下げて、それが磁石の周囲の水銀の中を自由に動けるようにした。そのうえで、電池の電極の一方を吊り下げた電線に、もう一方を水銀につないで、閉回路を作った。すると電線は磁石の周りを時計回りに動いたのである。[5] 電線を流れる電流が磁場を作る。その磁場が、磁石の周りの磁場と相互作用して、固定された磁石の周りで電線を回転させていたのである。次にファラデーは、設定を逆にして実験した。磁石が自由に動くようにして、電線を固定したのである。磁石を水盤の底とひもでつなぎ、水銀に浮かぶようにした。電線は、水銀の入った水盤の中央で動かないようにした。ファラデーが電流を流すとすぐに、磁石は電線の周りを回転し始めた。

これは初めての電気モーターだった。つまり、電流と磁石によって作り出される力から、力学的エネルギーを生み出すしくみである。ファラデーはそれを「電磁回転装置」と呼んだ。彼自身は、この装置にどんな用途があるのか、明確な考えを持っていなかったようだ。まして私たちが経験している、世界の機械化などは予見できなかっただろう。それでも、この装置の重要性は理解していた。一つには、この装置は、磁力が磁石の周りで曲線を描き、空間を満たしているという、ファラデーの奇妙な考えが正しいことを示していたからだ。この実験について、実験ノートにはこうまとめられている。「とても満足。しかしもっと精度の高い装置が必要」[6]

ファラデーにもう一度、電磁気の謎に関心を向ける時間ができるのは、それから一〇年後のことだ。

第15章　電流を作る磁石

ファラデーの実験の舞台として名高い建物にいて、カフェラテを飲んだりしていると、研究者として駆けだしのファラデーが異端者の立場にあったというのは、とてもでないが理解できない。現在、ファラデーの存在はこの場にあふれている。人々をこの場所に呼び寄せているのはなんといっても、ファラデーが自ら作成した精密な装置や、出入りが制限されている実験ノートの収蔵庫、そして長く語り継がれているファラデーの物語だ。ファラデーの影像が、曲線を描く階段の下に堂々と立っている。きまじめな様子でアカデミックガウンをまとい、手には彼の実験装置のなかで最も有名なリングコイルが握られている。この建物の別の場所には、一九世紀の彫刻家マシュー・ノーブルによるファラデーの胸像がある。マーガレット・サッチャー元首相はファラデーにとても心酔していて――労働者階級の生まれであり、化学を学び、成功したところがサッチャーと重なる――イギリス首相に就任した後、一九八二年にこの胸像を借り受けて、ダウニング街一〇番地の首相官邸内で、訪問者の目に最初に入る場所に置いていた。ファラデーは、人からもらった講演チケットで王立研究所に足を踏み入れてから一七〇年後、イギリスのチャレンジ精神を一番に象徴する存在として、急遽かり出されたというわけだ。

ファラデーの社会的地位の変化は驚くべきものだった。それはファラデーが、学究生活が約束されているような階級ではなく、職人の家に生まれたということだけではない。彼の宗教もあった。鍛冶職人だった父と同じく、ファラデーはサンデマン派の信者だったのだ。サンデマン派は、謹厳実直なスコットランドの長老派教会から分派して生まれた、プロテスタントの非常に厳格な一分派だ。信者は毎週日曜日に集まると、互いの足を洗う儀式をおこない、キリストの生涯と犠牲をしのびながらごちそうを食べる。信者同士での人付き合いを好み、それ以外の人々と深く付き合うことには慎重で、信者同士で結婚することが多かった。天の王国に行けることが究極の報いであるといつも考えていて、世俗の富を避け、質素な生活を好み、自分が持てるものを貧者に分け与えることを習慣としていた。神の救済を頼りにしてよいと考えていて、それが彼らのなかに静穏さと、喜びすら育んでいた。ファラデーの伝記を書いたウィリアムズは、サンデマン派の人々は、「温厚な性格がもたらす独特の雰囲気」をまとっていたと書いている。[1]

ファラデーの時代には、イギリスの正統的なプロテスタント宗派である英国国教会の信者でないことはひどい不利になった。ジェームズは、セイウチのようなふさふさの髭についたコーヒーをときどき思い出したようにぬぐいながら、そう言った。イギリスで最も権威ある教育機関である、オックスフォード大学やケンブリッジ大学の教授になるには、当然ながら英国国教会の信者でなければならなかった。海軍や陸軍の将校は、自然哲学者でもある人々も含めて、アイルランドのカトリック信者が数少ない例外とされた以外は、やはり国教会の信者であることが求められた。それだけでなく、科学者になること自体が、既成の価値観に反する生き方だった。ジェームズの計算によれば、ファラデーが王立研究所に行ってデービーの講演を聴いた一八一二年に、科学の仕事で給料をもらっている人は、イギリス全体で一〇〇人ほどしかいなかった。科学に生活を捧げている人々の多くは、地主や貴族といった、独立した財産のある階級の一員だった。デービーのように、そうした上流階級に加わりたいと考えた人々もいた。しかし、ファラデーはそうではなかった。ファラデーは、王立協会の会長という名誉ある役職への就任を二度打診されて、二度断っているのだ。ファラデーが名誉を受けるという譲歩をみせたのは、老齢になって、ビクトリア女王の夫であるアルバート公から与えられた、ロンドン郊外にある「王室下賜の」家を受け取ったときだった。ファラデーは、王室から生活費を受けながら、その家で晩年を過ごした。

とはいえ宗教は、ファラデーを異端者にした一方で、彼が成功した理由の一つでもあった。ファラデーのものの見方は、他の人々とは違っていた。そして実験をし続ける理由も違っていた。ファラデーが信じるところでは、世界は神が創造したのであり、彼はその世界を理解するために科学を研究していた。そして逆に、神の存在を信じる心が、ファラデーの科学への理解に影響を与えていた面もあった。彼の哲学は、エルステッドのそれとはやや異なっていた。エルステッドは、汎神論に近いような哲学を信じていて、自然のあらゆる側面は神の偉大さを示すためのものだと考えていた。ファラデーはそうではなく、身の回りにあるすべての原因になっている、複雑で謎に満ちた、巧妙ですらある神の法則の存在を感じていた。そうした法則を発見するには創意工夫が必要であり、一生かかるだろう。

その同じ宗教心のせいで、ファラデーは原子の存在を信じなかった。原子という考え方は、神が世界をどのように創造したかということについてのファラデーの理解に反していたからだ。私たちが原子の結合した物質、つまり分子と考えているものについて、ファラデーは、それは固体の物質の一片であり、それをさらに小さな断片に分割できると考えていた。ボーアが二〇世紀に考え出したような、広々とした内部空間を持ち、周りを電子が取り囲むという原子を、ファラデーは考えもしなかったのである。同じ理由から、ファラデーは「科学者」(scientist)という呼び名も嫌ったと、ジェームズはいう。「scientist」はラテン語の「scientia」に由来するが、元の意味は「知識」であり、ファラデーは、この単語は、世界がそもそも存在した理由から、神の関与を取り去ってしまうものだと考えたのである。ジェームズによれば、それよりも、「自然哲学者」や「科学の人」と呼ばれるのを好んだという。

当時の人々は、ファラデーにどう反応すべきか、いま一つわからなかった。ジェームズはそう言うと、地下の博物館を案内しようと、カフェのテーブルから立ち上がった。人々には、ファラデーの考えがどこから湧いてくるのかわからなかった。おそらくは、ファラデーはその典型的ではない背景のおかげで、伝統的な科学理論の言うことにとらわれることなく、自然の力が装置とどのように相互作用するのか想像したうえで、その想像を確かめるための実験を考え出すという特技があったのだろう。そういうあらゆる点で、ファラデーは他の人と違っていた。それでもファラデーの言うことは正しいことが多かったので、人々も彼を相手にしないわけにはいかなかったのである。

博物館の入り口通路にある展示コーナーには、ファラデーといえば一番に思い出す実験に使われた手製の装置があり、カボチャ色の説明板が添えられている。一八三一年八月におこなわれたその実験は、磁気から電気を作りだそうというもので、ファラデーの実験としてはそれまでで最も見事なものだ。ファラデーは一八二〇年代のほとんどを、デービーに押しつけられた課題にはまり込んでしまって、他の実験をできずに過ごしていた。デービーは経度評議員会の議長だった。そして一七五九年にハリソンが開発した時計「H4」によって、経度問題は技術的には解決していたにもかかわらず、イギリス海軍省はいまだに、船乗りが自分たちのいる場所を割り出すことのできる、安価で簡単な方法を探そうとしていた。経度評議員会は星の位置を使って経度を割り出す方法に報奨金をかけており、デービーは、ファラデーなら船乗りの望遠鏡用に高性能のレンズを開発するという重要な仕事をできるだろうと判断していた。それは悲惨な仕事だった。ファラデーは自分の実験室にガラス炉を設置しなければならなかったのだ。[2] 後年のファラデーは、大気の温度の日変化や季節変化にともなう大気中の酸素量の変化が、地磁気の永年変化とつながりがあることを証明しようと、かなりの時間をかけて研究している（この考えは誤りだったが）。[3] しかし当時は、地磁気や経度にはあまり関心がなかった。一八二九年にデービーが亡くなった後、やめても差し障りがないようになるとすぐに、この研究をやめてしまい、その後の一〇年間を費やすことになる電磁気の実験を再開した。

ここでも、エルステッドの草分け的な考えの影響力は大きかった。[4] エルステッドは、一八〇一年のヨーロッパ旅行の折に、ドイツの物理学者で音楽家でもあったエルンスト・クラドニが作成した、驚くべき図形を目にしていた。砂を振りかけておいた金属かガラスの板の縁に、バイオリンの弓を走らせる。すると、その振動で生じた波が幾何学的なパターンを作るのだ。まるで、音が目に見えるようになったかのようだった。一八〇六年になると、エルステッドは、音と電気が同様のパターンを描くのではないかと考えるようになって、板の上に細かな苔の胞子をまくという独自の方法で実験をおこなった。エルステッドの研究について読んだファラデーは、一八三一年初頭に、そこに光も組み合わせることを考えた。音、電気、光の三つはすべて、振動で成り立っているのではないだろうか？　ファラデーは、この考えを検証するために、六カ月にわたる音響実験をおこなった。彼が出したのは、空中には音の振動が存在しているという、驚きの結論だった。それは、空中には何もないという考えを打ち砕くものだった。そこから、ファラデーが電気を波と考え始めるまでは、ほんの一足だった。晩夏のころには、彼は実験を始めていた。

　電磁気学の歴史もここまでくると、電気から磁石を作ることは誰にでも可能だった。[5] コイルに電流を流して、その内側に鉄片を入れるだけで、その鉄片は磁気を帯びて磁石になる。ファラデーがしたかったのは、その逆のこと、つまり磁石を使って電気を作ることだった。まずファラデーは、太さが二・二センチメートル、外縁から外縁までの直径が一五センチメートルの錬鉄《れんてつ》製リングを注文して作らせた。そしてそのリングを頭の中で半分に分けた。一方の半円に、長さ七・三メートルの銅線——当時、婦人用帽子を作るのに使われていたものだ——を三本、できるだけきつく巻き付けてコイルにした。電線を巻く回数が多いほど、電流の磁気効果は大きくなった。銅線を一回巻き付けるごとに、次に巻く銅線とのあいだを糸で絶縁した。一八三一年当時、絶縁電線はまだ存在していなかったからだ。ファラデーは巻き続け、最初に巻いた銅線の上に重ねるように、さらに銅線を巻いた。銅線の層と層のあいだはドレス用のキャラコ地で絶縁した。次に、リングのもう半分にも同じように銅線を巻いた。二つのコイルのあいだには隙間を残した。ジェームズの計算によれば、この装置を作るのにおよそ一〇日かかったと考えられるという。

　今日の展示を見ると、キャラコ地が色あせ、ややみすぼらしくなっているのがわかる。糸がほどけて飛び出たりもしている。しかしファラデーがこのかなり素朴な装置を使っておこなった実験は、現在、世界中に電流を送っている大規模な電力インフラにとっての鍵というべきものだ。この装置は、世界初の変圧器なのだ。変圧器は、高い電圧で強力に進もうとする高速の電子を、日常的な低電圧の電化製品でも使えるくらい遅い速度にできるものだ。今日では、発電所の変圧器があるおかげで、水力や太陽光、原子力、石炭によって作り出した高圧の電気は、もっと電圧が低くなった状態で、私たちの家にある照明やコンピューターなどの電気機器に届くようになっている。

　実験当日、ファラデーはまず、鉄製リングの半分に巻き付けてある第一のコイルと、スイッチ付きの電池を接続した[6]。次に、もう半分に巻き付けてある第二のコイルを、電流を測定するガルバノメーター（検流計）という装置につないだ。そしてスイッチを入れた。電池からの電流が銅線に流れて、磁場を生み出した。するともう一方のコイルの銅線に弱い電流が一瞬流れて、ガルバノメーターの針がぴくりと動いた。やがて針は基準の位置に戻り、第一のコイルに電流をたくさん流しても変化しなかった。次に、ファラデーが電池のスイッチを切ると、第二のコイルにまた、弱い電流が一瞬流れた。ただし、ガルバノメーターの針が触れる向きは逆だった。電気が作り出されるのは、磁気の流れが始まるときではなく、変化するときだ、というのがファラデーの結論だった。また、第二のコイルで作り出される電流は、元の電池の電流よりも電圧が低くなっていることもわかった。この性質があるからこそ、この装置が変圧器として役に立つのだ。ファラデーのこの装置は、断続的ではあるが、電流を誘導するという意味で、「誘導リング」という名で歴史に残っている。

しかし、磁気の流れが電気を作り出すのはなぜだろうか？　もっといえば、電池からの電流を使わずに、磁石だけを使って電気を作ることは可能だろうか？　三カ月後、ファラデーは答えを見つけた。ファラデーがしたのは、シンプルな実験だった。アンドリュー・D・ジャクソンが、コペンハーゲンのニールス・ボーア研究所の彼のオフィスで、私のために再現してくれたのと同じ種類の実験だ。ファラデーは、中空の鉄管を用意して、その外側に、木綿で絶縁した銅線を巻き付けた。それからその銅線をガルバノメーターにつなぎ、管の中に磁石を滑らせた。すると、ガルバノメーターは電流を検知したのだ。磁石を逆向きに滑らせると、ガルバノメーターは逆向きの電流を検知した。ほんの一瞬だった。磁石が動くと、電流を発生させ、鉄管に巻いた銅線内で電子が動く。この電流はさらに、それ独自の磁場を発生させる。ファラデーは、電気の供給源を別途用意しなくてもよい発電機を作り出していたのだ。

ジェームズと私は地下のホールに到着していた。ジェームズは、ファラデーが一八一四年にイタリアのミラノで、七〇歳近いボルタからもらった電堆の前で立ち止まった。その電堆は王立研究所にある貴重な所蔵品の一つで、歴史上最も古い電池にかぞえられる。見ためは控えめで、高さは三〇センチメートルほどあり、ぴかぴかの木製の台がついている。デービーは電堆を大型化し、性能を高め、構造を安定させたいと考えて、それを横向きに置くという画期的なアイデアを思いついたのだと、ジェームズは笑いながら言った。それが結局、エルステッドが一八二〇年の歴史的な実験で使った電池になったのだ。

さらに進んで、昔の衣装を着たジェームズの油彩の前を通り過ぎると、ファラデーの磁場実験室があった。この部屋は、研究生活も終わりに近づいていた一八五〇年代の様子を再現している。

この実験室が保存されていたのは、ファラデーがその時代に偉人とされたからではなく、偶然からだった。一八六七年にファラデーが亡くなった後に、実験室内の物をわざわざ片付ける人がいなかったのだ。しかし、ファラデーが変圧器と発電機を発明してから一〇〇年後の一九三一年になるころには、ファラデーは、現代科学技術の創出においてイギリスが果たした役割を象徴する存在となっていた。地下の物置になっていたファラデーの古い研究室を開けて中にある物を調べてみると、ファラデーが使った実験装置や化学薬品、薬瓶があり、さらにはかつて使用人が物を上階に運ぶために使っていた給仕用エレベーターまでそのまま残っていた。ファラデーはそのエレベーターを実験装置の保管に使っていて、その扉には、鍵をかけて保管したことを示すのにファラデーがつけた、赤い封蠟がまだ残っていた。

磁気と電気にかんするファラデーの実験と発見は、こうした初期の成功にとどまらず、もっと広い範囲に及んだ。ジェームズによれば、ファラデーの貢献の一つが、あらゆる形態の電気は、どのようにして生成されたかにかかわらずすべて同一だと、はっきりと証明したことだという。当時の科学者は、電気には五種類の異なる発生源があると考えていた。静電気（「通常電気」と呼ばれた）、ボルタ電気、動物電気、稲妻、そして熱電気だ。それぞれの種類を実験で使うと、同じ結果が得られるだろうか？　ファラデーは、それぞれの電気の性質、つまり「同一性」についてわかっていることを徹底的に研究したうえで、その性質を確かめる実験をおこなった。実験を進めながら、結果を表に記入していくと、最終的にはすべての種類が同じものであることが証明されたのである。

そうした実験をおこなうたびに、ファラデーは、「力線」が空気を満たしているという考えについて確信を強めていった。それは、小学校の授業でおこなう磁石の実験で、棒磁石の上に置いた紙に鉄粉をまくと、紙全体に曲線状のパターンが浮かび上がるのと同じ考えだ。一八四六年四月三日、ファラデーがこの考えを紹介したのは、王立研究所での有名な「金曜講話」の一つとして、準備なしでおこなった一般向け講演の場だった。ファラデーは、別の講演者がその日の講演をおこなうように手はずを整えていたのだが、その人物は緊張のあまり逃げ出してしまった。そこでファラデーが急遽、代わりに舞台に立ったのだが、自分の話題を話し終えたところで、時間が二〇分残っていることに気づいた。そこでファラデーは、人生で初めて、台本なしで話し始めた。今にして思えば、それは科学にとって特別な瞬間だった。ファラデーは、電気力や磁力、そしてもしかすると重力など、いろいろな力の線、つまり力線に満たされている世界像を呼び起こした。そうした力線には物理的な性質があり、物質を形作っているのだ。ファラデーが説明していたのは、電磁場や、その他の「場」であり、やがて場の量子論を支えることになる概念の一部についても触れていた。しかしファラデーは、自分が発見したものを的確な言葉で説明することはできたし、ときにはそのために新たに言葉を作ることもしたものの、自分の発見を物理学の共通語で説明する能力には欠けていた。その共通語とは、数学である。

第16章　空気中に満ちる力線

一方、常識破りのスコットランド人物理学者ジェームズ・クラーク・マクスウェルには、数学が理解できた。ファラデーが書いた電気と磁気の論文を読むと、その両方についてわかっていることをすべてつなぎ合わせて、四つの数式を導き出し、一八六一年の論文で発表した。史上初となる、電磁気を記述する数式だ。

これは、ファラデーの言葉を単に数学に置き換えるよりも、はるかに難しい作業だった。[1] マクスウェルは、電流が磁場を生むのはもちろん、電荷が移動するだけで連続的に流れていなくても磁場を生み出すということを理解しなければならなかった。この考え方を理解するには、数学を使って、空間はいかなる電流とも無関係の電磁波で満たされていることを証明することが必要だった。そうなると、電気は電磁力の一つの現れであり、その一部分でもあった。こういったことは、前世紀のエレクトリシャンたちには想像もできなかっただろう。マクスウェルが自らの方程式を子細に読み込んでいくと、電気、磁気、そして光は、一つのものを別の面から見ているのだということもわかった。電気、磁気、光はすべて、空間中を光の速度（これは数年前に計算されていた）で伝わる波としてふるまっていた。これこそ、ファラデーが思い描き、ある程度までは垣間見ていた、目に見えぬ力線の集合だった。いまや力線は、数学によって正式に記され、あらゆる物理学者が研究対象にできるようになったのだ。

マクスウェルの方程式は、電磁波が実際にどんな波長（山と山のあいだの長さ）も取り得ることを予測している。物理学者のニール・トゥロックは、電磁波はすべて「互いを拡大したものか、縮小したもの」にすぎないのだと説明している。[2] 電磁波のほとんどは人間の目には見えない。それは音の場合にも、周波数の高い超音波など、ほとんどの周波数の音波が人間に聞こえないのと同じだ。私たちが見ることのできるのは、波長が一メートルの一〇〇万分の一よりもさらに小さい電磁波で、世の中に色があるのはこの電磁波のおかげだ。[3] その中で最も波長が長いのが赤色の電磁波で、最も短いのが紫色だ。しかし電磁波にはさらに波長が短いものもある。ガンマ線やＸ線などがそうだ。ガンマ線といえば、私がコペンハーゲンのニールス・ボーア研究所を訪問したときに、その正面玄関は、大型ハドロン衝突型加速器（ＬＨＣ）で生成されたガンマ線の活動に連動するようにライトアップされていた。きわめて波長の長い波は、超長波（ＶＬＦ波）と呼ばれ、地面を通り抜けることができるので、鉱山での通信に使われている。他の種類の電磁波には、マイクロ波（microwave）もある。これは、その名がつけられた家電製品である電子レンジ（microwave oven）で使われているが、レーダーを機能させている電磁波でもある。さらに、マイクロ波よりも波長の長い側には、電波と呼ばれる幅広い波長域の電磁波を含むグループがあり、携帯電話やラジオ、テレビといった用途に使われている。しかし、どれだけ違っているように見えたとしても、こうした電磁波はすべて、数学的にはまったく同じ言葉で表すことが可能だ。この事実の発見によって築かれた基礎の上になり立っている電気インフラが、現代社会において私たちが使っている、ほぼすべてのエネルギーや情報を支えているのだ。

マクスウェル方程式は最終的に、一九七〇年代初頭に物理学の標準模型が構築されるにあたって、それを記述する洗練された数学のもとになった。現在、標準模型を記述する方程式によって、何かが正しいことが証明されるという場合、どれだけ直感に反したものであっても、それは正しい。電子が粒子と場の振動の性質を同時に持つのも、あるいはヒッグスボソンが実際に発見される以前から存在が予想されていたのも、こうした事情があるからだ。このことは、科学的思考における一大革命だといえる。電磁気学研究の黎明期には、聖書が唯一の真実だった。ガリレオのような自然哲学者が、自然について聖書の教えに反する観測をおこなえば、権威に逆らったことになった。データの収集や論理的な結論づけというのは危険なことだったのだ。その後、観察に基づく結果が何よりも重視される時代になった。自らの目で見た証拠を通して世界を説明することが、科学的努力の最高点とされた。今日、標準模型を記述する方程式は、その驚くべき正確さと、途方もない抽象性によって、王の地位にある。観測は、時代遅れとまではいかないが、すべてではない。

例を挙げよう。マクスウェルの方程式は、空間と時間を理論的に結びつけた。[4] これは、およそありえないような事実だ。これが直接、アルベルト・アインシュタインの特殊相対性理論につながった。特殊相対性理論では、時間と空間は不変ではないとする。詩人だったら、時間はただぼんやりと進みはしない、というかもしれない。時間と空間は別々のものではなく、一つの連続体であり、光――つまりファラデーが観測した小さな電磁波――の速度を一定にするように、自らを調整する能力があるのだ。[5]

アインシュタインは、スイスのベルンで特許局に勤めながら、一九〇五年に特殊相対性理論の論文を『物理年報（*Annalen der Physik*）』誌に発表する。この論文は、アインシュタインの「奇跡の年」と呼ばれるこの年に発表した三本の注目すべき論文の一つだ[6]。その年、アインシュタインの研究は、時間や空間、質量、エネルギーに対する物理学者の見方を変えた。そして同じ年、ベルナール・ブリュンは、ベルンの南西数百キロメートルのフランス中央部ポン・ファランにある、新しい切り通しへ馬に乗って出かけ、そこの古い粘土岩層から、地球の磁極がかつて反対の位置にあったことを示す試料を切り出している。

私はジェームズに、ファラデーの日誌のなかで、一八三一年の運命の日に、誘導リングの実験について書いた部分を見せてもらえないかと特別に頼んであった。ジェームズは、鍵をかけてある文書保管庫に入るため、パネルに暗証番号を入力した。そこにはファラデーだけでなく、デービーなど、数百年のあいだに王立研究所で研究をしてきた科学者のノートが収められている。他の研究者たちは、コレクションの管理者であるジェームズと一緒に、そこでゆっくりと落ち着いて過ごしていた。そこは地下にあって、ファラデーが研究していた磁気実験室からはほんの数メートルだった。

科学にとっての財産が詰まったたくさんの箱が、きちんとラベルを貼って、金属製の棚に収められている。この文書保管庫は王立研究所にとって、気持ちのうえで核となる存在であり、もしかするとその精神の本質かもしれない。ファラデーのノートは、やや平らな、丈夫な茶色の蓋付き段ボール箱に入っていた。ジェームズは棚をちょっと調べると、長年の経験から簡単に見つけて、箱を取り出して、蓋を取った。中には、茶色の革製の上品な長方形のノートが入っていた。金色の文字が刻印されているのは、ファラデーが若いころ、製本に情熱を注いでいた証だ。

ジェームズは一八三一年八月二九日のページを開き、それを少しばかり仰々しく掲げた。

そのノートには、磁石と運動の組み合わせで電気を作れるという発見への道のスタートとなり、宇宙全体にうねうねと広がる電磁場という、ほとんど目に見えない世界の扉を開いた実験についてのファラデーの説明が、セピア色のインクを使い、落ち着いた美しい文字で書いてあった。一ページ全体に手書きの筆跡が等間隔で並んでおり、修正は一カ所しかない。ページの真ん中あたりの右側には、誘導リングの図が丁寧に描いてある。

ファラデーが自分の実験室で背筋を伸ばしてきちんと座り、そのノートを書いている様子が目に浮かぶようだった。見えそうで見えない謎に頭をひねるファラデーの姿が想像できた。そしてファラデーから始まった道は、スコットランドのグラスゴーの南にある邸宅で、有名な四つの方程式を考え出したマクスウェルや、ベルンの特許局で空間と時間の本質を作り替えたアインシュタインへとたどることができた。その道はさらに、クレルモン・フェランの細長いルネッサンス風の塔で、地球の磁場がそれまで考えられていたよりはるかに移り気であることに気づいた、ブリュンへとつながっていくのだ。

およそ一〇〇年後、こうした科学者や、その他の数多くの科学者による研究によって、電磁気はもっと気まぐれなものだという、驚くような現実が明らかになる。量子力学や素粒子力学、地球物理学、数学、コンピューター、衛星テクノロジーが発展したおかげで、さまざまなことがわかるようになっても、地球磁場のふるまいを予想することはできない。その能力には今でもまったく手が届かないのだ。しかし手がかりはいくつかある。磁場は多くの科学者の予測よりも急速に弱くなっている。特に南半球の磁場が不安定な状態だ。そして磁極が再び逆転に向けて進んでいるとしたら、私たちの家まで電気を届けるインフラは、復旧不可能なほどの損傷の危機にさらされていることになるのだ。

第Ⅲ部

コア

やっとおのれの生れるべき時が来て、ベツレヘムへ向い
のっそりと歩みはじめたのはどんな野獣だ？
——ウィリアム・バトラー・イェイツ「再臨」
（一九一九年）
（『対訳　イェイツ詩集』高松雄一編、岩波文庫より）

第17章　ねじれる渦

蒸し暑い夏の夜にもかかわらず、フランスのナントにあるコンベンションセンターは、人であふれかえっていた。現在も進められている、地球の中心への旅についての話を聞こうとそこにやって来た人々だ。その話題は、ナントの市民にはぴったりだといえる。かつて小説家のジュール・ヴェルヌが暮らしていたという、この街の歴史に関係あるからだ。ジュール・ヴェルヌが書いた、短気な地質学者が地球の中心への長い旅に出るという空想科学小説『地底旅行』は、一八六四年に出版された。ヴェルヌが描いた架空の地質学者は、アイスランドにある死火山に登り、そこからまっすぐ地球の中に降りていき、古代の怪物が生息する地下の海に偶然たどりつき、最終的には地上に戻ってくる。しかし現在おこなわれている地下世界への旅は、文学的なものではない。それは科学による旅であり、生命と人類文明に対して大きな影響がある。

舞台に立っていたのは、フィリップ・カルダンだ。フランス南部のグルノーブル・アルプ大学の物理学者であるカルダンは、地球深部で進んでいる秘密計画について研究している世界中の科学者だけが集まった、結束の固いグループの一員だった。このグループは、最新の研究結果を共有するために、二年に一度、世界のどこかで学会を開いており、今回ナントで開かれる学会には、彼らのほとんど、つまり二〇〇人ほどが集まっていた。この日は、一週間にわたって新事実が発表される学会の二日目だった。カルダンは、学会中で唯一の一般向け講演をすることになっていた。

カルダンは話が素晴らしく上手だった。科学者が地球中心部の謎を解き明かしてきた歴史を軽やかに駆け抜けていく。そんなカルダンの話を聞きながら、観客は心奪われたように座っていた。カルダンが強調したのは、自分にとって重要なのは、地球の中心が現在どうなっているかではないということだった。地球の内部を読み取るのに必要なのは、地球の産みの苦しみや、進化、そして未来を読み取ることなのだ。つまり、地球が生きていて、計り知れない変化を経てきており、これからも変化し続けるはずだと認めることである。カルダンの研究分野では、地球で次に何が起こるのかを理解できるようになることが待ち望まれている。それは実現が難しい目標だ。

カルダンが聴衆に向けて語った打ち明け話に、私は驚かされた。彼は、地球の中心核を研究する現代の科学者と、地下世界の探検を描いた過去の文学者を同列に置いたのだ。奇妙な旅の物語によって、今でも世界で最も愛読される小説家の一人のヴェルヌだけではない。一四世紀に、地下世界に降りることは地獄へ落ちることだという考えを、人類全体の想像力に植え付けるのに一役買ったダンテもカルダンが引き合いに出した文学者の一人だ。ダンテは魔王ルシフェルを、最も深くにある受難の圏谷の凍り付いた最下層に追放する。そこは口も利けず、動くこともできず、うち捨てられる地獄だ。他の芸術家はそれとは反対に、地下世界に降りていくことを、保護と温情、驚異が存在する聖なる場所を、身体的かつ精神的に探し求めることとして描いた。科学者も、未知なるものを想像することに魅了されて、地下の深淵に引きつけられたのだと、カルダンは聴衆に語った。地下の探求のとりこになって、忘れることができなくなるのだ。

科学界の文化は、この手の打ち明け話に適しているとはいいがたい。科学者は、研究対象から精神的な影響を受けていることや、自らの研究があふれるほどの想像をもたらしていることを、めったに認めない。私は講演の翌日、カルダンに会った。カルダンが感情面での科学の魅力について進んで口にすることに興味を持ったのだ。ナント市内を流れるロワール川にそって歩きながら、私はカルダンに、ジャック・コーンプロブストにポン・ファランへ連れて行ってもらい、ブリュンが発見した、加熱されて磁気が逆転した粘土岩を見せてもらったことを話した。すぐにカルダンはよどみなく話し始めた。カルダンはコーンプロブストを、フランス地球物理学界にとって大切な、経験豊富で優れた指導者としてとらえていた。そして珍しいことに、ブリュンについてよく知っていた。ただ、前夜の講演ではブリュンを話題にしていなかった（「確かに、ブリュンについて話すべきだったかもしれませんね！」とカルダン）。数年前、コーンプロブストは、クレルモン・フェランの近くにある欧州火山パーク「ヴュルカニア」で開催した、ブリュンの発見から一〇〇周年を記念する一般向け講演会に、カルダンを招いていた。ヴュルカニアでの講演の準備をするために、カルダンはブリュンの論文を再読した。一九〇五年の時点でブリュンがどれほど豊かに想像できていたかと考えると、カルダンはいまだに驚嘆するという。それは言ってみれば、川を見るだけで――ここでカルダンはロワール川を指さした――見たことのない海を想像するようなものだ。

目に見えないものを見るというのは、昔から地球物理学者たちの特徴だった。地球はどのようにして生まれたのか？　その岩石はどのようにして作られたのか？　地球の中心には何があるのか？　その理由は？　そして地球の中心にある構造を、文学によってではなく、科学的なアプローチで垣間見ようという試みには、一風変わった独自のストーリーがあるといえる。その始まりは、一六〇〇年に、地球の最深部を初めて科学的に検討したと主張したウィリアム・ギルバートだ。ギルバートは、地球を模した球形磁石「テレラ」を使った実験から、地球は巨大な磁石であり、その「磁気の霊魂」が地中深くから表面全体に向けて力を発していると結論した。それは当時としては直感による推測であり、たまたま正しかった。ギルバートが間違っていたのは、地球の巨大な磁石が自転の原因になっていると考えていたことだ。実際には、地球内部の熱を放出する必要性が原因となって電流が生成され、この電流が磁場を生み出している。そしてこの磁場を、方角を知るのに使用可能な単純な二極構造にするのに、地球の自転が役立っているのだ。[1] 一七世紀の後半、エドモンド・ハレーはギルバートの説を発展させて、地球の中心は液体状であり、その内部の変化が、磁気の霊魂が絶えず変化する原因だと断定した。それは科学界の一致した見解として広まっていった。

　地球の中心で生まれた磁場は、磁極から磁極へと続く終わりのない磁力線のループに沿って地表から何万キロも上空まで広がり、「磁気圏」と呼ばれる領域を作っている。磁気圏は地球を囲んでおり、太陽磁場など、宇宙に存在する他の磁場と相互作用している。この巨大な磁場は地球の周りに、太陽風や宇宙線から守るための保護シールドを生み出している。磁気圏の太陽側は、我らが母なる星から放出される高エネルギー粒子の猛威によって押しつぶされた形になっている。磁場は、磁力線が地球の中心に入る磁極の部分に集まる。さらに太陽と反対側にたなびいて、まるで宇宙イカの触手のように変幻自在に形を変える。おそらく地球が一〇億歳くらいのときに生まれた、この奇妙な産物は、私たちの惑星を放射線による被害から守っている。磁気圏があるからこそ地球上に生命が存在するともいえるだろう。

とはいえ、その電磁気の力は、地球の中心部でどのようにして生み出されているのだろうか？宇宙に存在する、他のあらゆるものと同じように、それは激しい現象に端を発している。その重要な要素の一つが、不対電子のスピンだ。

およそ四六億年前、太陽系は、宇宙に存在するちりとガスの雲にすぎなかった。やがて何か――おそらくは近傍の恒星の爆発――が起こって、このちりとガスの雲は内側に向かって崩壊し始めた[2]。その結果、ガスと小さな岩石でできた平らな円盤ができた。そのガスやちりの一部が円盤の中央に集まっていき、最終的に核融合が始まるほどの密度になった。それが太陽の誕生だ。

しかし、幼年期の太陽は原始太陽系に存在する物質の大部分を消費したものの、その周囲にはまだ大量の物質がめぐっていた。小さな岩石同士が衝突して塊になり、「微惑星」と呼ばれる小さな惑星が無数にできた。この微惑星が、太陽系の惑星、つまり地球とそのきょうだい星の祖先なのだ。氷を主成分とするものもあれば、岩が多いものもあった。太陽の近くは高温すぎて、やがて水星、金星、地球、火星になる、四個の岩石原始惑星だけが生まれ、太陽に最も近いところを公転するようになった。その外側では、ガスを成分とする惑星が形成され、木星と土星になった。一番遠いところに生まれたのが、氷を主な成分とする天王星と海王星だ（さらに科学者は最近、カイパー・ベルトに謎めいた惑星候補「第九惑星《プラネット・ナイン》」が存在するという理論的な手がかりを見つけている。また理論上の存在であるオールトの雲にも、別の惑星候補がある）。

この段階になっても、衝突による惑星の成長は続いていた。惑星が大きくなるにつれて、その重力も強くなり、さらに多くの物質を引き寄せるようになった。この成長途上の惑星に物質が激しくぶつかると、衝突エネルギーによって熱が発生した。この熱が惑星の中心核に閉じ込められ、そこは惑星誕生時の凶暴なエネルギーが煮えたぎる溶鉱炉のようになった。

地球や他の岩石惑星は、大量の鉄と、少量のニッケルを材料として形作られた。しかし鉄とニッケルは、この未成熟な太陽系に存在する元素の中では最も重い部類に入るので、惑星の中心に沈み、それより軽い物質が惑星の表面に蓄積した。地球の中心部は非常に高温だったので、鉄やニッケルは液体状に保たれた。その温度は、ブリュンの心をとらえたキュリー温度を上回るほど高かったので、磁気を帯びることはなかった。物理学の不変のルールにより、溶解金属からなる中心核にとらえられた熱は、何らかの方法で外に逃れなければならなかったため、地球は内部から熱を放出するようになった。それはちょうど、鍋に水を入れて火にかけて、沸騰させると、表面全体に気泡が沸いてきて、熱を放出しようとするのと同じだ。中心核からうまく熱が捨てられると、中心核の最深部が固体になり、その周りに液体の外核が残った。

その外核の液体金属は激しく動き続けており、軸を中心にして回転しながら、内核から熱を取り除くはたらきをする。この同じ回転が原因で、地球内部の液体部分は、「コリオリ効果」にしたがってダンスをする。一九世紀のフランスの数学者であり、技術者でもあったコリオリにちなむ「コリオリの力」は、海洋や大気、そして外核の溶解金属といった、地球上に大量に存在する流体を支配する力だ。海の渦潮やハリケーンが、北半球では反時計回りに、南半球では時計回りになるのは、このコリオリの力のせいである。流体は、地球の表面を動くときに、コリオリの力によってカーブする。地球の外核では、コリオリ効果によって、独立した複数の液体金属の柱が南北方向に伸び、固体になっている内核のふちで回転している。これもまた、過剰な熱を取り除くための優れたメカニズムだ。さらに、中心核に存在する鉄とニッケルは、その原子構造のせいで、電気を非常によく伝える。鉄原子の最外殻では四個の不対電子が、ニッケル原子では二個の不対原子がスピンしているのだ。

結局のところ、原始地球に何があったかというと、何十億年も作動し続けられるダイナモ（発電機）を作り出すのに必要な二つの魔法の要素だ。具体的には、液体によって運ばれる熱エネルギーと、導電体である。このダイナモが生み出した電流が溶解金属に流れた。エルステッドがコペンハーゲンでの銅容器を使った実験で証明したとおり、電流は磁場を生み出す。ダイナモが数十億年前に生成し始めた磁場が、今でも私たちを保護してくれている。それは地球誕生の所産なのだ。

どの材料が欠けていても、地球には磁場ができなかっただろう。たとえば、中心核に鉄やニッケル、あるいは他の電気伝導性にすぐれた元素がなかった場合がそうだ。あるいは、中心核の温度が十分低くなっていて、熱エネルギーを輸送する必要がない場合などにも、磁場はできなかった（コーンプロブストがお気に入りの、ケイ酸塩を主成分とするマントルがたまたま毛布のように十分な熱を閉じ込めているおかげで、中心核が熱を放出するスピードが比較的遅くなり、ダイナモが動き続けている）。現在、固体の内核は、月のおよそ三分の二の大きさで、少しずつ成長している。その温度はいまでも高いが――摂氏五〇〇〇度程度――圧力がとてつもなく高いので、その「凝固点」（固体になる温度）も高い。内核より圧力が低い外核は、とろとろした液体状になっており――温度は約四二〇〇度――ダイナモを維持している。外核の温度がすっかり下がって固体になる数十億年後には、地球磁場は消滅するだろう。それは火星のような状態だ。有力な研究によれば、火星にはかつて内部磁場があったが、中心核が冷えてダイナモがはたらかなくなり、それによって磁場が消滅したという。火星にはまだ、地殻の岩石中に弱い磁場がある。しかし強い内部磁場がないため、太陽風が火星の大気をはぎ取ってしまっている。火星に生命がいない理由の一つはそれかもしれない。同じように、月にもかつてダイナモがあったため、現在も地殻には弱い磁場がある。月と火星のどちらも、岩石にはその内部磁場の歴史が年代順に刻まれているという話を聞くと、もどかしく感じる。ブリュンがかつて地球の磁場でしたように、月や火星の岩石を手に入れて、そこに残っている磁気を分析できればいいのだが。[3]

　他の惑星には今でも磁場がある。岩石惑星では最も小さい水星。ガスが主成分の巨星である木星と土星。氷が主成分の天王星と海王星。太陽にも磁場がある。太陽のダイナモは、その内部での核融合反応で発生する高熱によってはたらいている。その超高温により、電子が軌道からはじきとばされて、電気伝導性の高いプラズマの中を伝わり、磁場を発生させているのだ。太陽の磁場と地球の磁場は絶えず相互作用している。太陽の磁気活動が活発な時期になると、地球磁場は、いつもより多くの太陽風が大気上層に入り込むのを許すので、低緯度でも明るいオーロラが見えることがある。地球磁場が弱まると、磁気圏が圧縮されるので、この場合にもやはり、貪欲な太陽風が地球表面にさらに近いところまで入り込めるようになる。

　こうした天体はどれも自転している。自転は、磁極が二つある磁場、いわゆる「双極子磁場」を強めるはたらきがある。双極子磁場は、おおまかにいえば、惑星や太陽の中心に、自転軸と平行な棒磁石があると考えた場合の磁場だ。双極子磁場は初期状態にあたる。ときには双極子磁場の方向が変化せざるを得ない場合がある。しかし、双極子磁場は磁石のN極からS極へ向かわなければならないので、磁場の方向が変化するときには、磁極も必然的に入れ替わる。
太陽の場合、磁極の入れ替わりは一一年ごとに起こっており、そのたびに磁場が消滅し、再生している。[4] 太陽の磁場はきわめて変動の激しいシステムだ。太陽は前進し続けるために、磁場の逆転が引き起こす変化を受け入れている。科学者たちがこのことを知っているのは、太陽には岩石の地殻がないからだ。太陽は裸である。その内側を見て、磁場の向きや、常に移動している磁極の位置を追いかけることができるのだ。太陽の磁極の逆転は、黒点が増える時期に起こる。黒点とは太陽表面の小さな斑点で、周囲より温度が低いので暗く見える。黒点数の増減パターンの正確な記録は五〇〇年前から残っており、ガリレオが一六一二年に、黒点数を丸一カ月観測したときの記録も含まれている。[5]
地球の磁場もやはり自転によって、双極子磁場になるような偏りを与えられており、私たちが北磁極や南磁極を話題にするときには、暗にそうした磁場について言っていることになる。太陽と同じように、地球の磁極も、その歴史のなかで何度も位置が入れ替わってきた。しかし太陽の変化が一一年周期で起こるのとは異なり、地球の磁極の場合は、次の逆転までの時間が非常に長く、ここ最近では、およそ三〇万年ごとに起きている。最後に磁極が逆転したのが七八万年前であることから、物理学者のなかには、次の磁極逆転の機が熟しているのではないかと考える人もいる。地球の中心核では、地球の磁場の向きをすぐにでも変化させせようという計画がひそかに進んでいるのだろうか？
最近の人工衛星観測データは、科学者たちに新たな疑問の種をもたらした。中心核内部の磁場がもっと複雑であることがわかったのだ。確かに、地球には双極子磁場があって、この双極子磁場は優勢だ。しかし地球磁場には、双極子磁場よりも弱くて、もっと複雑な構造もあるのだ。二〇一三年に欧州宇宙機関（ESA）が打ち上げ、三基一組で地球を周回している地磁気観測衛星「SWARM」は、地球の中心核内部で起こっている壮絶な戦いを追跡している。非双極子磁場が、おそらくは外核内の渦にあおられて発生しており、支配的な地位にある双極子磁場を打倒しようと奮闘中なのだ。その力は双極子磁場に影響を与え、それを転覆させようとしている。まるで、地下世界で古代ギリシャのティーターン神たちの争いが起こっているかのようだ。すでに南大西洋では、おおよそアフリカと南アメリカのあいだの赤道以南の範囲で、双極子磁場が負けている。そこでは、磁場が想定される向きとは逆を向いているのだ。地球のその部分では、磁場による保護シールドが劇的に減少しており、上空を通過する通信衛星は、太陽風の放射線の直撃を受けるので、システムを停止している。その地域の上空の磁場は、太陽の危険な放射線を跳ね返すほど強くないのだ（地表での磁場は強いままだ）。磁場の減少は予想しなかった形で進んでいる。

フィリップ・カルダンや他の専門家たちが、ここナントで開かれた学会で取り上げた疑問は、磁場の減少がこのまま続き、範囲が広がっていくのか、それとも双極子磁場が出しゃばってくる磁場の攻撃をかわすのか、ということだ。地球の双極子磁場は、徐々にではあるが、すでに弱まってきている。双極子磁場が十分に弱くなり――それが今回起こるにしろ、それともまた別の機会にしろ――地球の中心核で控えの地位にあった非双極子磁場が、双極子磁場の支配に強力に挑むようになれば、これまで何百回もあったように、南北二つの磁極は勢力を失うだろう。双極子磁場の磁極は現在の地位から追いやられ、非双極子磁場に由来する別の磁極が力をつけるだろう。移行期には、地球には四個、または八個の磁極ができるかもしれない。磁極が動き回っている時期には、地球の保護シールドが通常の強さのわずか一〇分の一まで衰えるだろう。このプロセスには数千年かかる可能性がある。そうなれば、この地球上では、同じく数千年のあいだ、これまでよりも多量の放射線を浴びることになりかねない。

未来のどこかの時点で、双極子磁場の二つの磁極は、現在の場所から地球の反対側へと移動し終える。初期状態である双極子磁場が、地球の自転とコリオリの力によって強められて、再び成長し、元の状態に戻るはずだ。しかし磁場の方向は変わっている。現在地磁気の北極と考えている場所が南極になり、南極が北極になるのだ。

地磁気の逆転がいつ起こるのか、そして逆転が完了するのにどのくらい時間がかかるのかはわからない。逆転が進んでいる最中に、地球上の生命に何が起こるのかも、正確なところは不明だ。しかし私たちは、地球の中心核に存在する、この予測不能のシステムのはたらきや、そのシステムがもたらす効果の目的についての手がかりを集めている。

第18章　地球内部の衝撃

その地震が発生する二日前から、インド北東部のシロン高原ではモンスーンの雨が降り続いており、地盤中の水分が飽和状態になっていた。一八九七年六月一二日午後五時一五分、地震の揺れが始まると、水分を多く含んだ地面のあちこちが、人々の足下で液体状になっていった。地質学者が「大規模液状化」と呼ぶ現象だ。地滑りが起こり、橋が沈んだ。噴砂や噴泥と呼ばれる現象が起こった。ルイジアナ州ほどの地域に建っていた建物が一つ残らずがれきと化した。地殻を構成する地下のプレートが、数キロメートルにもわたって割れたのだ。死者は一五〇〇人を上回った。「アッサム地震」と呼ばれるこの地震は、マグニチュードが八・七と推定されており、近代史において最大の地震の一つと考えられている。[1]

ヨーロッパにあった十数台の単純な地震計でも、地殻の破壊によって生じた地球の震動が検知された。本震や余震の地震波が、地球の一方の側から中心部を通って、反対側へ伝わる様子が記録されていたのだ。当時の地震学は実験的な段階で、地質学者たちは、地震計の波形が語るストーリーをようやく読み解けるようになったばかりだった。ところがアイルランドの地質学者リチャード・ディクソン・オールダムはちょうどそのとき、インド地質調査所での勤務のためにインドにいた。当時の社会には、オールダムによる巨大地震の調査をさまたげる要因があちこちにあった。そのうえ、世間の目は別のことに向けられていた。地震による死者や破壊よりも、一一日後に迫っていたビクトリア女王の即位六〇周年記念式典のほうが大事だったのだ。そんな状況でも、オールダムは現地に行って、地震計の記録を確認し、詳細な報告書を書いた。それにとどまらず、その後もこうした地震波について考え続け、一九〇六年に、彼の名を後世に残すことになった論文を発表した。それは、地球の内部構造を観測データに基づいて説明した初めての論文だ。一九〇六年といえば、ブリュンが加熱された粘土岩の論文を発表した年であり、アインシュタインの特殊相対性理論発表の翌年にあたる。

オールダムの新発見は、アッサム地震の地震データから、地震波をP波とS波の二種類に分けられたことだった。さらに、この二種類の地震波の伝わる速度が異なっていたこともわかった。P波（Pは「最初の《プライマリー》」の頭文字）は、音速の三〇倍という高速で伝わる波だ。S波（Sは「二番目の《セカンダリー》」の頭文字）はそのP波よりも遅い。それだけでなく、オールダムは、アッサム地震の地震波には、地球の反対側にまっすぐ伝わってきた波もあれば、回り道をしてきた波もあったことに気づいた。そうした地震波データから読み取れることを説明するには、地球には周囲とは異なる物質でできた中心核があり、この中心核によって地震波の経路が変えられていると推測するほかになかった。

当時、地震学者や数学者、物理学者のあいだでは、地球の内部構造をめぐって六通りの競合する学説が議論されていた。[2] オールダムの発見は、そのうち五つの学説を無効にした。一八世紀には、かつてフランスのシェヌ・デ・ピュイの火山から噴出したマグマの成因をめぐって、火成論者と水成論者の二派に分かれての議論があったが、地球内部構造をめぐる学説を研究する科学者たちも同じように二派に分裂していた。一八世紀の火成論者たちは、地球の地殻は熱によって形成されたと考えた。一方、水成論者は、地殻は地球全体を覆ったノアの大洪水の結果と考えた。両陣営による激しい反論の応酬は、表向きは火と水のどちらが原因かという点が争点だったが、それは結局、地球の年齢をめぐる論争だった。[3] そして本当に重要だったのは、地球がいつ終わりを迎えるか、ということだった。

一八世紀には、地球が紀元前四〇〇四年に誕生したとするアッシャーの計算〔アイルランド国教会のアーマー大主教だったジェームズ・アッシャーによる計算。第7章を参照〕は、地球の起源はそれよりはるかに古いという証拠が増えていくにつれて信頼性を失いつつあった。しかしどちらの陣営にとっても、いまだに聖書が最も重要な地質学の教科書だった。地質学《ジオロジー》は神学《セオロジー》だったのである。そのため人々は、地球が死ぬ時期を、地球が誕生した時期と強く結びつけて考えていた。地球の岩石に残った記録をめぐる発見を解釈するうえでは、旧約聖書の創世記がただ一つの入門書だった。一九世紀後半には、火成論者と水成論者の関心が地球の内部構造に向かうようになって、地球内部は固体だとする固体論者と、液体だとする液体論者に分かれた。この一世紀にも及んだ激しい議論に加わった科学者のなかには、アンペールやデービー、そしてスコットランド系アイルランド人の物理学者ウィリアム・トムソン（ケルヴィン卿）がいた。絶対温度の単位は彼の名にちなんでいる。ファラデーの信奉者であったトムソンは、一九〇七年に亡くなっている。

液体論者の一部は、地球には原始地球時代の熱が満ちていて、その熱が内側の物質をすべて溶かしてしまい、一番外側の薄い地殻だけが残ったという説を考えていた。このモデルでは、火山や地震は、地下の煮え立つ大釜に直接つながる現象だった。[4] 液体論陣営の別グループは、地殻は厚いが、地球内部にはやはり、地球形成時の副産物である沸き立つ液体、つまり「太陽の溶鉱炉からの排出物」が閉じ込められているとしていた。[5] さらに別グループは、地球は物質の三態をすべて備えているという説をとなえていた。地球の最深部は気体であり、それを液体が囲んでいて、その外側に固体のかたい殻がある、という考えだ。

もう一方の固体論陣営は、地球が固ゆで卵だとしていた。地球は中心核から地殻まですべて固体だというのだ。この説の支持者で最も有名だったのがトムソンで、地球全体が鋼鉄よりも頑丈で、その内部は動かないはずだと断言していた。そうでなければ、「地球の形は、月や太陽が及ぼすゆがみの力に負けてしまうはず」[6] なのだ。つまり、地球内部に液体があったら、海と同じように、激しい潮汐力の影響を受けることになり、地球はそのせいで、来る日も来る日も、バランスを狂わされてしまうはずだ。トムソンは一八八四年にボルチモアでこの話題について講演し、そこで自説の正しさを示すために、生卵と固ゆで卵を回転させることさえした。テーブルの上で回転させると、生卵はかなりぐらついたが、固ゆで卵は地球のように自転した。[7] これは見せ物としては素晴らしかった。ただ、科学的には疑問の余地がある。トムソンの説を少し変えたものとして、地球はほぼ固体で、地殻の直下に薄い液体の層がある、という説もあった。

そして六番目の説で考えられていたのが、厚い地殻の下に液体があり、中心に固体の中心核があるという内部構造だ。アッサム地震の地震波についてのオールダムの解釈から考えられる地球内部構造に最も近かったのがこの説だ。他の説はすぐに消えていった。一つの科学的発見が副次的な影響をもたらすという点では、オールダムの発見は、一八九七年のJ・J・トムソンによる電子の発見に通じるところがある。最初の素粒子である電子の発見によって、原子論が広く取り入れられるようになり、以前は懐疑的だった人たちさえも、原子の存在を認めるようになったのだ。J・J・トムソンはこの発見で一九〇六年にノーベル賞を受賞している。さらにこの発見が、ボーアの原子モデルにつながったのである。

　オールダムの発見の重要性はいくら強調しても足りない。地球物理学の進化は、地球は輝かしい天界において愚鈍で変化しない存在だとするアリストテレスの学説から始まった。やがてギルバートが地球には磁気の霊魂があると主張し、さらにヘンリー・ゲリブランドが一六三四年にイギリスの庭園で、磁場が絶えず変化しているという驚きの発見をした。そしてブリュンが、地磁気の向きが少なくとも一回逆転していることを発見した。そしてオールダムが、地球内部の構造についての地図を作ったのだ。オールダムの発見は、磁場がなぜ千変万化するのかという疑問の核心に近づきつつあった。この新しい情報から、数百年間にわたって測定されてきた地磁気シグナルが、地球内部の構造や、さらにいえばその秘密の場所に閉じ込められた戦略を示すものだという可能性がでてきた。地震計のおかげで、科学者はついに地殻を突破して、地球の中心を初めてじっくりと見られるようになったのだ。重要なのは、地震波の速度と方向には、その波が通過してきた物質の化学組成や状態についての情報が含まれているという点である。

　オールダムが一九〇六年発表の論文を書いているころ、インゲ・レーマンは、生まれて初めて地震の揺れを感じていた。一〇代だった彼女がコペンハーゲンの自宅にいると、ランプが揺れ、床が動き始めたとレーマンは回想している[8]。レーマンは、震源地不明のこの地震が、生涯にわたって地震波に強い興味を抱くきっかけになったという話はしていない。それでも、オールダムの偉大な発見から三〇年後、レーマンが発表した発見は、地球の中心の組成、したがって地球の成因にかんするものとしては、それまでで最も重要な発見にかぞえられている。一九二九年の段階で、ケンブリッジ大学の物理学者ハロルド・ジェフリーズがすでに、S波が中心核を通過できないことから、中心核は完全に液体だと結論していた。それは、一七世紀後半にハレーが提唱した、中心核は液体だという説を初めて裏付ける証拠になった。それは重大な発見であると同時に、非常に象徴的だった。神話や旧約聖書に登場する地下世界が、いまやあらわになってしまったのだから。ジェフリーズは、その当時はコペンハーゲンで地震学者になっていたレーマンへの手紙で、アメリカにいる物理学者で、イエズス会の司祭でもあるジェームズ・マケルウェーンがこの発見にどう反応したのか書いている。「私は、よきイエズス会士ならば、地獄の発見という話に飛びつくものと思っていたが、彼の反応はまったくひどかった」[9]

しかしレーマンはその後、地球を通過してきた地震波をもっと詳しく調べて、やや異なる構造を考えた。地震波に矛盾点が見つかって、それはジェフリーズが考えた液体状の中心核の中に、周りの物質とはどこか違った別の中心核が入っていると考えなければ説明できなかったのだ。レーマンがこの説について説明した一九三六年の論文のタイトルが、彼女の地震計に記録されたP波にちなんで、「P′」だけだったのは有名な話だ(P′は、マントルから中心核へ、そして再びマントルへという経路を通るP波を表す)。

起こりそうもない出来事が起こるのは、地球の電磁場と内部構造の探求によくみられる特徴だといえる。レーマンの発見をめぐる物語もまた、そうした出来事が重なったケースだ。国際的に発展しつつあった地震学の世界で、唯一の女性だったレーマンは、一八八八年に、芸術家や政治家、科学者、外科医などがいる優秀な一族の子どもとして生まれた。父親のアルフレッドはコペンハーゲン大学の心理学教授で、デンマークで実験心理学の分野を立ち上げた人物だ。アルフレッドは仕事に没頭していて、家族と会うのは食事を共にするときと、ときおり日曜日に家族を散歩に連れて行くときだけだった。[10]両親はレーマンを、デンマークで最初に設立された男女共学校に送った。その学校を運営していたハンナ・アドラーは、ニールス・ボーアのおばだった。レーマンより三歳年上のボーアは、ときどきその学校で教えていた。大学で物理学の学位を取得した初めての女性の一人であるアドラーは、アメリカ中を旅行し、当時はまだ新しい考えだったマクスウェル方程式を説明できることを生かして、世界で最も優れた学会に出入りしていたことが知られている。[11]それはエルステッドが一八〇〇年代の初めに、ボルタ電堆を持ち歩くことで、ヨーロッパの有名な科学者に会う機会を得ていたのと同じやり方だった。

地球物理学分野にとって恵みとなったのは、アドラーが自らの信条として、女の子と男の子を一緒に教育しただけでなく、彼らを平等に扱ったことだ。アドラーの学校の生徒たちは、男子生徒も女子生徒も、学問的な内容と同時に、木工やサッカー、刺繍を学んだ。[12]一九九三年に一〇四歳で亡くなったレーマンは晩年、アドラーが男の子と女の子の知的能力に違いを認めていなかったと書いている。それはアドラーが雇った教師たちも同じだった。レーマンは数学が大好きで、担当の数学教師はレーマンにほうびとして、解くのが一段と難しい問題を与えていた。[13]そのことを知ってレーマンの両親は動揺した。余分な勉強をするにはレーマンは体が弱すぎると感じていたからだ。レーマンは後に、自分はただ退屈だったのだと書いている。

コペンハーゲン大学で学んだ後、一九一〇年にケンブリッジ大学のニューナム・カレッジに入学したレーマンは、アドラーのものとは異なる教育哲学と激しくぶつかってしまう。ケンブリッジ大学では、レーマンは女性として、行動に対する「厳しい制約」を経験したのだ。[14] 後にそのことを、「母国では男の子や若い男性と一緒に、自由に行動していた女の子には、まったくなじみのない制約」だったと書いている。そのうえ、ニューナム・カレッジは女子学生のために設立された学校だったが、ケンブリッジ大学自体は、女性が学位を取得することを一九四八年まで許可していなかった。ケンブリッジ大学は、女子学生の学位取得を認めるようになったのがイギリスの大学のなかで一番遅かった。

レーマンは一九一一年に体調を崩してしまう。勉強のし過ぎが原因だったと考えられている。コペンハーゲンに戻ったレーマンは、保険会社で保険契約を決めるために死亡率を計算する仕事をして、数学のスキルに磨きをかけた。そして三二歳で、コペンハーゲン大学から物理科学と数学の上級学位に相当するものをようやくもらうことができた。その後も二、三年、保険数理の仕事を続けていたが、やがてデンマーク測地局の局長だったニールス・エリク・ネールルントと偶然出会った（ネールルントの妹は、ニールス・ボーアと結婚していた。当時も今と同じで、デンマークの知識人社会は狭く、つながりも強かった。そして大物物理学者のボーアが中心にいて、一部の知識人たちはその周りを回っていた）。レーマンの数学の才能に気づいたネールルントは、一九二五年に、自分の助手になってデンマークとグリーンランドの地震観測網を立ち上げる仕事をしてくれないかとレーマンに頼んだ。レーマンはそれまで地震計を見たことがなかったので、そののたうつような波形を解釈する方法を独学で学んだ。そして最終的には、ヨーロッパの専門家のもとで学ぶために、三カ月の研修旅行に派遣された。レーマンは地震学に夢中になった。

レーマンは、一九二八年にデンマーク測地局地震部門の責任者になると、地震計のデータを分析して、公報としてまとめる役目を負った。二五年にわたる在職期間中、レーマンは地震部門を一人で運営した。秘書もいない時期がほとんどだった。その仕事で常に心配しなければいけなかったのは、グリーンランド東部のスコルズビスーン〔現在のイトコルトルミット〕に設置した地震観測点にきちんと人員を配置しておくことだった。この観測点は非常に辺鄙なところにあったので、その管理人は年に一度、船がやってきたときにしか本部と連絡を取れなかった。そのため管理人が次々とやめてしまうのだ。一方、科学的な研究のほうは、レーマンの職務には含まれていなかったし、奨励されてもいなかったが、許容されていた。[15]

レーマンにとって、こういった状況は障害にならなかった。レーマンは、きつい仕事をこなし、過激なまでの知性を発揮する、無限の能力の持ち主として知られていた。親戚の一人は、レーマンにこう言われたことをおぼえている。「私がたくさんの無能な男たちと競争しなければならず、結局は負けに終わったことを、知っておいてほしい」[16]。そして彼女は粘り強く、同時に尊大な面もあったかもしれない。ある同僚は、レーマンが騒音——これも別の種類の波だが——にひどく敏感で、あるとき、学会に参加するために一緒に行ったチューリッヒで、彼女の高級ホテルの部屋を、彼の安くて静かなホテルの部屋と交換してくれないかと頼み込まれたと語っている。[17]宿泊料が高いのに、ホテルのマネージャーはそれが静かな部屋だと保証してくれなかったのだという。レーマンは一〇二歳になるころには、ほとんど目が見えなくなっていたが、仕事は続けていて、その年もコペンハーゲン郊外のホルテにある夏用のコテージで過ごすつもりだった。電話をかけて来た人が、コテージにレーマンがいることに驚くと、レーマンはむっとした口調で「もちろん、私はサマーハウスにいますよ」と言ったという。[18]

レーマンは、異なる観測点で取得された地震動記録を、同じ人物が分析するよう強く求めていて、観測点のあいだで同じ地震波をたどる方法をいつも一人だけに教えていた。そして、後年の地震学者が「黒魔術」と呼んだ、地球を通ってくる地震波が伝えている物語を聞き取る技術を絶えず改良し続けた。[19]

一九二九年六月七日、ニュージーランド南島のマーチソンという小さな町の近くで、マグニチュード七・八の地震が発生した。レーマンの地震観測網が記録したP波は、地球内部を通ってきていたが、その経路は予想と異なっていた。レーマンはこれについて、大胆に飛躍した推測をしてみせた。ジェフリーズが発見していた液体の中心核の中に、何か別のものがあって、その部分では中心核の他の部分よりも地震波の通過速度が速かったとしたら？

当時はコンピューターのない時代だ。レーマンが提案したような説を確かめるための計算は、人の手によっておこなわれていた。レーマンには助手さえいなかった。レーマンのいとこの息子にあたるニールス・グロースは、彼女のテクニックを目撃したことがある。ある夏の日曜日、グロースはレーマンと一緒に、コペンハーゲンにある彼女の家の庭にいた。レーマンは、芝生のテーブルにオートミールの紙箱をおき、その中に整理されているカードに目を通していた。[20] そのカードには、地震の発生時刻、発生した地震波の形とその速度についての情報がまとめてあった。ニュージーランドの地震後に大量の計算をし終えると、レーマンは、液体の中心核の中にもう一つの核が入っているという結論を出した。それは、当時の著名な物理学者がそろって見落としていた、驚くべき発見だった。レーマンは、いつも通りの慎重さで、新しく見つかった地球の一部が固体だとは断言せず、ただ他の部分とは異なるというにとどめた。レーマンは優れた数学者だったので、内側の核の直径を、現在認められている測定値にかなり近い一二一五キロと割り出している。この核を「内核」と名付けると、すぐに地震学の第一人者であるジェフリーズに手紙を書き、自分が見つけたものと、彼が見落としていたものについて知らせた。ジェフリーズはレーマンの報告を無視した。それは四年も続いた。[21] ついに、ジェフリーズが自分のデータを見てくれるのを待てなくなったレーマンは、一九三六年にあの有名な「P′」というタイトルの論文を発表した。内核説はたちまち、世界中の名だたる地球物理学者の多くに受け入れられたが、ジェフリーズが認めたのは数年後だった。一九四七年には、内核は地震学の教科書に掲載されるようになった。

レーマンの発見は、その後の他の研究者による、内核は固体であり、中心核全体は主に鉄からなるという発見とともに、今日の地磁気理論の発展を支えている。[22] 地震学はいまも、地球の内部を観測して、その構造や形状、化学的性質をさらに詳しく調べる研究に不可欠だ。ナントでの会議では、地震学にまるごと一つのセッションがあてられており、そこでは地震学者たちが、大西洋と太平洋の下のマントル下部にかけて存在する、奇妙な二つの広大な領域にかんする知見などを詳しく分析した。地球内部のこの領域は、くっきりとした縁がある構造になっているらしく、マントルの他の部分と化学的な性質が違っている可能性があった。地震波データはこの領域が、中心核の始原的な物質の一つからできていることをうかがわせている。

一九五三年に退職したレーマンは、グリーンランドの観測点の管理人が逃げ出さないように気をつける必要がなくなって、さらに多くの研究成果をあげるようになった。[23] アメリカやカナダに出かけて共同研究をすることも多かった。一九六二年に、ジェフリーズはボーア宛ての手紙で、デンマークではレーマンの科学者としての才能が評価されているのかとたずねた。[24] そこでボーアは、ネールント――ボーアの義兄であり、レーマンのかつての上司――に手紙を書き、レーマンをデンマーク王立科学文学アカデミーの金メダルの受賞者として推薦した。レーマンはこのメダルを一九六五年に受賞している。それから二〇年以上たって、九九歳になったレーマンは、最後の科学論文を書いた。それはちょうど、イギリスとアメリカの物理学者たちが、地球内部について新たに得られた手がかりを読み解く方法を模索していたころだった。その手がかりとは、ジェフリーズが発見した液体の外核の上部と、マントル下部の境界線で何が起こっているのかを調べることのできる、人工衛星画像だ。ただし、その人工衛星画像が示していたのは、かつて発見されたような、驚くべき未知の構造ではなく、地球磁場の世界における権力の座に少しずつ生じているゆがみだった。液体の中に、突出部のある細長い渦が生じて、派閥争いが生じているのだ。そしてこうした動きが、磁場による保護シールドの強さを決め、磁極が移動に向けて準備するかどうかを左右しているのである。

磁極が再び逆転しようとしている可能性があるという考え方そのものは、ブリュンが一九〇六年の論文で発表した考えとは遠く隔たりがある。ブリュンが当時出した結論は、磁極はかつて、その年の磁極とは地球の反対にあたる位置にあったことがある、というものだ。ブリュンは、いつ逆転が起こったかを理解しようとするのは時期尚早だといって、それ以上踏み込もうとしなかった。しかし、逆転が一度きりではなかったらどうだろうか？　地磁気逆転が何らかの形で、地球の中心にあるダイナモにとって重要な要素らしいとしたら？　そしてその逆転が、現在の生命に影響しうるとしたら？　これは大変だ！

第19章　岩石に残る磁気の記憶

ナントのコンベンションセンターのホール内で、科学者たちは奮闘していた。地球内部のしくみにかんする新発見をめぐってではない。それを記述する簡潔な数式が相手でもない。問題は、だだっ広い部屋の正面にあるスクリーン上の文字が小さ過ぎることだった。会議参加者のなかには、双眼鏡をこっそり取り出した人もいた。ｉＰｈｏｎｅで撮影して、タッチスクリーンで写真を拡大し、書いてある情報を読もうとしている人もいた。これぞ科学者精神だ。データ取得のさまたげになるものがあったら、それを乗り越える方法を自分で考え出すのだ。一九〇六年に、ブリュンが磁極の逆転にかんする論文を発表した後、科学界を動かしたのはそうした本能だった。懐疑的な姿勢が優位を占めた。本当に地球の磁場が逆転していたのだろうか？　そうだとしたら、どうやってそれを確かめられるのだろうか？

理論面での疑問は、そうした磁極の劇的な変動がそもそも可能かどうかという点から始まっていた。可能だとしたら、それはどんなメカニズムなのか？　逆転の目的はなんだったのか？　逆転は何回も起こったのだろうか？　磁極の逆転は、地球の磁場全体の特徴として、くり返し起こる現象なのだろうか？

現実的な面でもやはり頭の痛い問題がいろいろとあった。ブリュンが発見した、加熱された粘土岩の意味するところが、ブリュンが考えたとおりではなかったら？　この時代に異端審問官がいたら、ブリュンの発見が意味するのは、磁極は安定的だが、ヨーロッパ大陸が一八〇度回転したということか、と問いただしたかもしれない。しかし二〇世紀初頭、地質学者の大半は大陸を動かないものと考えていたので、ブリュンの発見を別の方法で説明しようとした。科学者が、岩石が磁気を記憶するしくみについて誤解していたら？　ブリュンの調べた岩石が単に、落雷を受けて伏角の方向が変化していただけだったら？　岩石が、地磁気の影響を受けなくても、磁気の記憶を自発的に変化させられるとしたら？

　ブリュンの論文が発表された後の数十年間、地磁気の研究の中心になっていたのは、この最後の問題だった。岩石がその磁気成分の記録を自発的に変化させられるなら、地球磁場が逆転したという考え自体が疑わしくなるし、岩石磁気の他の側面についても問題が出てくる。この問題がまだ解決されないうちに、ブリュンの考えを裏付ける別の発見が、世界の別の地域から少しずつ届き始めた。科学者たちは、新たなデータの収集作業を慎重に進めていたのだ。そのなかで最も有力だった発見は、日本の地質学者である松山基範《まつやまもとのり》が、一九二九年に帝国学士院の紀要に発表した、わずか三ページの論文にあった。松山は京都帝国大学の教授であり、シカゴ大学で学んだこともあった。

　日本は世界的な火山のホットスポットだ。[1]　環太平洋火山帯沿いの、四枚のプレートの接合点に位置する。最近おこなわれた海洋堆積物の分析から、この地域では一〇〇〇万年にわたって火山活動が活発であり、特に過去二〇〇万年はきわめて活発な時期であったことが明らかになっている。言い換えれば、日本人は地球の地殻の下で起きていることに強い関心を持っており、この島国は、地球内部のあらゆる現象にかんする世界屈指の専門家を輩出してきた。もちろん、そのなかには溶岩の専門家もいた。

理論的にいうと、まずメローニが、次にブリュンが推論したとおり、溶岩は冷却されるときに、その地点での磁場の強さと方向を記録する。そうすることで事実上、伏角と偏角、そして磁場の強さを示す、精巧なコンパスの化石になるのだといえる。そこで松山は一九二六年、日本にある玄武岩で有名な洞窟［兵庫県豊岡市の玄武洞］で、古い玄武岩を探した。まず洞窟内にある状態の玄武岩の磁気成分を慎重に測定してから、後で調べるために岩石試料を採取した。その岩石の磁気は、一九二六年時点での地球磁場とは全く逆の方向を向いていた。松山はその後、日本や韓国、中国東北部（当時の満州）の火山が過去数百万年に溶岩として噴出した玄武岩について、系統的な調査に着手する。松山が発見したのは、そうした玄武岩に残る磁気のなかには、現在の北を向いているものもあれば、現在の南を向いているものもあることだった。北と南の中間を向いているものはほとんどなかった。[2]

南を向いていた岩石の地質年代はさまざまだった。中新世の岩石もあった。その場合は、最も古ければ二三〇〇万年前のものということになる。また第四紀の岩石もあって、これだと最も古くて二六〇万年前だ。松山の結論は信じられないようなものだった。地磁気が逆転していたことを改めて示す証拠が見つかっただけではなく、逆転が何度も起こっていたことが裏付けられたのだ。磁極が逆転している期間はいずれも、かなり長期にわたっていたようだった。さらに驚くのは、松山が、そうした逆転のいくつかについては、逆転の起こったおおよその時期まで求められたことだ。それはまるで、地質学者たちが突如として、地球の遠い過去まで時計を巻き戻し、それぞれの時代に磁極がどこにあったかを説明できるようになったかのようだった。エドモンド・ハレーが大西洋全体の偏角を等高線のように表した地図を初めて作成したときのように、地球を見る新たな方法が手に入ったのだ。

この分析において問題となったのは、岩石が自発的に残留磁気を変化させる可能性だった。一九三〇年代から一九四〇年代にかけて、これは扱いにくい問題だった。岩石の磁気というのは微妙なものだ。コンパスの磁針の一般的な材料である鉄ですら、磁気を失うことがあるくらいなのだ。そのため、過去数百年の船乗りたちは、その鉄の磁気を保つ「保磁子《キーパー》」として天然磁石を持ち運んでいた。ときどき、天然磁石を磁針に沿って静かに動かして、鉄を再磁化させていた。地球物理学者たちは、岩石磁気の自発的な逆転をめぐる混乱に対処するため、さらにデータが得られるようになるまで磁極逆転を無視することにした。アメリカの地球物理学者アラン・コックスらは後に、そうした状況になったのは、「この期に及んでも、その時点での地球磁場を適切に説明する学説が欠如していたという恥ずべき事態のせい」だとしている。[3]「ましてや地球の歴史上の古い時代に存在したかもしれない、あるいはしなかったかもしれない逆転磁場については言うまでもない」

解決に向けてのヒントになったのは、ブリュンがいたクレルモン・フェランの観測所で働いていたことのある、ルイ・ネールの研究だった。ネールは最終的にグルノーブル大学に移り、世界クラスの地球物理学プログラムを立ち上げた。グルノーブル大学は、ナントの会議で一般向けの講義をしたフィリップ・カルダンの勤務先だ（現名称はグルノーブル・アルプ大学）。とはいえ一九三一年にネールがクレルモン・フェランの職を辞するかどうか思案していたとき、ブリュンが磁気学に残した遺産は彼の心に焼き付いていた。同じように、岩石が磁気を記憶する厳密な方法や目的をめぐる謎も、いつも彼の頭にあった。ネールは、量子力学の例にならい、物質中の各分子が正確に同じように磁化されるのかどうかと考えるようになった。もし磁化のしかたに違いがあったらどうなるだろうか？　一九七〇年のノーベル賞受賞につながった一連の発見の一環として、ネールはそうした違いが存在することを明らかにした。第二次世界大戦後の何年かで、ネールは強磁性という概念を発展させ、やがて一九四九年にはフェリ磁性という、強磁性と関連はあるがわずかに異なる現象を発見した。ネールはこの発見によって、磁気学から魔法を取り去ったといわれている。物質が磁気を帯びている理由をついに説明できたからだ[4]。

その理由は例の不対電子にある。

電子がスピンすると、小さな回転電流が発生する。するとこの電流は、二つの極がある磁場を生成する。宇宙を構成しているほとんどの物質は、スピンする不対電子の磁場が互いに打ち消し合っているので、磁気を帯びていない。ナノスケールのゼロサムゲームだ。時間がたっても磁気を保っている物質が非常に少ないのはそのためだ。ただし、電子が対になっていない場合に、スピンの向きがそろうことで磁気がキャンセルされずに、強め合うこともある。これは予想とは逆の状況であり、そうなるとその物質では奇妙なことが起こる。電子のスピンが互いに相殺するのではなく、同じ向きになると、その物質は最終的には、一時的に、または場合によっては永久に磁化することになる――キュリー温度以上まで加熱されない限りは。永久に続く種類の磁気は、「残っている（remaining）」という意味のラテン語から、残留磁気（remanent magnetism）と呼ばれる。これはかなり複雑な話になる。『地磁気・古地磁気学百科事典』にさえ、残留磁気は種類が多すぎて、概観するのは難しいと書いてある。私たちがここで話題にしている種類は、岩石が冷える際に自然の条件下で獲得する磁気だ。これは自然残留磁気と呼ばれている。ブリュンの時代以降の科学者たちは、自然残留磁気がはっきりわかるようにするために、岩石から外部的な要因による微小な磁気を取り除く方法をあみ出してきた。フランスの地球物理学者カルロ・ラジは、ポン・ファランを訪れて、そこで採取した岩石試料から地磁気以外の影響を取り除いたうえで、ブリュンの実験を繰り返した。二〇〇二年に発表されたラジの論文では、ブリュンの発見が完全に正しかったことが証明されている。[5]

ネールが発見したのは、磁場が強まるような電子の並び方には、決定的に異なるいくつかのケースがあるということだ。そうした並び方の違いが、物質がどれだけ磁場を記憶できるかを決めるのである。一部の物質では、電子が存在する軌道が原子間で重なっている。そして、そうしたケースでは、軌道の重なりがあると、隣りあった原子の電子が同じ向きにスピンさせられる場合がある。それが物質全体の磁気の力を大きくする。こうした現象が起こる場合、この物質は「強磁性」を示すという。「強磁性」（ferromagnetic）という語は、ラテン語で鉄を意味する「ferrum」からきている。コンパスの針の鉄は強磁性体だ。

ただし、問題点がある。原子や分子の集団内で強められた磁場は、物質内の「磁区」と呼ばれる狭い領域に制限される。そして磁場は、その磁区内では強いものの、隣の磁区に存在する逆向きの磁場によって相殺される可能性がある。そうなると物質全体は、必ずしも磁化されないということになる。あなたの車のキーがふつうは磁化されていないのはそのためだ。しかし強磁性の物質は、強力な磁石の存在下に置くと磁化されることがある。磁石の力によって、不対電子は、たとえどの磁区にあろうとも、同じ方向にスピンするようになるのだ。保磁子はこの方法で、コンパスの針の磁気を保っていた。天然磁石で針をなでると磁区の方向がそろうのだ。強磁性体は、この強力な磁気をしばらく保てるが、永久には保てない。

この天然磁石のように、より長期間保たれる磁気もある。原子の並び方によって、電子の逆向きのスピンが完全には相殺されない場合があるためだ。その場合の原子の並び方は、言ってみれば、メンバー数がばらばらな原子のチームがあり、サイズの異なるチームが隣りあうように並んでいるようなものだ。あるチームで電子が時計回りにスピンしていたら、別のチームでは反時計回りにスピンしている。物質全体としては、メンバー数の多いチームのスピンの方向が優勢になり、その物質の磁気はそのスピンによって生じる磁場の方向に固定される。これを「フェリ磁性」と呼ぶ。このスピン配置は、強磁性体よりもはるかに安定している。スピンの向きが変わったり、消えたりすることがあまりないのだ。地球上でフェリ磁性を持つものの代表が磁鉄鉱だ。それは、ホメロスが詩に書き、ギルバートが実験で使い、人類による磁場の研究のきっかけを作った、あの磁鉄鉱である。磁鉄鉱は、鉄原子三個――それぞれに不対電子が四個ある――が酸素原子四個と結びついた、酸化鉄の一種である。磁鉄鉱は、キュリー温度以上に加熱されない限り、その磁気を何百万年も維持できる。希土類元素の一部もフェリ磁性だ。

この強磁性《フェロ》とフェリ磁性――フェロとフェリが似ていて目まいがするので、私はそれぞれ「ファラオ」と「フェアリー」と呼んでいる――の違いを解明したネールが、きめの細かい火山岩を調べたところ、たいていの場合、フェリ磁性のある適切な大きさの酸化鉄粒子を含んでおり、その量は、加熱されない限り、磁気の記憶を何百万年も維持するのに十分な量であることがわかった。鉄を豊富に含む粘土岩など、一部の堆積岩でも同じである。

第二次世界大戦直後という同じ時期に、ワシントンDCにあるワシントン・カーネギー研究所で地質学を熱心に研究していた、若き大学院生ジョン・グラハムは、アメリカ中で岩石の磁気を調べる探査旅行を始めた。当時の写真を見ると、スペアタイヤをボンネットにくくりつけたトラックを移動岩石実験室に仕立てていたのがわかる。[6] グラハムが困惑したのは、ヨーロッパやアジアでの研究結果を踏まえると、同じ地層にあっても、残留磁気の向きが異なっているように思える岩石があったことだ。岩石が自分で逆転する、つまり地磁気と逆方向に磁化することがありうるだろうか？

グラハムはネールの意見をあおいだ。[7] ネールは理論家の立場から、そうした自発的な逆転はありうることだと予測し、それが起こりうる珍しいシナリオをいくつか考え出した。ネールの説を支持する形で、日本の科学者らは榛名山の溶岩について、特定の化学成分を含み、特定の速度で冷却された場合に限り、逆向きに磁化する傾向があることを明らかにした。一方で、ケンブリッジ大学の大学院生ジャン・ホスパースが、火山活動が活発なアイスランドで溶岩流の地層を調べたところ、長い時間のあいだに、一回や二回ではなく、三回の逆転が起こっていたという明確な証拠を見つけた。ホスパースは一九五一年に、「地球の磁場は繰り返し逆転しており、岩石磁気は地質学的な相関性を知るのに使うことができる」と結論している。[8]

議論は行ったり来たりした。地球の岩石磁気記録は信頼できるという意見もあれば、あてにならないという説もあった。そして岩石磁気記録は、地球物理学者たちが唯一知っていた、磁極が逆転したかどうかを判断するためのツールだった。地球物理学者たちは困惑した。地球磁場が何度も逆転していたことを示す証拠が世界中から集まってくるようになっても、岩石磁気の向きがどうやって定まるのかについての学説同士の戦いは何年も続いた。一九六三年にミュンヘンで開かれた学会で、二八人のトップクラスの古地磁気研究者を対象に調査したとき、地球磁場が逆転していたという説を支持した研究者は半分しかいなかった。[9] 一方でその全員が、岩石が独自に磁気の向きを変える場合があると信じていた。

その一年後、研究の中心がヨーロッパを離れ、アメリカ大陸へと移っていく流れのなかで、地磁気の逆転が地球の内部構造の一部であることを示す、これまでにない証拠が明らかになった。一九六四年、カリフォルニア州メンロパークにある、アメリカ地質調査所の拠点の一つで研究していたアラン・コックス、リチャード・ドール、ブレント・ダーリンプルが、サイエンス誌に「地球磁場の逆転」という重要な論文を発表したのだ。[10] コックスらが探してきたのは、岩石からは地球の中心核で起こってきた出来事についての物語がわかるということの究極の証拠だった。それは、地球の地殻のさまざまな場所から採取した、同じ地質時代の磁気記憶を示す岩石が必要だということだ。そしてそれには、岩石の年齢を非常に高い精度で知る必要があった。コックスらが用いたのは、放射性同位体のカリウム40がアルゴン40に放射性崩壊することを利用した新しい手法だった。現在この手法は、その元素記号にちなんで、K‐Ar年代測定法と呼ばれている（Kはカリウム、Arはアルゴン）。岩石試料中に含まれるアルゴン40と、最初から存在していた放射性同位体であるカリウム40の量を比較することで、その岩石が結晶化した時点からどれだけ時間がたっているかがわかるのである。

世界中の科学者の協力を得て、コックスらは、ハワイを含む北アメリカ、ヨーロッパ、アフリカから火山岩の試料を六四個集め、K－Ar年代測定法を使って年代を決定した。同時にその岩石の磁気も調べた。アメリカ地質調査所から提供された小さなタール紙張りの小屋で、コックスらはそうした分析結果が意味するところを解き明かすことができた[11]。彼らの研究結果から生まれたのは、四〇〇万年前まで遡る、世界規模での初の「地磁気カレンダー」にほかならない。このカレンダーは地球の歴史上に、磁極が現在と同じ位置に存在した期間と、地球の反対側に存在した期間があったことを示していた。地磁気逆転の特徴として現在知られている、変わった性質のいくつかは、こうした初期の結果ですでにみえていた。たとえば、地磁気の逆転期は地質学的に見て長期にわたり、岩石記録として残るほど長かったことや、その長さにはばらつきがあること、そして地磁気が逆転の途中で失敗したケースもあったことなどだ。

もっと興味深い点は、コックスの研究チームが、磁極が最後に逆転したのは七八万年前と特定したことだ。これは現生人類が地球上に登場するよりも前である。そして研究チームは、その時点から現在までの期間を、ブリュンに敬意を表して「ブリュン正磁極期」と名付けることにした。七八万年より前の磁極期は「松山逆磁極期」と呼ばれている。他の磁極期には、ガウスとギルバートにちなんだ名称がついている。ポン・ファランの加熱された粘土岩についての論文が発表されてから六〇年近くたって、地磁気の世界へのブリュンの貢献が公式に認められたのである。

コックスとドール、ダーリンプルはその論文で、岩石が地磁気と逆向きに磁化する現象について詳しく述べてはいるものの、そうした現象はめったに起こらないと結論している。実際のところ、その現象は非常にめずらしいので、世界中から集まった、磁極の逆転を裏付ける強力な証拠を否定するものではなかったのだ。

磁極は実際に、ときどき入れ替わっているのである。

ついに、荒れ狂う地球の過去についての新たな要素が明確になり始めた。いまや、地磁気の研究者が目指すのは、さらに過去へと遡り、できることなら地球が一〇億歳か、もしかしたらもっと若いころの、地球そのものの磁場が生まれた時点まで戻って、そこからの磁極逆転の経過をつなぎ合わせることだった。磁極の逆転はどのくらいの頻度で起こっていたのだろうか？　そして磁極は、再び逆転しようと企んでいるのだろうか？

第20章　海底の縞模様

二〇世紀の最初の数十年にあった岩石磁気をめぐる意見の対立など、ある学説が、その時代の地質学において最もひどい苦しみを受けたことに比べればたいしたことはない。その学説は「大陸は移動するのではないか」と問いかけたのだ。

この学説の起源は、一九世紀初頭に南米を旅してまわったアレクサンダー・フォン・フンボルトにある。フンボルトは、南米大陸とアフリカ大陸をくっつけたら、南米大陸の東側が、アフリカ大陸西側の飛び出た部分の下にすっきりと収まると書き記したのだ。一九一二年になると、ドイツの地球物理学者で気象学者のアルフレート・ウェゲナーがこの説をさらに進めるような内容の一般講演を二度おこなった。[1] ウェゲナーが提唱したのは、すべての大陸はかつて、巨大なジグソーパズルのように一つにつながっていて、超大陸を形成しており、これが後にばらばらになったという説だった。地球の地殻は固定されてはおらず、広がっていく性質があるというのだ。ウェゲナーはこの超大陸を「パンゲア」と命名した。これはギリシャ語の「pan」と「Gaia」からきており、「すべての陸地」という意味になる。ウェゲナーは証拠として、大陸の形だけでなく、現在の大陸のあいだでみられる、地質学的特徴や生物種の共通性を指摘した。パンゲアが存在した時代に各大陸がどの位置にあったかを示す地図まで描いたが、この地図は後に正確さを欠いていると批判された。

第一次世界大戦で受けた怪我の療養中だったウェゲナーは、自説を改良して、一九一五年に本として出版した。それは科学界のスキャンダルとなった。

ウェゲナーは、「大陸移動説」と呼ばれる、非正統的で評判の悪い学説への改宗を勧めるという科学界のタブーを犯したとして批判された。真実を追い求めることこそが科学の世界のしきたりであり、改宗者を募ってはならない、というのが批判した人々の意見だった。学界で疎んじられるようになったウェゲナーは、母国ドイツでは大学に職を見つけられず、最終的にはオーストリアで仕事を得た。大陸移動説の本を刊行してから一五年後、その醜聞が消えるよりもかなり前に、ウェゲナーは亡くなった。グリーンランドの気象観測所に犬ぞりで補給品を運ぼうとして、嵐につかまったのだ。五〇歳だった。

大陸移動説がそんなに反感を招いたのはなぜだったのだろうか？　イギリスの著名な物理学者の一人であるケンブリッジ大学のエドワード・ブラードは、初めはウェゲナーの説を否定していたが、後に擁護する立場にまわった人物だ。そのブラードが一九七〇年代に書いた回顧録的なエッセイには、当時の反発についてこう記されている。[2]「専門家集団には常に、非正統的な考え方に反対するという強い傾向があるものだ。そうした集団は、正統的なものにすっかり身をささげている。大量のデータを古い観点から解釈するよう教わってきたし、古い背景知識に基づいて講義の準備をしたり、本を書いたりもしてきた。もう若くないというときに、そのテーマ全体をもう一度考えてみるのは容易なことではないし、青春時代をある程度無駄に過ごしたことを認めなくてはならなくなる」一九五〇年代まで、ウェゲナーの大陸移動説を信じることは、ブラードによれば「普通ではなく、非難されて当然のこと」だったという。

しかしやがて、大陸移動説を裏付けるいくつもの手がかりが、ぽつりぽつりとではあるが出てきた。一九五〇年代初めにケンブリッジ大学の大学院生エドワード・「テッド」・アーヴィングは、岩石磁気をテーマにした研究での地球物理学の博士号取得を目指し始めた。仲間の学生には、アイスランドの溶岩で磁極逆転について調べていたジャン・ホスパースがいた。アーヴィングは、スコットランド北西部に広範囲にわたって露出している砂岩を調べ始めた。このトリドニアン系砂岩は、赤や紫、茶の色をしていて、水平方向には海岸山地沿いに約一一二キロ延びており、地層の厚さはところによって五〇〇〇メートルにもなった。この手つかずの地層は、古いところでは七億年にもなり、岩石の粒子が細かく、磁鉄鉱と赤鉄鉱が散在していて、強い磁気を帯びていた。アーヴィングはここから四〇〇個の岩石試料を採取した。

ところが、その岩石試料を分析してみると、残留磁気は北西と南東を指しており、現在の地理的極の方向とは大きくずれていることがわかった。アーヴィングは、岩石が自らの磁気を自発的に逆転させていたのではとちらっと考えたが、やがてケンブリッジ大学の研究生だったケネス・クリアーと一緒に、別の考えを探り始めた。やがて、岩石が古いほど、その磁場の向きは現在の磁極から遠く離れることがわかった。磁極が地球の表面を動き回るということがあり得るだろうか？　二人はその「古磁極」を地図上に記入して、北磁極があった可能性のある位置を七億年前まで遡って示す地図を作った。一九五四年に、アーヴィングとクリアーはこの「極が動き回る経路」について、英国科学振興協会の会合で発表した。この考えは人気を博した。その年、タイム誌は、七億年のあいだに約二万三〇〇〇キロ、つまり一年に約三センチ移動する「北極の旅」について、図を添えた、かなり浮かれた調子の記事を掲載している。[3]

これは、ブリュンの論文が発表された一九〇六年以降、科学者がずっと考えていたような、地磁気が逆転している時期に南北の磁極が反対になるという話ではない。磁極が地球の自転軸から離れたところを、意志があるように絶えずぶらぶらと動き回るという話だ。それは地磁気の永年変化とも違った。永年変化は、長期的な地磁気観測データにみられる変わった性質で、磁極は動き回るが、いつも地理的極の近くにある。磁極が地理的極から離れた場所を動き回るという見方が本当なら、地球内部のしくみにまた別のレベルの謎が増えたことになる。それを説明できる説は何ひとつなかった。

実際には、そんな説は必要なかった。アーヴィングとクリアーは、磁極がそんなふうに大がかりに放浪しているとは思いもしなかった。磁極が動き回る経路を地図に示しているときでさえ、磁極は（多少のずれはあっても）ずっと同じ場所にある、そして岩石そのものが動いていて、それが埋め込まれたスコットランドも移動しているという可能性のほうが高いと考えていたのだ。二人はこの現象に「見かけの極移動」という新しい名前をつけた。[4] アーヴィングは、自分が追跡しているものが、古磁極の位置の変化ではなく、過去の緯度の変化、つまり大陸の位置の変化であることを意識していた。彼はウェゲナーの本を読んだことがあったのだ。この「見かけの極移動」にかんする情報を用いることで、アーヴィングは時間を遡って、大陸が徐々に、相対的な位置を変えていく様子を再現できた。それは失われた世界が息を吹き返すところを見ているかのようだった。

自説を検証するため、アーヴィングは、インドの七カ所の古い溶岩流から採取した玄武岩の塊を手に入れた。そして、その磁気測定結果に含まれていた情報に基づいて、インド大陸は、恐竜が絶滅した六五〇〇万年前に近い時期から、緯度にして五三度北上し、反時計回りに二八度回転していたことを明らかにした。アーヴィングがあらゆる情報をつなぎ合わせたときに、結果から出てきたのは、大陸が過去に移動したことがあるというだけでなく、実は長い時間をかけて相当な距離を移動していたという衝撃的な結論だった。

アーヴィングの説は非常に物議を醸すものだったので、彼は研究結果を博士論文にまとめたものの、ケンブリッジ大学の学位審査員たちは彼に博士号を授与しなかった。一九五四年、アーヴィングはキャンベラのオーストラリア国立大学に移り、新しい指導教官と慰めのビールを飲み、気分を変えて研究に邁進した結果、自説を裏付ける証拠をさらに多く見つけることになった。アーヴィングは最終的にカナダに移ったが、それはカナダ人の妻がいたことと、この国にある魅力的な先カンブリア時代の盾状地のためだった。カナダの盾状地では、地球最古の岩石が地表に露出しているのだ。

同じ第二次世界大戦後の数年間には、別の手がかりも現れてきた。地球物理学者らは以前から、海洋底のより徹底的な調査を始めていた。それは海洋地質学というまったく新しい分野で、観測船を使い、エコーサウンダー（音響測深機）やドレッジャー（浚渫機）、地震計を海中で引っ張ったり、海底をドリルで採掘したりするものだった。この分野は、海洋底の地形にかんする戦術的な情報を求めた政府による軍事目的の調査として始まった。当時は著名な地質学者のなかにも、海には沈んだ大陸のネットワークがあり、それは自由に浮かび上がることができると主張している人がいた。多くの人が、大陸はかつて海の底だったと考えていた。そして海洋底はおもしろみのない、不毛な場所だという見方が大勢を占めていた。新しい調査結果は、それとはまったく異なる海洋底の姿を描き出した。海の底は、大陸と同じ材料ではできていないことがわかった。海洋底は玄武岩質なのだ。海洋地殻は大陸地殻よりも薄く、岩石年代がはるかに若くて、二億年より古いものは存在しなかった。丘のような部分は海底火山だということがわかった。[5]

一九五六年からは、深海底の地形の一部が初めて視覚化できるようになった。ニューヨークのコロンビア大学ラモント地質学研究所（現在のラモント・ドハティ地球研究所）の研究チームはそれまでに、著名な地球物理学者モーリス・「ドク」・ユーイングの指揮の下で、何年もかけて大西洋全域を航海し、非常に多くの深海底測深データを収集していた（ユーイングはインゲ・レーマンと親しく、共同研究をおこなったこともあった）。チームとともに研究していた数学者の一人マリー・サープは、手先の器用な同僚が、カラスの羽根で作ったペンと墨を使って、青いリネン紙にその測深データを書き込んでいたと回想している。この資料は後に海洋地質学分野でバイブルとなる。サープ自身は、そのデータを地形図にして、海洋底の様子を低空飛行の飛行機から見ているかのように表す仕事を担当した。初期に作られたつぎはぎの地形図は、曲線を描く山脈（海嶺）を縦断するように、両側を山にはさまれた一本の深い谷がのびる様子をはっきりと示していた。サープがその地形図を上司のブルース・ヒーゼンに見せると、ヒーゼンはうめき、それは「大陸移動にあまりにも似ている」と言って、「女のおしゃべり」だと片付けてしまった。[6]それでもサープは諦めずに、一九五六年までに、大西洋中央海嶺の説得力のある地形図を作った。ヒーゼンとユーイングがその地形図を、その年トロントで開催されたアメリカ地球物理学連合の学会で発表すると、科学者たちは、驚きと懐疑、そして軽蔑を示した。[7]海洋底に縫い目のような中央海嶺があって、そこで新しい海洋底が作られており、地球表面上の大陸を動かしている？　愚かなことを言う女性だ……。

一九六〇年代になると、大西洋の両岸の地球物理学者たちには、観測船の後ろに磁力計を曳航することで、海洋底の岩石の磁気を測定できる可能性がでてきた。やがて東太平洋海盆の一部など、深海底から結果が届き始めた。面白いことに、磁気の観測結果は海洋底全体で、異なる向きの磁場が交互に並ぶ縞模様になっていた。その縞は東太平洋海嶺と平行になっており、海嶺をはさんで対称だった。この結果は論文として発表されたが、説明はなかった。この縞模様の意味を誰も理解できなかったのだ。

ここで登場したのが、カナダ地質調査所の岩石磁気の専門家である、カナダ人のローレンス・モーリーだ。モーリーは後に書いたエッセイで、海洋の縞模様の発見で頭がいっぱいになり、この問題の解明を試みていた期間、他の仕事をすべてほったらかしにしていたことを認めている。[8]モーリーは、陸地での広範囲にわたる磁気計測には慣れていた。石油や鉱物を探査するための航空機による磁気観測をしてきたからだ。地上では、磁気観測データの極性はごちゃごちゃだった。海洋底のようなきちんとしたパターンにはならないのだ。それでもモーリーには、地上の磁気と同じように、海洋底の縞模様も残留磁化と関係があるはずだという確信があった。やがて彼は、海洋底拡大による海底の進化について書かれた、一九六一年の論文を発見した。[9]

すぐにモーリーは、それまで結びつきのなかった、ウェゲナーの大陸移動と、海洋底拡大、そして磁極の逆転という三つの概念を組み合わせて、一つの理論にしてしまった。彼の見方によれば、海洋底の縞模様は、地球内部から地殻の縫い目部分に、高温のマグマが継続的に上昇し、新しい海洋底を作ったことによるものだった。縞状に分布する岩石が水中でキュリー温度以下に冷えたとき、岩石中のフェリ磁性物質がその時点での磁場の向きを記憶した。海洋底は地殻の縫い目、つまり海嶺から左右対称に大陸方向へ広がっていき、地磁気の正確な記録を残す。数百万年にわたり、新しい海洋底が生まれるたびに、それは地磁気逆転の記録となった。海洋底の岩石磁気が逆向きの部分を黒で塗れば、黒、白、黒、白というように、中心線から広がっていくシマウマ模様のイメージになる。

モーリーは、この仮説を説明した論文を素早く書き上げて、彼の言葉によれば、それを論文雑誌に発表するために「死にものぐるいで」努力した。[10] ネイチャー誌は一九六三年二月に、掲載スペースがないとして、この論文の掲載を拒否した。その後、この論文は数カ月間、ジャーナル・オブ・ジオフィジカル・リサーチ誌の匿名査読者の机の上で不遇に堪えたあと、八月末にまたも拒否された。この査読者が、掲載拒否通知に添えたメモに、この説は興味深いと書いたうえで、さらにつけ加えた言葉は、そのあまりの意地悪さのせいで科学の世界で語り継がれている。この説は「真面目な科学雑誌で発表するよりも、カクテルパーティーで議論されるほうがふさわしい」というのだ。[11] 一九六三年九月七日、ネイチャー誌はケンブリッジ大学の地球物理学者フレデリック・ヴァインとドラモンド・マシューズの論文を掲載した。二人はモーリーとは独立に、インド洋、大西洋、太平洋の海嶺の磁気観測データと、例の海洋底拡大の論文に基づいて、同じ結論を出していたのだ。ケンブリッジのチームは寛大だった。今日、この説は「ヴァイン・マシューズ・モーリー仮説」と呼ばれている。モーリーがその後どうしたかと言えば、彼は岩石磁気の研究をやめて、人工衛星を使ったリモートセンシング分野の草分けになった。

一九六六年末には、大陸移動説について、大陸間で意見の隔たりが生まれていた。アメリカ大陸の地球物理学者は大半がそれを否定した。一方でヨーロッパ大陸では、受け入れるという意見が大勢を占めた。ブラードはその年に、地球の地殻の歴史についての重要なシンポジウムに出席するため、ニューヨークに行ったときのことを振り返っている。シンポジウムの一日目、自らのチームが中央海嶺系の初めての地図を作っていたユーイングが、ブラードにこう言った。「こんなくだらないことを信じちゃいないよな、テディ?」[12]

そうしているうちに、コックス、ドール、ダーリンプルという、かつて地球の地磁気逆転の年代決定に懸命に取り組んだ三人が、海底に延びる海嶺の上に磁力計を走らせることで作成されるようになったシマウマ模様の図を目にした。そのころには数学モデルを使えば、一つの縞ができるのにかかった時間を計算できるようになっていた。つまり、縞模様は磁気の方向の記録になるだけでなく、年代の記録でもあるということだ。コックスの研究チームが、海嶺の記録と、自分たちが一九六四年の論文でまとめた年代測定の結果を比較してみると、二つは一致した。コックスはそのときのことをこう言っている。「ぞくぞくした。研究生活のなかで一番興奮した瞬間だった」[13]

ウェゲナーの説と、ヴァイン・マシューズ・モーリー仮説、サープの海底地形図、アーヴィングの緯度の変化の調査結果、そしてコックスの岩石磁気の年代決定を組み合わせて、すべてをまとめることで、一九六八年に生まれたのが「プレートテクトニクス理論」だ。これは、地球の地殻は二〇枚ほどのプレートに分かれて、マントルの上をゆっくりと移動しているという説だ。プレートの大きさはさまざまで、大きいプレートもあれば、小さいプレートもある。海洋底は、海嶺、またはリフト〔地殻の割れ目〕の部分で広がっていく一方で、海溝で他のプレートの下に飲み込まれる（「沈み込み」）。これは究極のリサイクルシステムだ。古い海洋底がプレート境界で破壊される一方で、別のプレート境界では、新しい海洋底が生まれるのだ。プレートの移動によって、大陸の衝突が起こる場合もある。それが起こったのが、およそ五〇〇〇万年前にインド大陸とアジア大陸がぶつかったときだ。このときは、一方のプレートが別のプレートの下に沈むのではなく、両方のプレートが盛り上がって、ヒマラヤ山脈ができた。さらに他の場所では、プレート同士がこすれ合いながら、互いに逆方向に移動しているケースがあり、地震が多発する断層帯を形成している。現在、そうした断層帯で陸地にあるものは少ないが、その一つがカリフォルニア州を切り裂き、海岸線とほぼ平行に走っているサンアンドレアス断層だ。

一九七〇年代中ごろになると、プレートテクトニクスは地質学の基礎となった。ウェゲナーの評価も回復した。一九八〇年には、ドイツにウェゲナーの名を冠した研究所が設立された。この研究所は、海洋と極域を主な研究テーマとしている。ウェゲナーが再現した、失われた超大陸パンゲアの存在でさえ、ブラードによる多少の修正と数学面の補強をへて、広く受け入れられるようになった。最近では、地震観測データの計算を用いて、マントルに沈み込んで消滅したプレートを、二億五〇〇〇万年前まで遡って再現できるようになっている。まるで地球の幽霊の記録だ。とはいえ、プレートテクトニクスや、それを裏付ける証拠が広く受け入れられるようになっても、その説を否定し続けた科学者はいた。最も声高に反対を唱えたのが、ケンブリッジ大学のハロルド・ジェフリーズだ。地球には内核があるというレーマンの発見を初めのころ無視した、あの高名な理論物理学者である。ジェフリーズは、プレートを動かすような動力はあり得ないとした。

彼は納得しないまま、一九八九年に九七歳で亡くなった。

それでも、プレートテクトニクス理論は、地磁気逆転説が正しいことも証明した。海洋底からの磁気記録を頼りに、地球物理学者たちは、古生代ペルム紀と中生代三畳紀の境界にあたる二億五二〇〇万年前から始まる、地球の地磁気逆転のしっかりとしたカレンダーを作り上げている（岩石記録で補うことで、さらに古い時代まで遡るようなモデルもある）。その二億五二〇〇万年前というのは、地球上の生物種の約九五パーセントが絶滅した、地球史上最大の生物絶滅と時期が重なる。この大量絶滅の引き金となったのは、現在はシベリア洪水玄武岩として知られる地形を生み出した火山噴火によって、大気の二酸化炭素が急増したことだという説がある。過去二億五二〇〇万年にわたる地磁気の記録からは、地磁気の逆転が一〇〇万年に二回か三回の頻度で起こっていること、そして「超磁極期《スーパークロン》」という、逆転が長期間まったく起こらない時期が少なくとも二回あったことがわかる。過去九〇〇〇万年では、逆転の頻度は着実に高くなっている。地磁気が逆転寸前の状態になる「エクスカーション」という現象は、実際の逆転と比べて一〇倍の頻度で起こっている。エクスカーションの時期には、磁場のシールドが衰えて通常の強さよりもはるかに小さくなり、双極子磁場が不安定になる。そして磁極がふらふらと赤道のあたりまで移動して、また元の場所に戻るという動きをする。最後のエクスカーションが起こったのは四万年前で、これがネアンデルタール人が絶滅した時期と一致するという見方もある。

物理学者たちが、地磁気の逆転が実際に起こるということを確信し、過去の逆転の時期を正確に知るようになると、今度は地磁気がどこに向かおうとしているのかを理解することが研究の中心になった。

第21章　ダイナモの外縁部で

私たちがカフェオレの国にいることを考えればおかしな話だが、ナントではモーニングコーヒーをなかなか手に入れられなかった。少なくとも、科学学会で覚醒を保つのに必要とされる大量のコーヒーは。そこである朝、キャシー・ウェラーと私は廻り道をして、賑やかな鉄道駅のテイクアウトのコーヒースタンドに立ち寄った。

エジンバラ大学の地球物理学教授であるウェラーは、優れた業績をあげている研究者だ。実際、その学会に出席している研究者のほとんどがそうだった。会場で、地球内部について重要な新しい研究をしてきた人たちにぶつからずに人混みを通り抜けるのは不可能なほどだ。専門知識のレベルがあまりに高いので、私が誰かに質問をすると、ほぼかならず別の誰かを紹介された。「誰々に聞いてごらんなさい。それについてすごい論文を書いた人だから。あそこに立ってますよ」というぐあいだ。そこで私がその人を見つけると——地球上の誰よりも、質問の答えをよく知っている人物なのだが——いつも自分はよく知らないと言われて、またもや別の証拠をくれる他の誰かを紹介される。

決定的なことを言わないというのが、こういった学会にみられる文化なのだ。この分野自体がまだ進化中なので、学会は、確実な答えを出すための場というより、確実な答えに向けてゆっくりと前進していることを確認する場だった。つまりそこは、合意が得られた点について注意深いまとめを発表し、新たな研究成果を検討し、データが語っていることをもっと正確に読み取る方法を見つけようとさまざまな手法を列挙し、矛盾する解釈を比較するための場なのである。そこでは、間違いを認めて悲嘆に暮れ、批判を受け入れ、称賛を浴び、自分のアプローチを擁護し、そして一番重要なこととして、他の人たちが何を研究しているのか知る。焦点となっていたのは未解決の課題で、不可解なものから緊急のものまでさまざまだった。つまり具体的にはこんな疑問だ。地球の中心核には放射性元素が存在するか？　マントル深部の化学組成はどうなっているのか？　地球磁場の核心部を、地殻や厚いマントルの干渉を受けずに調べるにはどうすればよいか？　磁場は時間とともに変化しているのか？

中心核そのものの内部で何が起こっているのかを読み解くとなると、ウェラーの出番だった。彼女がケンブリッジ大学で、デイヴィッド・ガビンスの指導を受けながら、博士号取得を目指して研究していたとき、新しい人工衛星からの驚異的なデータが届いた。[1]それは、地球全体の全磁場ベクトル——磁場の方向と強さの両方——を観測できる初めての人工衛星であるMAGSATの観測データだった。NASAとアメリカ地質調査所が運用していたMAGSATは、一九八〇年晩春までおよそ半年間にわたってデータを収集した（これより前の一九六五年から一九六九年にかけて打ち上げられたPOGO衛星シリーズは、初めて地球磁場の全般的な地図を明らかにしたが、磁場強度のみで、磁場の方向は観測していなかった）。

MAGSATのデータは素晴らしかった。観測史上初めて、地球磁場の全球構造を見ることが可能になったのだ。このデータにすっかり夢中になったのだと、ウェラーは、他の人々に合流しようと、コーヒーを手にロワール川にかかる橋を渡りながら語った。人工衛星からのそうした正確な観測値を、最新設備を備えた地上観測所のデータと比較して、二組の数字が一致するかどうか確かめてみることが、突如として可能になった。実はそうした比較は、現代のデータだけでなく、過去の記録すべてでおこなえることだった。一六世紀の船乗りによる偏角や伏角の測定値から続いているデータと、一九世紀のガウスのゲッティンゲン磁気協会やサビーンの磁気十字軍による測定値を一つにする。そうしたデータを、二〇世紀にブリュンや他の研究者たちが測定した岩石の磁気記録や、海洋底から得られた新しい測定値と組み合わせるということだ。ついに、長期的な磁場変化の全体像が見えてきたのである。わくわくする状況だった。

最初の取り組みとして、ウィラーとガビンスや他の研究者らは、三八〇年分の地磁気とその時間変動の記録をまとめたと、ガビンスは一九八九年にサイエンティフィック・アメリカン誌に掲載された記事で説明している。[2] そこからわかったことの一部は予想通りだった。地球の表面では、地球磁場は、地球の自転軸に沿った方向に置かれた棒磁石の磁場のようになっている。その磁場は、南磁極から宇宙空間に出て、北磁極でまた地球に戻ってくるという向きに流れる、無限の磁力線で表される。磁力線が密集しているほど、磁場は強い。

ウィラーたちが再現した三八〇年分の地磁気記録は、過去数百年にわたる地磁気の「西方移動」と呼ばれる現象も示していた。西方移動という考え方が登場したのは一七世紀のことで、ハレーが、ロンドンの偏角測定値が西に移動していることを発見して、磁場が西に向かって傾いているのではないかと考えたのがきっかけだ。ガビンスの研究チームは西方移動を確かめるために、地球上で偏角がゼロになる場所、つまりコンパスが磁極と地理的極の両方を指す場所を結んだ線の位置を追跡した。この線は正式には、「角度がない」という意味のギリシャ語から、「無偏角線」（agonic line）という。たとえば、一七〇〇年の無偏角線は大西洋の中央を通って、メキシコ湾のあたりで曲がり、アメリカのグレートプレーンズをまっすぐに通っている。[3] 二〇一七年には、この線ははるか西方に移動していて、南アメリカの太平洋側にあり、カーブしてミネソタ州の真ん中を通っている。この線は、ハレーや他の多くの人々が何百年も前に追い求めていた、磁気経度の本初子午線だった。彼らはその線によって、地球がきれいに二等分され、海で方角を決めるときの問題が解決されると信じていた。ガビンスのモデルは、無偏角線の位置がまったく予想不可能であることを明らかにした。たとえば一七世紀初めまで遡ると、モデルの中の無偏角線はアフリカを通って北上し、ノルウェーでカーブして、グリーンランドを通って南下し、南米大陸の上を通って太平洋に出て、南カリフォルニア経由で北極に向かうのだ。

さらに、磁場の強さの問題があった。ガウスが磁場強度の測定方法を考案したのちの一八四〇年から、科学者たちは磁場の強さを継続的に記録してきた。一方で、古代のテラコッタの器などや溶岩、また船乗りによる測定値などの代わりになるデータを使って、もっと昔の磁場強度を求めることは可能だったが、それは直接測定したデータほど正確ではないと考えられている。そのため物理学者にとって一八四〇年は、議論の余地のない観測データと、他の証拠から得られたデータの境目となる重要な年だ。ガビンスがそうした過去の地図を見てみると、一八四〇年の最初の観測以降、双極子磁場が減少してきているのは実にはっきりしていた。二〇〇〇年前のローマ時代に磁化したテラコッタの器などを調べてみると、その時代から長く続く、はっきりした減少があることがわかった。

とはいえ、地球磁場はなぜ弱まっているのだろうか？　それまでの地磁気測定はすべて、地球表面に現れた地球磁場を測定したものだった。しかし地球磁場は、ガウスが一八三八年に数学的に証明したように、地球の内部で作り出されている。中心核の最上部と地表のあいだには、マントルと地殻が厚さ三〇〇〇キロ近くにもわたって存在していて、これが中心核からの磁気シグナルと干渉している可能性があった。地球磁場がその発生源の近くでは違って見えるということはないのだろうか？

ここで大切なのが、干渉要因となる、地殻や厚いマントルに由来する磁気成分をすべてはぎ取って、発生場所――ダイナモの一番外側――にできるだけ近いところでは磁場がどうなっているのか確かめる方法を考え出すことだった。ガビンスと研究チームは、地球の磁気エネルギーの動力源が何か、磁場はどのように進化してきたのか、そしてどこに向かっているのかを、さらに正確に知りたいと考えた。彼らには、中心核とマントルの境界での磁場を調べれば手がかりが得られるという確信があった。

一九八五年の段階で、ウェラー、ガビンス、そしてガビンスが指導していた大学院生のジェレミー・ブロックシャム（現在はハーバード大学）らは、その方法を見つけ出していた。同じころ、カリフォルニア州のスクリプス海洋研究所でも独自の手法を開発している。スクリプス海洋研究所のチームは、ジェームズ・クラーク・マクスウェルが一九世紀に考案した数学的な手法を使って、地表での地磁気測定結果を、マントルが外核と接しているマントル下部に投影した。一方、ガビンスの研究チームは一九八〇年のデータからスタートして、一七七七年まで遡り、中心核での磁場の方向と強度の両方を示した地図を作った。その地図には、磁力線の数と、磁力線が中心核から出る地点と入る地点を示してあった。これは、ある領域の磁束と呼ばれる。そして外向きの磁束を、その強度に対応して赤のグラデーションで表示した。同じように内向きの磁束は青で表した。

こうして描かれた地球中心核の姿はまったく新しいもので、あぜんとするほどの渦と色の寄せ集めが、想像よりもはるかに複雑な磁場を示していた。ガビンスの説明によれば、この図がシンプルな双極子システムを示したものだったら、北半分は青、南半分は赤になっていたはずだという。北磁極が最も濃い青になり、地球の自転軸に沿って色が変化して、南磁極で最も濃い赤になる。磁力線が磁極で収束し、強度が増すことを反映しているのでそうなるのだ。さらに、地理的な赤道に近い緯度にある、中心核の磁気赤道は、赤部分と青部分の境界線にあたり、そこでは磁束は中心核の表面と交わらないはずだ。

しかし実際には、中心核の磁場の地図は、双極子成分も示していたが、外核の深部にある別の構造も明らかにしていた。それはまるで、ＭＲＩ装置によって初めて体内を見られるようになり、肝臓や心臓、肺の形を識別することが可能になったようなものだった。一つには、北半分は主に青色で、南半分は赤が中心だったが、絶対的なものではなかった。青があるはずの場所に赤があったり、赤があるべき場所に青があったりした。さらに言えば、予想よりも磁束が多い、または少ない場所があるせいで、いくつかかたまりができていた。極周辺には磁束が少ない部分が二カ所あった。これは研究者らの予想とは反対だった。さらに、南大西洋とアフリカの下に、二つの不可解な領域があった。この領域は磁場が強く、双極子磁場で求められるのとは逆方向を向いていた。それだけではなく、アフリカの下にある領域は、緯度にして毎年三分の一度という驚くべきスピードで西に移動していた。双極子磁場のほうはどうかといえば、この図には二本の柱のような構造が示されていて、ガビンスのチームはこれを、外核を構成している液体金属のなかに、他の部分とは独立して、二本の液体の渦が回転している証拠と考えていた。この回転する柱構造は、双極子磁場を支えているように見えた。一方で、アフリカの下で移動している領域は、双極子磁場を損なう存在のようだった。

こうした要素が整ったことで、融解した地球内部の動的なしくみを見て、地球の鼓動そのものを調べられる段階にきたといえる。この段階に到達するまでの発見の道のりは、紀元前数世紀に中国で発明された非常に単純なコンパスから、地球の磁気がその内部にあるという一九世紀のガウスの証明まで、さらには磁場が変動しうることを明らかにした、一七世紀のロンドン近郊の庭園での観測から、地球の中心核は液体と固体の両方でできていることを証明した二〇世紀の地震波データまで、あちこちに飛び回ってきた。何百年にもわたって苦労して並べられてきた、そうした磁場のパズルのピースがすべてぴったりとはまった結果、中心核の状況や、それが渦を巻く様子だけでなく、時間とともに渦がどう変化するかも示すような一連の地図が生まれたのである。

これ以降も、新しいデータが次々と届いてきている。一九九九年には、デンマークがハンス・クリスティアン・エルステッドにちなんだ人工衛星エルステッドを打ち上げた。この衛星は現在も軌道上にある。当初は全磁場ベクトルの測定を行っていたが、二〇〇六年以降は磁場強度のみの測定になっている。ドイツは二〇〇〇年にＣＨＡＭＰ衛星を打ち上げた。これは一〇年にわたり地球を周回し、その後は大気圏に再突入して燃え尽きた。ＮＡＳＡを含む大規模な国際協力による人工衛星ＳＡＣ－Ｃは、二〇〇〇年から二〇一三年まで地球を周回した。二〇一三年に欧州宇宙機関（ＥＳＡ）は、全磁場を同時に測定する三基の人工衛星シリーズであるＳＷＡＲＭミッションを開始した。こうした人工衛星データを合わせれば、二〇年近くにわたる、宇宙空間からの途切れのない高品質な地球磁場測定データになる。

二〇〇〇年までには、ガビンスの別の大学院生である、地球物理学者のアンドリュー・ジャクソンが、マントルと中心核の境界で起こっている現象を一〇〇年前まで遡って見ることのできる、精度の高いコンピューターモデルを開発しており、現在広く使われている。[4] このモデルと他のモデルを比べると、中心核表面での磁場の大きな変化が明らかになった。ガビンスの研究チームが発見していた、青い逆磁束領域は成長し続けていて、西に移動を続けていた。[5] 一九八四年にこの領域は、大西洋の下にある、より小さな同様の領域と合体した。つまり、南半球の赤い領域のあいだを、巨大な青い領域が、ほぼ磁気赤道から南磁極まで伸びているのだ。[6] この磁場の非双極子成分はどんどん強くなっており、人間のたった一世代のあいだに劇的な変化をしたといえる。

双極子磁場の全体的な強度がどうかといえば、これも減少を続けている。節目の年である一八四〇年以降、地表で測定する双極子磁場は約一〇パーセント弱まった。双極子成分は磁場成分の中で最大であるから、変化のスピードも一番遅い。一方で他のしたたかな磁場構造も、複雑な渦の力に導かれて、自由になろうとしてこれまで以上に必死になっている。

第22章 南大西洋磁気異常帯

クリストファー・フィンレーは、地球の中心にある渦のことを、まるでそれが生きているかのように語る。その渦は一風変わっているのだという。それには突出部がある。ねじれたり伸びたりする。この渦の行動が、地球の双極子磁場を衰えさせているのだ。私にはこの謎めいた渦が、双極子磁場からひそかに吸い取ったエネルギーを、中心核にある敵グループに渡し、双極子磁場の支配体制を不安定にしている生物のように思えた。それは安定的な、整然とした状態とはほど遠い、無政府状態だ。目に見えない磁気の力をめぐって繰り広げられている、秘密のドラマを垣間見ているかのような驚きだった。

その渦がどのようなものかを説明できる人がいるとすれば、それはフィンレーだ。背が高くて手足がひょろりとしており、茶色い巻き毛をして、笑みを絶やさないフィンレーは、その渦について理解できる能力を備えた、地球上でも数少ない人々の一人だった。北アイルランドのベルファスト近郊で育ち、コンパスを手に田園地方を歩き回っていたフィンレーは、エドモンド・ハレーや磁気十字軍の英雄譚に魅了された。私が会ったときには、コペンハーゲンにあるデンマーク工科大学国立宇宙研究所の地球物理学者だった。この大学はハンス・クリスティアン・エルステッドによって一八二九年に設立された。フィンレーの研究所は、ドイツのポツダムと、フランスのパリにある研究所とともに、宇宙から磁場を測定している三基の人工衛星ＳＷＡＲＭからのデータを監視する、ヨーロッパに三カ所ある科学センターになっている。そしてコペンハーゲンでのフィンレーの上司であるニールス・オルセンは、ＳＷＡＲＭデータ収集の責任者だった。要するに、あなたが地球磁場の変化について研究している科学者だったら、フィンレーとオルセンが生み出している研究成果について知っているはずだ。

私がナントの学会に来ることになったきっかけはフィンレーだった。コペンハーゲンで会ったとき、フィンレーは私の質問に答えるうちに、この学会について教えてくれた。この学会の内容はかなり専門性が高いものになるだろうと、フィンレーの口ぶりは慎重だった。それでも、私が学会事務局に連絡を取ったところ、ジャーナリストのゲストとしての参加を大歓迎してくれた。学会に行くと、フィンレーはそこであちこちに案内してくれたし、相談できる人を紹介してくれた。また基本的な概念についても説明してくれた。学会が進むうち、私はノートの後ろの数ページに「クリスに聞くこと！」と大きく書き、そこへたくさんの質問を書き込むことになった。

コペンハーゲンでは、授業用教材の準備や他の学会の準備の最中だったフィンレーをようやくつかまえた。彼は何かと動き回っていた。話の途中でも、ときどき跳び上がって、コンピューターの方に走っていっては、説明していた内容について図などを見せてくれる。授業用のメモがたくさんついたパワーポイントをクリックで進めていき、地球磁場を示しているカラーのマップを表示させた。かつてのガビンスや、その後のジャクソン（ジャクソンはリーズ大学でフィンレーの博士論文を指導した）と同じように、フィンレーにとっても、地球磁場のマップは、磁場やその変化の状況についての彼の理解を説明する重要な手段だった。フィンレーの机の上にある大きな掲示板には、プリントアウトされたマップが九枚、丁寧に画鋲で留めてあった。一枚をのぞいては、どのマップも四隅を同じ色の画鋲で留めてある。その横の壁は、大きなホワイトボードに占領されており、それ一面に青や緑、黒のマーカーで、数式や計算がきっちりと書き込まれていた。

こうした研究はすべて、地球内部のダイナモを理解しようという努力の一環だった。そのためにフィンレーは、現在の磁場を生成するようなダイナモを再現できるかどうか調べようと、共同研究者たちとともに、コンピューターによる数値シミュレーションを構築していた。目指しているのは、現在の磁場を理解するだけでなく、将来の動きも予想することである。地球内部の渦はこのダイナモモデルにおいて重要な要素であるらしいということがわかっていた。

このモデルの典型的な構造では、渦構造は、融解した金属の幅広い帯として外核内に存在しており、固体の内核と、マントルの両方に引っ張られてしっかりと固定されている。マントルと内核は、重力によってつながれているが、外核内の対流は内核を東に引きずる傾向がある。バランスを保つために、外核の上部近くにある渦は西に動かされる。ハレーが最初に気づいた、地球磁場の西方移動はこれで説明できる。内核の成長には偏りがあるので――インドネシアの下では他の領域より冷却が速い――それも渦に対する圧力としてはたらき、渦の形を歪めている。磁場の長期的な変化が主に大西洋側で起こっており、太平洋側では変化が少ない原因はこれだ。何百年にもわたりよく使われていた、ヨーロッパから北アメリカへの航路上で、偏角や伏角を測定しようとしていた航海士たちは運が悪かったのだ。もし磁場の変化の大きい領域が北アメリカからアジアにかけての海域だったら、船乗りたちはもっと楽に航海できたはずだ。そうなれば、磁気十宇軍も、磁場をいち早く理解したいという競争も、いっさいなかっただろう。

フィンレーの論文の一つには、ダイナモモデルから推測される、二〇一五年の時点での渦の状況を視覚化した図がある。[1] 血のような赤とダークブルーに色分けされた渦は、肉厚のロープが脈を打っているような形をしており、どう見てもはらわたのようだ。この図では多くの新事実が明らかにされているが、その一つが、地球内部の構造が対称的ではなく、基本的に歪んでいるということだ。これは、地球の内部に棒磁石があってコツコツと働いているという、研究者たちが前世紀まで抱いていたイメージとは異なる。もっと言えば、ほんの一〇〇年前までは一般的だった、固ゆで卵のような地球のイメージとも違う。地震波の分析によって地球の内部構造を初めてのぞいたオールダムやジェフリーズ、レーマンも、このような気難しくて複雑な生きものには気づかなかった。

そしてこのフィンレーのモデルで、双極子成分に、したがって磁場全体に影響を与えるような重要な現象が起こっていたのは、この突出部が伸びた形の渦が持つ奇妙な性質が組み合わさった結果だった。このモデルでは、渦の突出部はしっかりとした柱状になって、外核内を上下に伸びている。北半球では、この渦は磁束をバランスよく輸送している。極方向への磁束と、赤道方向への磁束が等しいのだ。一方、南半球ではバランスが崩れた状態にある。強い磁気の流れが、オーストラリアの南西から赤道に向かって流れているが、南米の下を通って南極に向かう同様の流れではそれが相殺されていないのだ。対照的に、ガビンスとジャクソンが南半球で観測していた逆磁束領域は、範囲が広くなり、強さも増していた。双極子成分が弱まってきた原因は、このように南半球で対称性が失われているせいだったのだ。

それは大きな意味を持つとフィンレーは説明する。中心核内部の磁気成分はそれでなくてもきわめて多様だからだ。この磁気成分の多様さも、ギルバートやハレーといった過去の磁気研究者を驚かせただろう。二〇一七年の観測では、地球の中心からおよそ六万四〇〇〇キロ離れたところでの磁場の双極子成分は磁気強度の九九・九パーセントを占めていた。地表ではこれが九三・二パーセントになった。マントルと外核の境界線では、わずか三八・六パーセントだった。残りは双極子成分より小規模で、もっと複雑な磁気成分だ。核・マントル境界は、磁場が発生している場所に最も近いので、そこでの数値は地球内部で起こっていることを最も正確に反映しているといえる。つまり、双極子成分の変化は、たとえ小さな変化でも、磁場全体が中心核内部から変化していることを示すからだ。

さらに、核・マントル境界上の逆磁束領域は、地球表面にある、まるでリンゴの表面がくさった部分のような、磁場が衰えてできた奇妙な傷につながっていた。ここでまた、フィンレーはコンピューターに向かった。そして一枚のカラーの図を見せてくれた。鮮やかな緑、青、赤、黄色で色分けされた二次元の全球図があり、その上に大量の白い点が散らばっている。これは、地球表面での磁場の強さを表した地図で、磁気十字軍の時代からずっと作られてきた地図の子孫であり、ガビンスのチームが一九八〇年代に、核・マントル境界について作成していた地図のいとこのようなものだ。

ほとんどがグリーンで、これは磁場強度で四万ナノテスラ前後に対応していた。南北両極に近い領域は濃い赤で、磁場強度が他よりも強く、六万ナノテスラ程度であることを示している。しかし気になるのは、広大な青の領域だ。それは南アフリカの東端から大西洋を越え、はるか南アメリカの西側まで、そして南北方向には赤道から南極大陸近くまで広がっていた。これは磁場強度が二万ナノテスラ程度と低くなっている領域だ。青い領域の上や、その他の数カ所には、白い点がしみのように点在している。これは、人工衛星がこの磁場の弱い領域の上空を通過している最中に、白い点の位置でメモリ障害が発生したことを表している。

これを南大西洋磁気異常帯という。この領域は磁場強度が奇妙なほど弱く、その中心が大西洋の赤道以南にあることからそう呼ばれている。実際に、磁場がかなり弱いため、太陽放射線が地球の表面近くまで到達して、人工衛星の装置に悪影響を与えるほどだ。

この磁気異常帯の存在は、地球物理学者たちにとって驚きだった。彼らが、人工衛星による情報通信が始まるまで、その影響に気づいていなかったのは、南半球では長期にわたる磁場強度の測定が比較的少なかったということも理由の一つだ。南大西洋磁気異常帯が変化する様子が初めて少し見えたのは、二〇〇〇年代前半にエルステッドやＣＨＡＭＰといった人工衛星が運用を始めてからだ。しかし、その影響が明らかになったのは、三基の衛星からなるＳＷＡＲＭが二〇一五年以降、はるかに正確な情報を送ってくるようになってからである。南大西洋磁気異常帯は面積が広いというだけでなく、西に向かって移動しながら、急速に成長しており、磁場が短期間で弱まっているのだ。

それは地質学的時間だけでなく、人間の時間の尺度に照らしても短期間だといえる。二〇一六年に発表された論文によれば、磁場強度が三万二〇〇〇ナノテスラ未満の領域を磁気異常と定義した場合、その面積は、一九五五年から二〇一五年の期間に五〇パーセント以上（正確には五三パーセント）増加している。[2] 六〇年前には、磁気異常は地球表面の一三・三パーセントを占めていたが、二〇一五年には五分の一強（二〇・三パーセント）まで増えている。同じ期間に、磁場が特に弱い場所でも磁気強度の減少が急速に進んでおり、二万四〇〇〇ナノテスラから二万二五〇〇ナノテスラへと、六・七パーセントの減少を示している。

そこで疑問が浮かんだ。このねじれた渦が、バランスのくずれた双極子成分とつながっており、それが南大西洋磁気異常帯を生み出しているわけだが、このねじれた渦が、長いあいだ探していた地磁気逆転のメカニズムなのだろうか？　この渦の存在は、地球内部にある敵対する磁気成分の一族が、今でも優勢な双極子成分を倒そうと悪戦苦闘していることの証拠だと言えるだろうか？　磁極は、位置が入れ替わる用意ができているのだろうか？

フィンレーは性格的に、偽りのない真実しか語ることができない。それは、彼が受けた科学教育の最も重要なところだった。フィンレーとしても、この渦が地磁気逆転の鍵なのかどうか、ぜひともはっきりと言えるようになりたいと思っている。逆転がもうすぐなのかどうか言えればよいと考えている。しかしそれは無理だった。フィンレーが最も確実に言えるのは、地磁気はこれまで何度も逆転してきたのだから、将来的にいつか逆転するのは間違いないこと、そして逆転の初期段階にあるという可能性を排除することはできないことだ。

実を言えば、地磁気逆転の始まりがどのようなものかは、フィンレーだけでなく、他の誰にもわからない。学説はいくつかあるが、一致した見解はない。逆転の初期段階が始まったときに、中心核で何が起こっているのかを正確に示すような、詳細な岩石記録はほとんどない。地質学的な観点でみれば、地磁気の逆転はあまりに短時間で起こるので、磁場方向の推移を十分に記録することができないのだ。実際に、逆転途中のひどく乱された磁場のシグナルを、岩石が必ずとらえることができるかどうかははっきりしていない。[3] 多くの場合、岩石は逆転があったという事実しか記録できない。

地磁気逆転の原因についてさえ、一致した意見はない。それは地球内部の渦かもしれないし、他のものかもしれないのだ。フィンレーや他の研究者がコンピューターシミュレーションで地球磁場を逆転させてみると、場合によっては、現在の状況と似たことが起きる。極性が逆向きの領域が成長して、赤道から極方向に移動する。そして、地磁気の逆転が起こるのだ。しかしシミュレーションによっては、そうした逆磁束領域が成長するが、その後、双極子成分がそうした領域を撃退して、主導権を取り戻すというケースがある。地磁気の逆転が防がれたということだ。

そして今回の地球磁場の変化が地磁気逆転だとしたら、私たちはどのくらいそれに近づいている可能性があるのだろうか？　それは私たちがプロセスのどの段階にいるのか、そしてプロセス全体にどのくらい時間がかかるのかによる。このどちらについても一致した意見はない。地磁気逆転は三つの段階に分かれている。まず双極子成分が弱まる段階があり、その次に磁極が地球の反対側へと比較的素早く移動する段階がある。そして最後の段階として、双極子成分が再び成長する。各段階がどのくらい継続するのかについて正確に理解している人はいないし、毎回の逆転が同じように進むのかどうかさえわからない。一般的には、各段階には少なくとも数百年、あるいはそれ以上かかり、それより短期間である可能性は低いと考えられている。とはいえ、その点もまだ議論の途中だ。イタリア人研究者のレオナルド・サニョッティは、アペニン山脈で堆積岩からなる連続的な地層を調べており、最近の論文では、七八万年前に最後に地磁気が逆転したときには、一〇〇年未満で起こったという計算結果を発表している。[4] とはいえ、他の観測結果は、七八万年前の逆転が始まってから終わるまでには約一万年かかったと示唆するものが大半だ。この点が大切なのは、逆転そのものが一番の心配事ではないからだ。問題は、逆転が進んでいる最中に磁場が弱まることだ。つまり宇宙空間からの放射線がどのくらい増えて、それが地球にどのくらい近くまで降り注ぐのか、そしてその期間がどのくらい続くのか、ということである。

そして、双極子成分がどのくらい前から弱くなっているのかという問題には議論があるものの、現在の磁場強度は、過去の五回の地磁気逆転の直前のおよそ二倍とされている。[5] 双極子成分は、一八四〇年にガウスが磁場強度を初めて測定して以降、二〇〇〇年未満のあいだ、年平均一六ナノテスラのペースで衰え続けている。全体としては、一八四〇年以降で一〇パーセントの減少だ。そしてこれは地表での磁場であり、核・マントル境界での磁場ではない。双極子成分全体がこのペースで衰え続けたら、二〇〇〇年もしないうちに双極子成分は消滅してしまうだろう。しかし、非双極子成分が地磁気を逆転させるためには、双極子成分があとどのくらい減少しなければならないのかは不明である。完全にゼロにならなければならないのか？　それともその手前のどこかだろうか？

そして、フィンレーが繰り返し指摘したのは、地球磁場は線型モデルにしたがって動いているわけではないということだ。それは本質的にかなり非線形的なのである。物理学や数学の世界では、非線形という言葉には明確な意味がある。線形とは、何かの成分をすべてたし合わせていけば、正しい答えが得られるということだ。つまり、私がケーキを作っているときに、材料を二倍にすれば、二倍の量のケーキができる。一方で非線形とは、そうした答えが、その問題にかかわりのある成分の合計に正比例していないことを意味する。[6] それぞれの成分を二倍にした場合に、最終段階が必ずしも二倍にならないのである。つまり、ある問題の個別の部分を解決することができても、すべてをたし合わせたときに、期待していた答えにならない可能性があるということだ。それだけでなく、この非線形系の成分が変化している場合には、答えがどうなるのかを解き明かすのはさらに難しくなる。

さらにカオスの問題がある。非線形系の一部はカオスでもある。カオスとは、初期条件に与えたわずかな変化が、結果に対して、予測不可能で直感に反するような、大規模な違いをもたらすことがあるという意味だ。何かが特定のふるまいをしていたからといって、それが将来もそのようにふるまうと決まるわけではないのである。それはランダムとは違う。カオス系はそれでも、きちんと定義された法則にしたがうのだ。さらにカオス系では時間がたっても、はっきりとしたパターンは現れない。カオスという概念を説明する方法で最もよく知られているのは、気象学の世界に由来するものだ。[7] 一九六一年、アメリカ人の数学者で気象学者のエドワード・ローレンツは、気象を予測する方法を見つけ出そうとして、コンピューターシミュレーションを実行していた。一度実行してから、今度はシミュレーション時間の途中から再実行した。しかしローレンツはうっかりして、小数点以下を数桁切り上げた数字を入力してしまった。コンピュータープログラム自体は変わっていなかったが、予測結果は一回目とまったく異なっていた。ローレンツはこの結果を最終的にこのように説明している。「ブラジルで蝶が羽ばたいたら、テキサスで竜巻が起こるだろうか?」[8] ローレンツの説明は「バタフライ効果」と呼ばれるようになる。小さな変化が大きな違いにつながることがあるのだ。

私はフィンレーに、地球の中心核はカオスなのかどうか聞いた。フィンレーは、たぶん、と言うと、しばらく黙って考えていた。中心核は、強い非線形力学がはたらき、乱れが生じている場所だ。地磁気逆転には、シンプルな時間的なパターンがみられない。ダイナモモデルからは、それが初期条件に敏感であることがわかっている。そう考えると、地磁気逆転はカオスだということになるだろうか？　それは確かにかなりもっともな仮説だと、フィンレーは言った。

ただし、非線形カオスという概念の歴史的なルーツは、一九六〇年代よりもずっと古い。アイザック・ニュートンが重力理論を提唱して以来、二五〇年以上ものあいだ、数学者たちは三体問題なるものを解こうと努力してきた。[9]互いに引力をおよぼしながら空間を移動している三つの粒子（最初は天体を考えていた）があるとする。三つの粒子が現在ある位置はわかっている。この場合に、これらの粒子が将来どこにあるのかを厳密に求めよ、というのが三体問題だ。この問題は、いくつかの奇妙なシナリオをのぞいては、解けないことがわかっている。一つの物体や二つの物体であれば解けるのだが、三つになると解けないのだ。つまり、この物体の運動は非線形であり、したがって時間をこえて予測することは不可能である。

それは中心核でも同じだといえる。中心核が現在どうなっているのか、だいたいはわかる。過去にどうだったかも、おおよそのことはわかる。中心核がしたがわねばならない物理法則も知っているし、そうした物理法則によれば、地球磁場の方向はいずれかの時点で変化するはずだということもわかっている。しかし、磁場の方向の変化がいつ起こるかを、確実に言うことはできないのだ。この問題の核心はまさに、初期条件を知ることが非常に難しいという点にある。どのような小さな変化でも大きな違いにつながる。そのうえ、地磁気の逆転は非周期的である。つまり、太陽の場合とは違って、わかりやすい時間パターンで発生するわけではないということだ。

こういった、地球磁場の未来を予測しようという取り組みは、ヘンリー・ゲリブランドが一六三四年にジョン・ウェルズの庭園で磁気測定をおこなって以来、さまざまな形で続いてきた。それはずっと理論的な研究が中心であり、十分な知識やデータがない状況で主に進められてきた。つまり、より正確な情報に基づいて予測しようというのはかなり最近の取り組みであり、始まってから数十年しかたっていない。ＳＷＡＲＭデータは、数ある磁場データのなかで最も正確であり、詳細な計算を可能にするものだが、ＳＷＡＲＭ衛星が打ち上げられた二〇一三年後半以降のデータしかない。これは最先端の研究なのだ。

そうした分野の科学者たちが、どれほどのフロンティアを進んでいるのかを知る目安がある。コペンハーゲンにあるフィンレーのオフィスで、私が最初に見つけたものの一つが、ハレーが一七〇〇年にパラモア号でおこなった観測に基づいて作った、大西洋の等偏角線図のフルカラーのレプリカだった。ハレーは、いったん等偏角線を地図にすれば、それは海上での地理的な北とコンパスの北がなす角度についての、長期的に有効なきわめて価値の高い記録になるだろうと考えていた。実際には、地磁気は非常に変化しやすいので、ハレーの等偏角線図は、刊行とほぼ同時に古くなってしまった。

しかし現在、ハレーの研究から三〇〇年にわたって積み重ねてきた理解と情報をもってしても、地球表面での磁場の動きは五年先までしか予測できない。それ以上は不可能なのだ。それより先は占いの世界になってしまう。そのため、物理学者たちは五年ごとにコミュニティーとして協力し、数学的な手法で五年先までの磁場を予測し、それを誰でも自由に利用できるようにしている。これは国際標準地球磁場（ＩＧＲＦ）と呼ばれていて、新しい版が作られるころには、前の版は古くなってしまっている。この磁場モデルは非常に詳しい。フィンレーは二〇一〇年版の予測の主著者をつとめている。磁場方向の情報は、現代のさまざまなナビゲーションや方位測定の用途や、地下で作業する業種にとって欠かせないものになっている。航空業界にとっても、GPS衛星システムが十分に機能しないときや、完全に故障してしまった場合には、磁場方向の情報が役に立つ。スマートフォンでさえ、フィンレーたちが作成した磁場モデルに頼っている。

ところで、この地球磁場の五年予測は、地球表面での磁場全体を対象としている。中心核内のダイナモや渦が今後どうなるのかを予測することは、ずっと遠いフロンティアだといえる。磁極がどうなるかを予測しようとするのは、さらに難しい。そしてここへきて、はっとさせられる真実がある。[10] 地球物理学者たちは、次の地磁気逆転の手がかりを求めて、過去の逆転を熱心に調べているが、地磁気逆転はそのたびに違ったふるまいをする可能性もあるのだ。あるいは、ダイナモ自体が変化していて、過去から得られた手がかりでは謎を解けないということも考えられる。

第23章　史上最悪の物理映画

ナントでの学会では、地磁気が逆転という苦しみのさ中にあるのかどうかという質問は、バンクォーの亡霊のようなものだった。歓迎されることはなく、もっぱら目に見えない存在なのだ［バンクォーはシェイクスピアの『マクベス』の登場人物で、暗殺された後、亡霊となって現れる］。地磁気の逆転についてのセッションは一つもなかった。それに触れているポスター発表はいくつかあったが、ちらりと扱っているだけで、暗号のように書かれていた。研究発表の後に、ある科学者がそれについて直接質問をしたことが一度だけあったが、発表者は巧みにかわしていた。それでも、逆転が起こりそうかどうか突きとめる責任は――もしそれが可能であればだが――他の誰かではなく、この科学者コミュニティーだけが負っているということを、そこにいる誰もがわかっていた。そしてそれを突きとめるだけでなく、逆転が起こりそうになっていたら、社会に警告を発する責任もある。それは、大気中の二酸化炭素濃度の上昇がもたらす影響を説明するという仕事が、気候学者たちの肩にかかっていたのと同じだ。しかし実際には、地球物理学者たちはそういうことに懲りてしまっている感じがした。人工衛星のデータが次々と届き始めてからの興奮に満ちた数十年間、地磁気逆転が迫ってきているという可能性を真剣に検討してきた彼らは、もうそこから退却してしまっていた。

私は、メリーランド州ボルチモアにあるジョンズ・ホプキンズ大学の名誉教授であるピーター・オルソンをなんとか探し出した。世界で最も高名な地球物理学者にかぞえられるオルソンは二〇〇二年、ネイチャー誌に「消えゆく双極子磁場」というタイトルの有名な解説記事を書いた。[1]そのなかで、オルソンは双極子成分の強度が過去一五〇年で「驚くほど急速な減少」を示していることに触れた。オルソンは、双極子磁場が消滅にいたるまで減少し続けると考えるには「時期尚早だ」という慎重な言い方をしながらも、逆磁束領域が成長していることを指摘し、この領域の変化は逆転の試みが「進行中である可能性」をうかがわせると書いている。同じ号にはこの記事とともに、別の有名な記事が掲載されており、こちらも、ダイナモが地磁気逆転に向けた準備をしている可能性があることが人工衛星データからわかったとしていた。[2]さらに二〇〇八年のネイチャー誌ではガビンスが、現在の状況は「逆転の始まりの可能性があるが、後戻りできない時点までは来ていない」と述べている。[3]こうした見解はいずれも事実として述べられたわけではないが――別の言い方をすれば、私がフィンレーと会ったときに彼が結論として述べることができた内容とはあまりにも違っている――今日よくみられる議論の流れと比べれば、多少大胆だったといえる。それに地磁気逆転がすぐにも起こりそうだという科学的概念はとてもわくわくするものであり、一般的に論じられる話題になっていたくらいだ。一九九〇年代には大衆紙にたくさんの関連記事が掲載されたし、二〇〇三年には、アーロン・エッカートとヒラリー・スワンクが出演する映画『ザ・コア』まであった。この映画は、地球の中心核が回転を止めて、地球の磁場によるシールドが消えたため、危険なマイクロ波放射がすぐに人々のペースメーカーを停止させ、死者が出始めたというところから話が始まり、文明さえも驚異にさらされるというストーリーだった。この映画は、物理学がテーマの映画では史上最悪と酷評された。

私が地磁気逆転について聞くと、オルソンはどこか諦めたような表情を浮かべた。私たちは集合写真を撮るために、他の科学者たちとともに、ナントのカンファレンスセンターの広々としたメインフロアに集まっているところだった。暑い日だったので、半ズボンやサンダル、半袖シャツの人もいた。確かに、今回の状況が逆転の前触れということはあり得る。オルソンはそう言った。しかし、一つのフェーズに過ぎない可能性のほうが高い。南大西洋磁気異常帯が地球表面の三〇パーセントまで広がっているというのなら、それは逆転だ（現在は、面積の計算方法にもよるが、一九五五年の一三パーセントから、二〇パーセントまで増加したにすぎない）。逆転は起こるのか？　それはどうやっても予測不能だとオルソンは言う。それは、今から一〇年後に、ハリケーンがいつ、どこに襲来するのかを予測するようなものだ。オルソンが研究テーマの一つとしてきたのが、地磁気逆転が大量絶滅に及ぼす影響だったが、両者のつながりを見つけることはできていない。オルソンは「人々が地磁気逆転についてじっくり考えてこなかったというわけじゃない」と言い、また、地磁気逆転の議論があれば、この会議全体が――ここで科学者たちの群れを指さした――もっと現実的に意味のあるものになるのだが、とも語った。その点を考えてみると、この学会には、たとえば気候変動についての学会にあるような切迫感が感じられないことに気づいた。気候変動の場合、科学的な現象の影響が世界各国のすぐ足下で展開中であり、ときに生死に関わるような結果につながる。

次に私がつかまえたのは、カリフォルニア大学サンディエゴ校スクリプス海洋研究所の地球物理学者キャシー・コンスタブルだ。地球物理学に統計学的テクニックを用いる研究手法においては世界トップレベルにあるコンスタブルは、共同研究者らとともに、数百万年前まで時間を遡る磁場モデルを粘り強く構築してきた。コンスタブルはこのモデルを使って、過去複数回の地磁気逆転の最中に、磁場がどのような状態にあったのかを調べ、そのシナリオを現在のものと比較している。学会のセッションの合間に、私はコンスタブルに、私たちは地磁気逆転の最中にいるのかと聞いてみた。「まさか！」彼女は言った。「私の生きているうちには起こりませんよ！」

　二〇〇六年に、コンスタブルと、ポツダムのドイツ地球科学研究センターのモニカ・コルテが発表した論文では、地磁気逆転が迫り来るという主張を、細心の注意を払いつつ概説したうえで、その可能性を見積もった。[4] それはまるで、簡潔で明快な訴訟事件摘要書のようだった。前提とされていたのは、過去の逆転を知れば知るほど、現在起こりつつある逆転をうまく予測できる、という考えだった。つまり、逆転はもう起こっていてもよいのだろうか？　前回の逆転は七八万年前であり、過去九〇〇〇万年のあいだは、逆転がおよそ一〇〇万年間に三回というペースで起こっていた。したがって、逆転の時期はきている、という意見もある。コンスタブルとコルテが大量の計算をした結果、その主張が統計的には疑わしいということがわかった。その時期かもしれないし、そうではないかもしれないのだ。長い時間で見れば、逆転の間隔が七八万年以上であるというのは、それほどおかしなことではないのである。

　地球磁場の双極子成分が急速に衰えているという主張についてはどうだろうか？　コンスタブルとコルテの論文では、確かに双極子成分は弱まっているものの、それが弱まるペースは、過去七〇〇〇年に起こってきたことの範囲内だという事実を指摘している。そこに珍しいところはないのだ。過去七〇〇〇年のあいだには、地磁気の逆転を促すことなしに、双極子成分が今と同じペースか、それよりも急速に衰えていた時期が何度かあった。それだけではなく、以前の地磁気逆転発生時の双極子成分の強度と比べれば、現在の双極子成分はまだ十分な強度があるといえる。過去一億六〇〇〇万年という長期間の平均と比べても、その平均値の二倍近い強さだ。地磁気逆転の誘発において南大西洋磁気異常帯が果たしている役割のほうは、やや分析が難しかった。二人が出した最善の結論は、逆転が迫りつつあるという説を裏付ける証拠は存在しない、というものだった。

　とはいえ、今のところ地磁気逆転のタイミングがはっきりしないという事実があっても、地球物理学者たちはそれを理解しようという努力をやめはしない。たとえば、北磁極は昔からあちこち動き回っていたが、最近になって北北西に向かって一年間に約五五キロメートルという全速力で移動し始めていることがわかっている（対照的に、南磁極はゆったりとしたペースでさまよい続けている）。一九九九年以降の北磁極の移動経路をアニメーション化した動画を見ると、高緯度地方で息をのむようなレースが繰り広げられているのがわかる。このことは、地球磁場が急速に変化しつつあること、つまり外核で何かが進行中であることをはっきりと示している。

　それだけではなく、これまでにない手法を使った、地磁気の逆転についての新しい論文がいくつかあり、その結論はさまざまだ。フランスの研究グループによる研究では、過去七万五〇〇〇年分の堆積岩や火山岩のデータのほかに、グリーンランドの氷床コアを調べている。[5] 氷床コアには、ベリリウムや塩素の放射性同位体が長年にわたって堆積している。そうした同位体は、宇宙線が地球の上層大気に衝突したときに生成されたものなので、その濃度を調べれば、地球双極子磁場強度のよい目安になる。同位体濃度が高いほど、双極子磁場強度は低かったことになるのだ。

著者の一人であり、二〇〇二年にポン・ファランを訪れて、ブリュンの磁場測定を再現したカルロ・ラジは、同位体濃度の記録がラシャン地磁気エクスカーションと見事に一致することを見つけた。この手法が正確である証拠だ。ラジらの結論は、磁場は急速に衰えているので、地磁気の逆転は不可逆的に進行している可能性があるが、磁極自体は少なくとも五〇〇年は逆転しないだろう、ということだった。しかし逆転のリスクは、逆転そのものではなく、地球を危険な放射線から守る磁気シールドの強度の問題なので、この発見は、今後五〇〇年かそれ以上の期間は警戒が必要になる可能性があることを示している。あまり安心できる話ではないのだ。

二人のイタリア人科学者による研究は、これとはまったく異なる、かなり異論の多いアプローチを取っている。[6] 彼らは磁場を調べるのに、理論に基づいたシステム的アプローチを用いている。つまり地球を左右している他のシステムと磁場の相互作用を調べるということだ。特に南大西洋磁気異常帯のふるまいから、現在の磁場が「かなり特別な」状況であり、重大な過渡期に近づいていると結論している。この研究では、後戻りできない時点を具体的に、三年の誤差をみても二〇三四年と断言すらしている。それは逆転が起こる年ではなく、逆転が避けられなくなる年だ。

ロチェスター大学の地球物理学者ジョン・タルドゥノは他の研究者とともに、ある独創的な研究をおこなった。[7] アフリカのリンポポ川沿いの村々で、鉄器時代の暮らしを送っていたバントゥー系民族が、粘土を使って建てた小屋の燃え跡を、西暦一〇〇〇年ごろまで遡って調べるというものだ。これは南半球からの数少ない古地磁気データである。初期の農耕生活を送っていた人々は、雨が不足すると、清めの儀式として自分たちの貯蔵小屋に火を放ったので、磁鉄鉱を豊富に含む粘土がキュリー温度をかなり上回る温度まで加熱された。この粘土が冷えると、その時点の磁場の方向に磁化した。人類学者らの協力を得て研究をおこなったタルドゥノは、七〇〇年前、アフリカのこの地域では磁場が弱かったことを発見した。この磁場はやがて強くなり、その後また弱くなって、南大西洋磁気異常帯の一部となっている。

この発見が重要なのは、磁場の弱い部分が、昔も今も、核・マントル境界のマントル側にできた異常な構造の縁の上に位置しているからだと、タルドゥノは主張している。その構造は数百万年前に形成されたもので、縁の部分は急傾斜になっており、この部分を地震波が通過する速度が異常に遅いことが知られている。タルドゥノが考えているのは、マントルにできたこの構造が、外核内での溶融鉄の動きに影響を与え、この鉄が生み出す磁気の流れを変えるというプロセスだ。やがてこれが磁場の方向を変化させ、現在観測されている逆磁束領域を生み出し、地表の磁場強度を弱めるのである。タルドゥノの説が言っているのは、地磁気の逆転は、中心核内部のランダムな現象によって（あるいはフィンレーの渦との関連で）引き起こされるのではなく、マントル内のこうした奇妙な構造によって引き起こされる可能性があるということだ。特に、いくつかの逆磁束領域がつながる場合にはそう言える。タルドゥノは、逆転が近いとまでは言わなかったが、双極子磁場が過去一六〇〇年にわたって劇的に減衰していることを強調し、それが「憂慮すべき」ペースだとしている。[8]

さらに新しい発見が続々と登場してきており、地球磁場のしくみについての基本的な理解に疑問が生じている。二〇一七年に発表されたある魅力的な論文では、紀元前七五〇年から一五〇年のあいだに、レバント地域のエルサレム近くで作られた、テラコッタ水差しの持ち手を調べた。[9]この持ち手には、まだ柔らかいうちにユダ王国の印影が刻まれた。つまり、この水差しを焼成した年代をかなり正確に特定できるということであり、したがってこのテラコッタの水差しに記録された磁気の年代も同じように特定できることになる。これだけ正確な岩石磁気記録はめったにない。紀元前七〇〇年の少し前、磁場はおよそ五〇パーセント急上昇した。その当時、磁場はもとから現在よりも強かったので、この急上昇により、磁場は現在の二倍近くになった。奇妙なのは、磁場の減衰も急激だったことで、わずか三〇年で二五パーセント以上弱くなった。この変化は、地球物理学者たちが外核によって起こる可能性があると考えてきた変化よりもはるかに急激だ。これが本当なら、地球磁場には、これまで想像していなかったような不安定さがあるということになる。

フランス人地球物理学者のジャン＝ピエール・ヴァレとアレクサンドル・フルニエは、彼らの考えとして、仲間の研究者に勇気を失わないよう強く求めている[10]。二人は、網羅的な解説論文のなかで、逆転の最中に何が起こるかの理解に対する答えは、堆積岩をもっと詳しく調べることにあると主張している。特に移行中の磁場を調べるために、岩石の残留磁気を調べる手法の改良が必要だとも主張している。顕微鏡サイズに近いような、小さな岩石試料を分析する新しい磁力計をもっと活用する必要があるかもしれない。ベリリウム同位体の測定も役に立つだろう。ヴァレらはこう書いている。「未解決の問題はたくさんあるが、われわれは決して悲観的ではないし、極性の移行を適切に説明しようという努力には望みがないとも考えていない」

行ったり来たりで行く先の定まらない状況だ。地球の移り気な磁石についての長年の研究がたいていそうだったように、決定的な答えを出すことのできる手法の数を、問題の数が上回ってしまっているのである。

では、ここから先はどうなるのだろうか？　フィンレーはこれまで、まったく新しい角度の研究から生まれる可能性のあるものに目を向けてきた。もっと多くの古い岩石からさらに情報を搾り取ろうというのではない。岩石のメッセージをこれまでになく詳細に分析するのでもない。磁場のきわめて現実的な数値モデルを計算するのとも違う。フィンレーが注目しているのは、地球の中心にある自己維持型ダイナモを物理的に再現することだった。それは、地球物理学者が、地球の表面や、核・マントル境界にとどまるのではなく（核・マントル境界の深さなら数学を使って地図を作ることが可能だろう）、これまでにない深さまで進んで、外核そのものの謎に直接切り込めるということだ。見込みのありそうな実験の一つが、メリーランド州にあるダニエル・ラスロップの研究室でおこなわれているものだ。地球物理学の世界全体が、ラスロップの実験が「ダイナモ作用をする」か、つまり、独自のダイナモを作るかどうか、固唾をのんで待っているのだと、フィンレーは打ち明けた。ヒラリー・スワンク主演の『ザ・コア2』があるなら、筋書きはもしかしてこんな感じだろうか？

第24章 地球ダイナモ再現実験

私がダニエル・ラスロップの研究室を訪れる前日の夕方、メリーランド大学カレッジパーク校を拳で殴りつけるような豪雨、雷、稲妻、そしてひょうが襲った。翌朝、ジョージアン様式のキャンパスに広がる芝生は水浸しだった。空気は重い。しかしクリの木は葉を広げ、希望にあふれていた。自分のオフィスにすべり込んできたラスロップは、足を止めるやいなやすぐに早口で話し始めた。背が高くて手足が長く、カーキ地のズボンをはいている彼は、研究対象に負けずおとらず動的で非線形的に思えた。研究対象とはすなわち、地球の中心部にあって、この惑星の磁場を絶えず生成し破壊している機械だ。それは地球ダイナモとも呼ばれている。

ラスロップの研究は、一つの謎から始まっていた。地球の中心核は、永久に磁化されているわけではない。ラスロップはどかりと椅子に座りながら、そう説明した。椅子の右手には使い込んだエスプレッソマシーンがあり、部屋の反対側にはバックパックが投げ出してある。彼は、ロッキー山脈の中に位置するカナダ・アルバータ州のカルガリーに家族全員を連れていくという夏休みの旅行の手配をしている最中だった。そこでは大型キャンピングカーを借り、カナダの国立公園を二週間で人間に可能な限りたくさん見て回る計画だった。中心核が永久に磁化されることはないのは、その温度がキュリー温度よりもずっと高いからだ、とラスロップは説明を続けた。それでも地球には磁場がある。では、その磁場はどこからくるのだろうか？　そして、磁気を帯びた中心核を数学的に説明して、実験室でその数学に命を吹き込み、そこから中心核のふるまいについて現実世界に適用可能な予測をするレベルまで理解を深めるには、いったいどうすればよいのだろうか？

不確定要素になっているのは、中心核の乱流だという。数学ではずいぶん昔から、閉ざされた空間で流体がどのように流れるのかを説明できるようになっている。流体［液体と気体の総称］は、穏やかなときもあれば、動揺しているときもある。この動揺が乱流と呼ばれている。乱流が強いものほど、予測はより難しくなり、非線形性が強くなる。ラスロップは、地球物理学の教授らしく、地球の大気を例にあげた。昨日の夜、ひどい暴風雨があって、ひょうが降って、雷も鳴っただろう？　あれは、大気という流体媒質に発生した乱流だ。しかし空気であれば、何が起こっているのか見える。そして来週の天気を予測するモデルを作って、それがうまくいかなかったら、実際の天気を反映するようにモデルを調整できる。そうやっていくと、時間とともにモデルはどんどん正確になる。地球の中心核の場合、そこで起こる嵐を見るのがそもそもはるかに難しいし、そうなるとよい予測モデルを作るのも難しくなる。すると、そのモデルが正しいのかどうか確かめるにもずっと時間がかかる。何十年、いや何千年もかかる可能性もあるので、科学者のキャリアプランには必ずしも収まらないのだと、ラスロップは顔をしかめた。そのうえ、中心核は大気よりもずっとずっと大きく、はるかにたくさんの乱流が生じるので、予測がさらに難しくなってくる。

外核内の流体に乱流が生じるのはなぜですか？　それはどんな目的を果たすのでしょうか？

私の質問に、ラスロップは跳び上がって、机の横のホワイトボードに簡単な数式を一つ書いた。（ラスロップはくすくす笑いながら「数式はこれだけにしますよ」と約束した）それはレイノルズ数と呼ばれる、流体がどのように流れるかを予測する量を表していて、流体の速度にサイズをかけ、粘性で割るという変数の式になっている。この数式は、何でもサイズが非常に大きければ非線形の流れが生じることを示している。ただ乱流が生じるというよりも、必ず生じるはずだ、という話だ。それが自然のしくみだ。もっと重要なのは、この物理法則が何にでも当てはまることだ。たとえば、毛細血管を流れる血液のレイノルズ数は小さい。血液は比較的穏やかに、予測可能な流れ方をしていて、乱流はほとんど生じない。毛細血管は小さいからだ。雲はレイノルズ数が高いので、その流れは非線形的で、ときには嵐やハリケーンをもたらす。しかし地球の中心核はとても大きいので、その中の流れはほとんど理解できないほど非線形的だ。

「中心核にも天気があると当然思いますよね」ラスロップは真面目な顔で言う。実は、科学者たちは認めたがらないが、中心核のレイノルズ数は、数式として表すことはできても、値を求めることはできないのだという。つまり、フィンレーたちは国際標準地球磁場向けに五年先までの地球磁場を計算できるが、それより未来の磁場を予測する科学的な方法は、現時点では、理論的にも数学的にも存在しないということだ。それは天気と同じだ。気象予報士は、明日の天気や来週の天気、さらには二週間後の天気はかなり正しく教えてくれる。しかし一〇年後の元日の気温がどうなるのかと聞かれても、一般的なことを答えるしかない。

そしてその点がラスロップを、地球のダイナモを再現しようとして彼が積み重ねてきた実験のなかで一番新しい、現在の実験に向かわせたのである。アイルランドの数学者ジョセフ・ラーモアは、一九一九年に発表した二ページの論文で、地球と太陽のどちらにも、内部に自己維持型の流体が存在する可能性があることを示した。これは、ハロルド・ジェフリーズが、中心核が液体であることを発見するよりも前だし、またインゲ・レーマンが内核を発見するよりも前だ。しかしラーモアは、マイケル・ファラデーが王立研究所の地下でおこなった実験を出発点にして、発電機としての地球の姿を描き出した。地球内部の熱を放出するために、回転する融解金属（その原子には不対電子がある）に対流が生じる。その対流によって、流体中に電流が流れる。するとこの電流は、ファラデーが証明したように、磁場を生み出すのである。ラーモアの学説は「反ダイナモ」派の研究者らの激しい反論にあい、第二次世界大戦後までほとんど無視されていた。世界初のスーパーコンピューターを使用した、一連の優れた数値モデルがついに、地球ダイナモのフルスケールシミュレーションを生成したのは一九九五年のことだ。このダイナモでは、自発的な磁場の逆転が数回発生した。カリフォルニア大学ロサンゼルス校（ＵＣＬＡ）のポール・ロバーツと、現在はカリフォルニア大学サンタクルーズ校に所属するゲリー・グラッツマイヤーという二人の地球物理学者によるこのモデルでは、外核がしばしば磁場逆転を引き起こそうとするが、たいてい内核がそれを阻止する様子がわかった。そこからは、謎めいた内核が磁場逆転の鍵を握っていることがうかがえた。ラスロップにとっての次のステップは、実験室内で実際のダイナモを作れるかどうかやってみることだった。

それはキャンパス内で隣接する建物に設置してあり、そこまで小走りで向かいながら、ラスロップはそのしくみを説明してくれた。彼はこれまで、ジャーナリストのインタビューに多くの時間を費やしてきた。実は、私との面会を終えた直後には、この日二度目となる、一時間ものインタビューにかけこんだのだ。ラスロップは、目の前の研究成果に思い悩むことなく、自分が実験室でやっていることを説明するすべを身につけていた。彼にとって科学は、どこまでいっても魅力的な、好奇心を満たす方法の訓練であり、その終点は決まっていないのだ。「科学が示してくれるものについて、個人的な願望をあまり強く抱かないようにしています。それはバイアスにつながりかねないので」という。実際のところラスロップは、結果にはとことん無頓着で、むしろ科学的確実性という概念そのものの矛盾を突くことを好む。「そもそも科学とは暫定的なものです」彼はそう言って、肩をすくめた。

ラスロップはこの最新の実験装置の詳細設計をかためるのに八年をかけた。外側に直径三メートルのステンレス鋼製球体があり、その中に直径一メートルの中空になった内球がある。二つの球体の大きさはだいたい地球の外核と内核の比になっている。それぞれの球体は独立して回転でき、モーターに接続されている。外球には磁気コイルが取り付けてある。外球と内球のあいだの空間は、一二・五トンのナトリウムで満たされている。ナトリウムは銀白色の金属で、ナイフで切れるほどやわらかい。ナトリウム原子の最外殻には不対電子が一個ある。ナトリウムを発見したのは、あのハンフリー・デービーだ。一八〇〇年代初頭にデービーは、ボルタ電堆を使った実験や、その後、当時新しかった、電流を使って分子を切断する電気分解の実験を通じて、いくつかの元素を発見しており、ナトリウムはその一つだった。液体ナトリウムは、地球上で導電率が最も高い液体で、この実験では外核を構成する溶融した鉄とニッケルの代用品として使われている。

ナトリウムは爆発性がきわめて高く、室温でも爆発する。水とナトリウムが接触すれば、それが汗一滴でも、爆発反応が起こる可能性がある。もっと高温になると自然発火して、皮膚の火傷や肺損傷を引き起こすほどの腐食性がある、過酸化ナトリウムの煙を発生させる。ナトリウムは原子炉の冷却材として使われているが、非常に不安定なため、原子炉での大規模なナトリウム火災が過去にいくどとなく発生している。[1]

ラスロップの球体では非常に大量のナトリウムを使うため、彼のチームがナトリウムの温度を融点である摂氏九八度——水の沸点に近い温度だ——以上にして、実験を始められるようになるまでに、一日半かかった。月曜日の午前中に溶解作業を開始し、火曜日の午後には球体が回転し始め、それを金曜日の終わりまで動かし続けた。その後、チームは三週間かけて大量のデータを分析し、実験装置の調整をした。球体は巨大な金属の箱に収められて、だだっ広い実験スペースの真ん中に置かれている。球体横の階段が、上方のプラットフォームまで続いている。そこには実験アシスタントたちがコンピューターを設定してあった。球体がくるくる回っているときは、訪問者の実験スペース内への立ち入りは禁止され、チームメンバーは数メートル離れたところにある、コンピューター端末が並んだ安全なコントロールルームに入る。実験スペースに歩いて入りながら、私が「これって危険ですか?」とたずねると、ラスロップは「『リスクがある』のほうが好きですね」と答えた。

この実験を後押ししているのは——ラスロップが明記している「火事ゼロ事故ゼロ」という決意以外では、ということだが——地球のダイナモにできるだけ近い自己維持型のダイナモを、この球体に入った液体ナトリウムの中で作れるのかどうかという疑問だった。それが実現すれば、ダイナモがどのようにふるまうのかを調べる。乱流は回転によってどのように形成されるのか?

乱流がナトリウムの導電率に影響を与えるとしたら、それはどのような影響か？　もっと長期的には、ナトリウムが自力で「ダイナモ作用を起こす」なら、ラスロップたちのチームはその中で磁場の逆転を目撃できるかもしれない。磁場の動きを予測する方法も解明できるかもしれない。そう考えて、チームはナトリウムに乱流を発生させるために、地球の自転と同じになるように球体を高速で回転させている。同時に、畑の溝に種をまくように、球体に弱い磁場をかけることで、ナトリウムがもっと強い自己維持型の磁場を生み出すかどうかを調べている。ナトリウムの流れはすでに、与えられた磁場を一〇倍に強めることはできている。しかしいまのところ、自己維持型のダイナモはできていないし、逆転も起こっていない。

つまり、ダイナモも再現できていなければ、中心核の乱流を表すレイノルズ数の式を解く方法もない。地球磁場がどうなるかを予測することもできないし、磁場の逆転が進行中なのか、そうだとしたら実際に逆転するのはいつなのかをはっきりさせる方法もない。実のところ、過去の逆転のあいだの磁場のふるまいを示す正確なデータもないし、現在のダイナモが、それが存在していた過去数十億年と同じようにはたらいているという確証もない。[2]

そして予測なしでは、備えることは不可能だとラスロップはいう。もしかしたら備える必要はないかもしれないと彼は考え込む。それでも、確かなことがわかっているのはいいことだ。

備えるといっても、何に備えるのだろうか？　ラスロップ、フィンレー、コンスタブル、そして他の研究者に聞くと、その答えはさまざまだ。懸念されるのは、地球磁場の逆転の進行中に何が起こるかということだ。その期間には、地球を守る磁場の強度がおそらく通常のわずか十分の一まで弱まる。磁気圏は、地球を包み込んで、そこを放射線の届かない銀河内の保護地区にしている、目に見えない磁力線でできた弾力性のある網のような構造だ。ラスロップによれば、磁場逆転の進行中には、この磁気圏の形がさらに複雑になる可能性があるという。現在の磁極を支えている双極子磁場がやっつけられて、他の磁極が登場したら、磁気圏はどうなるだろうか？　そのときには、磁気圏の保護機能はどうなるだろうか？

過去の磁場モデルを構築したコンスタブルは、地磁気の逆転がすぐに起こるという考えを馬鹿にしているが、決して楽観的ではないとも言っている。地球磁場が安定的ではないのは明らかだ。彼女は古地磁気データから、私たちが過去数百年にわたって異常に強い磁場のなかで暮らしてきたという証拠を指摘している。過去数百年というのは、私たちが電磁気を利用したテクノロジーを開発し、それに頼るようになったのとちょうど同じ時期だ。磁場が弱くなり、太陽放射線が今より地表の近くまで到達するようになる場合、こうしたシステムは放射線の攻撃に脆弱かもしれない。脆弱性の問題は、逆転がなくても同じだ。コンスタブルは、過去七〇〇〇年の記録を振り返ったときに、社会に深刻な悪影響を及ぼすほどの大きさの磁場変動を複数確認している。

地球内部の渦構造を研究するフィンレーはどうかというと、双極子磁場の衰えがもたらす予期せぬ悪影響が心配で、夜も眠れずに寝返りを打つということはないらしい。実際のところフィンレーは、やたらと騒ぎ立てる風潮が、地磁気逆転をめぐるメディアの議論にまで及ぶことがあるのを嫌悪している。逆転は何百年、あるいは何千年もかかる、ゆっくりとしたプロセスだろうというのが、フィンレーによる最善の分析だ。彼もコンスタブルと同じように、最も緊急の懸念事項は、弱まった磁場がテクノロジーにどう影響するかという点だと考えている。前回の逆転が起こったとき、電磁気システムに基づいた先進社会は存在していなかったと、フィンレーは指摘する。地球磁場が弱まり続けた場合、社会は、急増する太陽放射線から守るために、テクノロジーを修正する方法を考えなければならなくなるだろう。それはいつだろうか？　フィンレーは科学者らしい答えをくれた。できるだけ早く備えを始めるのが賢明だろう。

第Ⅳ部

逆転

(科学者は)見たことも、きいたこともない物を考える想像力も持たねばならない。それと同時に思考は、いわばきゅうくつな服をきたようなもので、自然のほんとうのあり方に関する知識をもとにした条件で制約されている。

――リチャード・ファインマン

一九六〇年代はじめ

(『ファインマン物理学 Ⅲ 電磁気学』宮島龍興訳、岩波書店より)

第25章　空を見上げる

コロラド州ボルダーは、プレーリーとロッキー山脈の境目に位置している。この地では、たとえ空に雲があっても、それは地面にはっきりとした影を落とす。私がダニエル・N・ベイカーに会うためにボルダーを訪れたのは暑い日のことだった。斜面が平面になっている山々――この山はフラットアイアンズ〔昔のアイロンのこと〕と呼ばれる。頼めば巨大なシャツにアイロンをかけてくれそうだ――が、空にくっきりとそびえている。真昼の空には薄い銀色の月がまだ見えていた。地上はというと、不規則に広がったコロラド大学ボルダー校のキャンパスを進んでいくと、地面近くまで枝が届くようなスギの生垣のにおいがたちのぼり、咲き始めたばかりのライラックのかすかな香りと混ざり合っていた。クレルモン・フェランの古い通りをジャック・コーンプロブストと一緒に歩き回ってから一四カ月が過ぎていて、私のリサーチも終わりに近づいていた。

ブリュンが一九世紀末に建てた観測所が、ピュイ・ド・ドーム火山の上にそびえていたように、ボルダーの高高度観測所を設立した人々も山の上に魅力を感じた。第二次世界大戦後の数十年、宇宙時代が目の前でうなり声を上げるなかで、このボルダーの観測所は、現在一〇万人が住む山の上の飛び地のような風光明媚な街へ、大学や研究機関、企業の人々を引き寄せた。そして科学とは縁のなかったこの地を、宇宙が人類に与える影響を解き明かすための国際的な研究拠点に変えたのである。

ベイカーは、山々や空、そして恒星や惑星が教えてくれることを目当てに、この土地にやってきた科学者たちの一人だ。日食を理解したいという夢を抱いたベイカーは、一九六〇年代に学部生としてアイオワ大学に入学し、ジェームズ・ヴァン・アレンのもとで学んだ。一九五八年、当時世界で最も有名な宇宙物理学者だったヴァン・アレンは、地球の磁場に捕らえられた荷電粒子が、地球を取り巻く幅広い二重のドーナツ状の領域に集まっていることを発見した。この領域は、磁気赤道をまたいでおり、断面が三日月形をしている。このヴァン・アレン帯と呼ばれる領域は、きわめて安定的で、荷電粒子は長期的に確実に蓄積されているので、荷電粒子による放射線が地表近くまで届くことはない。放射線のほとんどは、電荷を持つ電子と陽子で、宇宙線が上層大気中の原子に衝突して、原子をばらばらにすることで生成されている。ヴァン・アレン帯の発見は宇宙時代の幕開けというべき出来事だった。地球磁場が宇宙に広がってできている地球磁気圏の組織的な研究は、この発見から始まった。そしてこの発見によって、ヴァン・アレンはタイム誌の表紙も飾った。それも二度もだ。

大学二年生のときにベイカーは、ヴァン・アレンが担当する現代物理学の授業を取った。そしてヴァン・アレンから、ある仕事を提供された。それ以来、ベイカーはずっと宇宙探査にかかわっている。メンターであるヴァン・アレンとの共同研究も多かった。NASAでの仕事のあと、一九九四年にベイカーはコロラド大学ボルダー校にある大気宇宙物理学研究所（LASP）の所長になった。二〇一七年の時点で、彼の職務経歴書は一三〇ページを超えており、そこには九〇〇編以上の出版済み論文が含まれている――大変な数の論文を四〇年以上にわたり発表し続けてきたのである。科学ジャーナリストからみて変わっていると感じるのは、ベイカーの文章の書き方がとても率直であり、誰かに話しかけているような雰囲気さえあることだ。彼の論文のどれか一つ選んで読めば、そこからはベイカーの声がはっきりと聞こえてくる。科学論文はたいてい、もっと没個性的だ。

ヴァン・アレンの話をするとき、ベイカーの顔が明るくなった。ヴァン・アレンは二〇〇六年、九二歳の誕生日を迎える直前に亡くなった。とても有名だったが、愛嬌のある人物だったとベイカーはいう。どこに行っても記者たちに取り囲まれた。誰もが偉大なヴァン・アレン博士と話をしたかったのだ。記者たちに、ヴァン・アレン帯《ベルト》は何のためにあるのか、と聞かれると、こう答えていた。ヴァン・アレンのズボンがずり落ちないようにするためさ！　ヴァン・アレンが九〇歳になったとき、家族と友人は彼のために、かつて過ごしたアイオワシティで大きなパーティーを開き、とりわけ有名な教え子であるベイカーに、集まった数百人の人たちの前で食後のスピーチを頼んだ。ベイカーは、人気番組「レイト・ショー・ウィズ・デイヴィッド・レターマン」内の一コーナーを真似て、面白おかしいトップテンを披露した。数週間後、ベイカーはヴァン・アレンから手厳しい手紙を受け取った。教師らしく、トップテンの内容にいろいろと言ってきたのだと、ベイカーは愛情のこもった笑顔を浮かべながら語った。

ベイカーの研究テーマは、太陽放射線が地球に与える影響だ。太陽と地球という二つの天体のあいだには、伸縮自在な互いの磁場を介して絡まり合った、複雑な関係がある。ベイカーがいう放射線は、赤外線や可視光線といった、波長が長く、エネルギーの低い無害な電磁波のことではない［赤外線や可視光線も広義には放射線に含まれる］。原子や細胞などに害を与えるほどのエネルギーを持ち、きわめて波長が短く、周波数の高い、X線やガンマ線のような電磁波だ。「見えないものを見えるようにするのが、私の仕事の一部だ」と打ち明ける。「私は、たいていの人が感じることのない波長でものを見ているんだよ」

こうした放射線は、電離放射線と呼ばれている〔電離放射線は、ここであげた一部の電磁波のほか、アルファ線などの粒子線も含む〕。電子を軌道からたたき出して、イオン（この用語を創ったのはファラデーだ）を生成する、つまり電離させるほど、強力でエネルギーが高いからだ。（イオンとは、電子と陽子の個数が異なっているため、電荷を持つようになった原子や分子のことだ。電気的なバランスが取れていないため、元のバランスを取り戻したがっている。つまり、別の原子や分子と相互作用をしやすい）。電離放射線は地球上の生命にとって有害である。

ベイカーが特に関心を持っているのは、太陽エネルギーの一部だが、電磁波ではない、太陽高エネルギー粒子というきわめて有害な粒子だ。[1] 原子にとって太陽は高温すぎて、たとえ気体の形でも存在できない。そのため太陽は主にプラズマでできている。プラズマは、固体、液体、気体に続く物質の第四の状態で、四つの状態のなかでは最も高温だ。太陽のプラズマは基本的に、水素原子とヘリウム原子の構成要素と等しい。つまり太陽プラズマでは、陽子と電子、そしてイオン化したヘリウム原子核といった荷電粒子が運動している。こうした粒子の運動は電流を生み出し、その電流がさらに磁場を生む。大量のプラズマは非常に高温なので、特にエネルギーの高い粒子は定常的に太陽の引力に打ち勝って、宇宙空間に飛び出している。これは太陽風と呼ばれ、地球磁気圏の太陽側を押しつぶす力になっている。たまに、太陽の高層大気（コロナ）の穴から高速の太陽風が吹き出してきて、数時間から数日間、地球に強く吹きつけたりもする。

太陽内部は絶えず動いていて、非常に不安定だ。そこに継続的に生じているゆがみによって、太陽の磁力線は引っ張られているが、やがて突然、一気に元の形に戻り、大量の磁気エネルギーを放出する。ときにはこれが太陽表面のフレアという現象になる。フレアが発生すると、波長の長い電波も含めて、あらゆる波長が放射され、それが数秒から数時間継続する場合がある。そうした電磁波の一部は、太陽フレアの発生中に白い形として見える。この電磁波は八分後に地球の高層大気に到達する。その電磁波が十分に強いと、無線通信を混乱させることがある。

ところが太陽の磁場の乱れには、コロナの一部で爆発的な現象を生じさせる力もある。秒速三〇〇〇キロ以上で動く、数十億トンの磁気を帯びたプラズマの塊が、地球へと狙いを定めて向かってくることがあるのだ。これをコロナ質量放出（CME）という。NASAはCMEのイメージ図を作成しているが、まるで、ドラゴンの口から吐き出された赤く熱い炎がうなりを上げながら、ノミほどのサイズの地球に襲いかかっているように見える。CMEでは衝撃波が生じる場合もある。またCMEの磁場が地球磁場と逆向きの場合には、地球磁場に嵐を引き起こしかねない。この「磁気嵐」という現象が目に見える形になったものがオーロラだ。私が北極圏のキングウィリアム島で見た、夜空で点滅する緑の光のカーテンもその一例だ。太陽フレアとCMEの衝撃波は、太陽高エネルギー粒子も生成する。これはさらに高速で、はるかに有害だ。

太陽プラズマと同様に、太陽高エネルギー粒子も陽子と電子、そして高エネルギーのヘリウム原子核からなる。これらの粒子は電荷を帯びていて、運動をしているので、電流を生成しており、それがさらに磁場を生成している。この粒子にも電離作用がある。電離放射線——太陽高エネルギー粒子でも、電磁波でも——は目に見えないエネルギーの弾丸のようだ。生物の組織内を通過するときに、そこにあるＤＮＡを壊滅させることができるのだ。がんや遺伝子欠陥、放射線障害の原因になり、死をもたらすこともある。さらに地球は、発作のように襲ってくる太陽放射線に加えて、銀河宇宙線にもたえずさらされている。この銀河宇宙線は太陽系の外側からやって来る放射線で、銀河系内の超新星爆発が起源と考えられている。

私たちをこうした有害な電離放射線から守ってくれているのが、磁気圏、大気、そして外帯と内帯からなるヴァン・アレン帯だ。そしてこれらは、地球の中心核にあるダイナモに依存している。地球のきょうだい惑星である火星の場合、誕生して間もないころには、太古の内部ダイナモがあって、保護シールドの役割を果たす磁場を作り出していた。その磁場がときどき逆転していたという説もある。そのシールドのおかげで、火星は厚い大気と、地表の大量の水を保つことが可能だった。四〇億年ほど前、このダイナモが停止した。[2] 金属からなる中心核がかなり冷えてしまい、電流を作るのに必要とされる、きわめて重要な熱対流が止まってしまったというのが最も有力な説だ。または、プレート同士が融合して――火星にプレートがあると仮定した場合だが――現在の火星にある、「スタグナント・リッド」（動かない蓋）型の地殻ができたことが原因になった可能性もある。その場合、火星は中心核から熱を効率的に放出できなかったことになる。やはり対流は停止しただろう。三番目の仮説は単純で、中心核が十分な熱を放出して固体になった結果、液体の外核があまりにも少ないために電流を維持できなくなり、それによってダイナモが自然に消滅するというものだ。火星のダイナモが停止した理由はいまも研究中だが、ベイカーも関与している、最近のＮＡＳＡの火星探査衛星ＭＡＶＥＮ（火星大気・揮発物質進化）では、ダイナモ停止が招いた結末が確認されている。ダイナモが弱まると、太陽からの猛烈な太陽風と紫外線が火星の大気をすっかりこそぎ落としてしまったのだ。[3] 十分な二酸化炭素も含めて、大気がなければ、火星が生命を維持できるとは期待できない。現在の火星は気温が低すぎるし、あらゆる放射線に対してあまりにも脆弱だが、生命の証拠を探すミッションは続いている。

二〇一一年に打ち上げられた、NASAの木星探査衛星ジュノー（これにもベイカーは関与している）は、太陽系惑星のダイナモのしくみを理解するための手がかりを求めて、木星の強力な磁場と放射線帯を調査中だ。二〇一七年に送られてきたクローズアップ画像はとても印象的だ。木星の南極が、まるで渦巻のある青いビー玉の中心をのぞき込んだかのように見える。その内側には巨大なサイクロンがちりばめられている。ラスロップが説明してくれた乱流のようだが、はるかに規模が大きい。これほど強力な磁場を垣間見ると、うっとりとするとともに、謙虚な気持ちにもなる。木星の磁場は地球磁場よりおよそ一〇倍強く、金属水素〔高圧によって金属の性質を持つようになった水素〕の中心核の中にあると考えられるダイナモによって生み出されている。ダイナモ理論の研究者は、かつては地球の磁場だけを調べていたが、こうした新しい情報のおかげで、どんなダイナモでも複雑であることがわかったとベイカーはいう。

しかしベイカーにとって、空を見上げることは、前を見ることでもある。彼は長いあいだ、フレアやCMEなどの太陽嵐と呼ばれる現象の予測を向上させるとともに、社会に向けて、こうした現象から身を守る方法を身につけるように促す取り組みを続けてきた。そうするうちに、地球の磁極が練っている作戦に対する注意力が養われたといえる。地磁気が逆転し、磁場とともに磁気圏が衰えると、何が起こるだろうか？　地球の双極子磁場に依存しているヴァン・アレン帯は、構造自体が変形するだろう。逆転が進んでいるときのヴァン・アレン帯は、今よりも複雑な、縞模様のある構造になり、不安定になって、輪郭もはっきりしなくなり、荷電粒子をあまり効率よく捉えられなくなると考えられている。

そのうえ地球の磁場そのものが、太陽風や太陽フレア、ＣＭＥ、太陽高エネルギー粒子、銀河宇宙線という形で届く、現在と同じレベルの放射線から私たちを守れるほど強くはなくなるだろう。そして地球磁場による保護のない状態は、少なくとも数百年は続く、地球全体の現象となる可能性が高い。もしかしたら数千年続くかもしれない。地震や津波、火山噴火がやってきて、破壊をもたらし、人々に復興をゆだねる、というのとは違う。磁場の保護がない状態がもたらす被害は、何世代にもわたるだろう。宇宙線がもたらす、明確で独特な損害の可能性に浸って一生を過ごしてきた一人の科学者にとって、過去二、三〇年ではっきりしてきたこの状況は、きわめて明確な危険信号だった。

私は、起こるかもしれない地磁気逆転について、ベイカーと電話で長時間話してから、彼に直接会うためにボルダーにやってきた。早起きのベイカーはたいてい、五〇〇人の研究所員の誰かが研究所の広大な駐車場に車を駐車する何時間も前から、自分の机に向かっている。ベイカーはＬＡＳＰの所長であるだけでなく、大学の物理学科と天文・惑星科学科の両方で教えてもいた。私が彼に会ったとき、宇宙ミッションのハードウェアの設計、建造、テストを実施するＬＡＳＰは、四つのＮＡＳＡミッションの運用をおこなっていた。ベイカーの組織には、いつも五〇人から六〇人の大学院生がいる。私はスケジュールがつまった組織のトップに会うつもりで準備していた。しかしベイカーは予想と正反対の人物だった。彼は話をしたがった。心配を募らせていたのだ。

ベイカーは理由を列挙した。彼は宇宙物理学者として、地球物理学者たちと同じように、南大西洋磁気異常帯の成長を監視してきていた。ただし使っていたのは、NASAのSAMPEX衛星のデータだった。この衛星は磁場そのものではなく、地上数百キロメートルにある荷電粒子や高エネルギー粒子の数を計測する——つまり、磁場の衰退によって入ってきたものを調べるのだ。この衛星データからは、二〇年間で南大西洋磁気異常帯が移動しているだけでなく——それは現在、ちょうどブラジルに重なる位置にある——広がってもいることや、その上空の磁場が弱まりつつあることを発見した。これは地球物理学者たちがSWARM衛星のデータから計算した結果に対応するものだ。それだけではなく、北磁極が高速で移動しており、磁場全体が弱まっていることもわかった。ベイカーにとって意外だったのは、この変化を観測できたのが、地質学的な記録がいつも扱っている、何百年というのんびりとした期間ではなく、二〇年という観測衛星一基の寿命の範囲内だったことだ。

かなり多くの地球物理学者たちが、地磁気が逆転するかどうか慎重に判断しようとしているのとは対照的に、ベイカーはこうした結果から、彼が「妥当なシナリオ」と呼ぶものに向かって大きく歩を進めている。これが逆転の始まりだとしたら——あるいは、その可能性があるというだけでも——ベイカーはそこから予想される影響を考えずにはいられなかった。そうすることが身についているのだ。地球磁場の強度がわずか一〇分の一まで減少したら、私たちの世界はたった今、どのように見えるだろうか?

物理学者の故リチャード・ファインマンが言うように、科学者は既知の事実にしばられる。七八万年前、最後の地磁気逆転が起こったときに、人類は現れていなかった。参考にできるような文書記録や言い伝えは存在しない。それでも、これまでの逆転の期間に何が起こったかについて、過去からの手がかりがいくつか残っている。そして科学者たちは、過去の出来事から推定した場合に起こりうる出来事についての他の数少ない研究に、兆候を見つけてきている。こうした手がかりを裏付ける科学的根拠を注意深く確認し、太陽嵐がすでに世界に与えている影響についての証拠を調べたうえで、そこでわかったことを未来に適用すれば、何が起こる可能性があるのか、少しは見えるはずだ。それは、ヘンゼルとグレーテルが落とした、パンくずの道しるべを追いかけていくようなものだ。

二つの疑問が浮かび上がってくる。もっと激しい太陽嵐が文明に与える影響について何がわかっているのだろうか？　そしてそれが人間を含めた生物に与える害について、私たちはどこまでわかっているのだろうか？

第26章　光が予言する恐怖

宇宙からの有害な宇宙線が地球に影響を与えうるという考えは、単なる理論上のものではない。実際に現在でも太陽嵐の発生時には、放射線が爆発的に広がり、ときとして地球の磁気シールドや大気を貫通する。太陽自体の磁場は、太陽磁場の逆転周期であるおよそ一一年のあいだに強まったり弱まったりしており、予測不可能な太陽嵐も実は、そうした太陽磁場の変動とともに発生頻度が増減する傾向がある。一方で、太陽嵐はもっとランダムに発生することもある。ダニエル・ベイカーにとって、そうした太陽嵐は、地球磁場の保護が失われた未来の姿についての最初のヒントである。

非常に強力な太陽嵐が発生すると、有害な放射線が大気を通り抜けて、地球の表面にぶつかることがある。こうした事象は、地上レベルでの宇宙線線量増大事象（ＧＬＥ）と呼ばれている。このテーマについての科学論文には婉曲的な科学用語がちりばめられていて、このＧＬＥもその一つだといえる。太陽向けのガイガーカウンターとでもいうべき、地球上に設置した放射線モニターの国際ネットワークからのデータによれば、一九五〇年以降では、七〇回以上のＧＬＥが発生している。一番の心配は、ＧＬＥが航空機の乗客・乗員——特に妊娠時——や、航空機の飛行に必要な計器にどのような影響を与えるのか、ということだ。

しかし太陽嵐は、航空機や生体組織に影響を与えるだけでなく、代えのきかない電力インフラやパイプライン、その他の産業テクノロジーに損害を与える可能性もある。特に、そうしたシステムが相互接続している場合にはその可能性が大きくなる。社会はリスクに気がつかないまま、電力系統の接続性をかつてないほどに高めており、システム間の相互依存性は日に日に高まっている。

比較的最近発生した二度の太陽嵐は、現代のテクノロジーが太陽放射線に対していかに脆弱であるかという教訓として、詳細に研究されている。一九八九年三月一三日と一四日に発生した太陽嵐では、大規模な磁気嵐が発生し、カナダ・ケベック州で停電が発生した。電力システムの一部に、磁気嵐によって誘導された電流が過剰に流れたことで、システムに組み込まれていた保護機能が作動して、送電網の最初の部分が遮断され、他の部分もすべて次々に止まっていったのだ。六〇〇万人が電力なしで九時間過ごした。アメリカ・ニュージャージー州のセイラムにある原子力発電所では、変圧器がオーバーヒートして、一時的に稼働を停止させなければならなくなった。イギリスでは、同じ磁気嵐によって二カ所の変電所が被害を受けた。科学者はこのときのことを、太陽が世の中を暗くした日と呼んでいる。

これより大規模だったのが、二〇〇三年のハロウィン磁気嵐と呼ばれるもので、これは太陽の隣接した複数の領域から一七のフレアが噴き出した後に発生した。そのフレアの多くでは、その後に激しい放射線の放出が起こった。一〇月二八日に発生した大きなフレアでは、直後にコロナ質量放出（ＣＭＥ）――磁場を伴ったプラズマの爆発現象――が発生した。このプラズマ塊のスピードは、近くにあった観測衛星によって、秒速二〇〇〇キロメートルと計測されている。[1]この観測衛星はその後、フレアから放出された陽子によって観測ができなくなった。その翌日、別の巨大なフレアが爆発し、その後にはまたもや激しいＣＭＥが発生した。ハロウィンにあたる一〇月三一日にそのエネルギーが地球に到達すると、主要な部分を停止させることで電力網を守ろうと、北米中の電気技師たちが奔走した。南アメリカでは、変圧施設がひどい損害を受けた。スウェーデンのマルメでは一カ所の変電所が停止して、五万人が一時間、明かりなしで過ごした。少なくとも一三カ所の原子力発電所が、設備を損傷から守るための手段を講じた。

　このときの太陽嵐で、アメリカ連邦航空局は初めて航空機向けの放射線警報を出した。大量の放射線が、磁力線が出入りする極域から地球の大気に入り込んだのだ。極域を飛行する航空便は、乗客や乗員に危険が及ぶため、航路を変更した。また地球周回衛星が停止していたため、航空会社はＧＰＳを用いた精密着陸誘導ができなくなった。原油や天然ガスを掘削するための磁気探査もおこなえなくなった。磁気測量や地球物理学的測量も機能がストップしてしまった。一方米軍も、通信衛星が機能しなくなったため、海での作戦中止を余儀なくされた。六億四〇〇〇万ドルの費用をかけた日本の科学衛星ＡＤＥＯＳ－Ⅱ（みどりⅡ）は通信が途絶えてしまった。この衛星には、一億五四〇〇万ドル相当のＮＡＳＡの観測装置が搭載されていた。また高度四〇〇キロメートル（ヴァン・アレン帯の内側）の国際宇宙ステーションに滞在中の宇宙飛行士は、ロシアが親切にも提供していた追加の放射線防護シールドの下に潜り込んで身を守り、無事に切り抜けられるよう願わねばならなかった。[2]その退避行動によって、宇宙飛行士たちが浴びた放射線の量はほぼ半分で済んだのだ。

　ハロウィン磁気嵐を引き起こした太陽嵐のエネルギーは、銀河系の中を一年以上かけて伝わっていった。火星探査機２００１マーズ・オデッセイは、このときの太陽高エネルギー粒子の強い放射を受けて、複数のセンサーが停止してしまった。このフレアは非常に強力で、恒星よりも明るかったため、この探査機は恒星を基準点として航行することができなくなった。この太陽嵐は、木星と土星の近くにいた探査機でも記録され、さらにずっと後には、太陽から一一〇億キロメートルのところにいたボイジャー2号でも観測されている。

はるかに深刻な——したがって地磁気が逆転したときに地球が経験することに似ているという意味では、多くの手がかりが得られる——現象が、スーパーストームという特に大型の太陽嵐だ。スーパーストームの際に太陽から放出される非常に強力なエネルギーは、地球の磁場を一時的にではあるが著しく弱める。数百年前に太陽活動の継続的な記録が始まってから、こうしたスーパーストームは二回しか知られていない。最初に発生したのが、キャリントン・イベントだ。この名称は、このイベントの進行を驚きながら見守っていた、イギリスの天文学者リチャード・キャリントンにちなんでいる。ベイカーは、一八五九年に発生したキャリントン・イベントを研究していたことがあるという。一八五九年といえば、ボルダーという町ができたのと同じ年であり、ダーウィンが『種の起源』を発表した年でもある。

その年は、ファラデーがロンドンの王立研究所の地下で誘導リングを作成してからわずか二八年後だ。ファラデーの実験が、磁石によって電流を発生させることに成功した時点では、社会の動力源としてその電気を利用するという考えは想像もつかなかった。しかし一八五九年には、最初の大西洋横断ケーブルによる、ヨーロッパと北アメリカのあいだでの電信信号の送信がすでに始まっていた。一〇万マイル（一六万キロメートル）を超える電信線が、この二つの大陸全体と、オーストラリアにある電信所をつないでいた。[3] それは人類が初めて作り出した大陸規模の電気テクノロジーだった。

キャリントン・イベントの始まりは、八月二八日に太陽面上に現れた黒点だった。九月一日、キャリントンは「およそ五分続く、類のない光の爆発現象」を見た。それは、人類によって報告された初めてのフレアであり、キャリントンは、小さな虫のような形をしたフレアのスケッチまで描いている。このフレアに続いて、現在であれば強力なＣＭＥとされる現象が起こり、さらに太陽高エネルギー粒子の嵐が続いた。このプラズマは、フレアの特徴である可視光線よりも遅れて、一七時間四〇分後に地球に到達した。氷床コアの分析から、キャリントン・イベントは過去五〇〇年間で最も危険な太陽放射線現象だったことがわかっている。宇宙飛行士の太陽放射線被曝を考えるうえでは、このイベントは、予想される限り最悪で、命を脅かすレベルのイベントの基準とされている。[4] 太陽嵐が獰猛なまでに強力だというだけでなく、それが運んでくる磁場が地球磁場と逆向きだったことが問題だった。地球上で深刻な磁気嵐が起こる材料がそろっていたと言える。

途方もないオーロラが、八月二九日と、九月一日、二日の夜明けの空を照らし出した。オーロラは通常、北極と南極を取り巻く、長円形をした幅の狭い輪のような領域に出るが、このときは印象的なオーロラを、赤道の南北それぞれ数度あたりの国や、オーロラになじみのない世界中のさまざまな場所で見ることができた。アメリカの首都ワシントンにいた新聞記者は「その光は流れるように現れ、ときにミルクのように真っ白に、ときに薄紅色になった……上空にかかる王冠は、まさに、銀と紫と深紅の王座のようで、目がくらむほど美しいカーテンがたなびき、また広がっていった」と伝えた。[5]オハイオ州の通信員は、「空全体がまだらのある赤色になり、北からすさまじい砲撃のように、光の矢が撃ち込まれてきた」と書いている。[6]人々は恐れおののいた。町が火事になったと考えた人々もいたし、急いで教会に行って、この光が予言するどんな恐怖も防げるように祈った人もいた。[7]

当時新しかった電信システムとそのための電力線は、この磁気擾乱が生み出す凶暴な電流の標的になった。[8]ニューヨーク、ボストン、フィラデルフィア、ワシントン、マサチューセッツ、ロンドン、ブリュッセル、ベルリン、ムンバイ、そしてオーストラリア全域で電信が不通になり、フランスでは電信所がひとつ残らず使えなくなった。ピッツバーグでは、電信線につながっていた電池が火を噴き出した。スウェーデンでは、電信線が火花をまき散らした。ノルウェーでは電信線からの火花があまりに激しかったため、電信所にあった紙に火がついたし、電信装置が取り返しのつかない損傷を受けないよう、電信線を接地しておかなければならなかった。ボストン・ポートランド間など、いくつかの区間では、磁場の変動によって電信線を流れた電流があまりに大きかったため、電信係は、電池との接続を切っても、「空の電力」の力だけで電信を送ることができたという。

地球磁場の乱れは一一日間続いた。

太陽面での爆発は、地球大気の奥深くまで到達していただけでなく、人間が地球の表面に作っていたあらゆる電気的構造を駆け巡り、それを使えなくしていた。これを現在の用語を使って説明すると、地球磁気圏と、その内側にある電離圏を流れる電流パルスによって（電離圏は上空六〇キロメートルから一〇〇〇キロメートルに広がる厚い大気層で、宇宙線や太陽放射線によって原子がばらばらにされ、電離している）地球表面で磁場の振動が発生していた。そうした磁場の振動は、マクスウェルの電磁気法則にしたがって電流を発生させた。この電流の媒介となったのが、地球の地殻と上部マントルだった。こうした電流は地磁気誘導電流、または「地球」を意味するラテン語「tellus」から地電流（telluric current）と呼ばれている。磁場の振動によって生じた地電流は、長くて流れやすい経路を探した。地電流が見つけた一番よい経路が、人間が電信信号を送るために設置していた、導電性が非常に高い、地上の電信線だった。しかし、この電流はあまりに大きくて、この電信線には処理できなかった。電信線は参ってしまった。オーバーヒートして、通信が停止するか、火花が飛び散った。CMEが自然に収束し、変動していた地表の磁場が安定すると、この地電流は流れなくなった。

この時代の科学者たちはすでに、オーロラが激しく光る日には電信が乱されることに気づいていた。またその数年前の一八五二年にはエドワード・サビーンが、太陽活動と、地球上の地磁気変動にはつながりがあるという考えを発表した。サビーンは磁気十字軍の発案者であり、ゲッティンゲン磁気協会にあった世界各地からの大量の磁気データをとりつかれたように掘り起こして、そこにパターンを見つけようとした人物だ。サビーンの説は驚くような話であり、太陽と地球の磁力線がたわむれ合っている可能性を示した初めての手がかりだった。実際に、問題のスーパーストームに先だって生じたフレアに気づいたとき、キャリントンは一八五九年八月末から太陽面にあった黒点を観察しているところだった。[9] それでも当時の多くの科学者は、太陽の活動が地球上のシステムに何らかの影響を及ぼしうるとは考えなかった。キャリントン・イベントが起こっても、多くは納得しないままだった。そうした懐疑的な見方を支持していた一人が、ケルヴィン卿だ。[10] 彼は、地球の内部が固ゆで卵のような固体だという、別の誤った説も熱烈に支持していた。

一五三年後、観測開始以来二度目の巨大なスーパーストームが襲来したときには、科学者たちは、太陽の変化に地球磁場がつねに反応していることを疑っていなかった。彼らはずっと、今ではキャリントン級スーパーストームと呼ばれている現象がいつ太陽から飛び出してくるのかと不安げに見守っていた。そしてそれが地球を直撃した場合には、どんな影響があるのかと考えていた。二〇一二年七月二三日、それは何の前触れもなくやってきた。そのころは、太陽の磁場が比較的穏やかな時期で、極端な現象が起こるとは予想されていなかった。このスーパーストームについて聞いたことがある人がほとんどいないのは、運命の気まぐれで、この激しい爆発現象が、地球と離れた方向を向いた太陽面上で発生したからだ。それが一週間早く発生していたら、爆発の全勢力がこの地球と、そこに住む生物、そして私たちのインフラに集中していただろう。

ベイカーは、このとき起こったことについて、科学捜査分析のようなことをした。惑星間空間に位置していたＳＴＥＲＥＯ－Ａ衛星は、事件の全容を捉えていた。近くにあった他のいくつかの観測衛星でも観測がおこなわれていた。そうした観測衛星があったのは、地球磁気圏の外側の、一般的に強度が比較的弱い惑星間磁場の中だったため、爆発は観測衛星の装置をだめにするほど強い電流を発生させず、観測装置には、スーパーストームが発生しているあいだのプラズマ速度がずっと記録されていた。

そのスーパーストームは、それまで誰も想像できなかったほどひどく、ケベックの停電やハロウィン磁気嵐を起こした太陽嵐よりもはるかにひどかった。このときも、最初にフレアが発生し、次に異常な速度と強さのCMEが発生した。これによって磁気を帯びた大量のプラズマが宇宙空間のある方向に押し出されて、高速で進む雲となった。このときの太陽高エネルギー粒子の推進力は、観測史上でも最も強いなかにかぞえられた。別の研究では、このCMEより少し前に、太陽の同じ領域からCMEが放出されていた可能性が高いこと、そのCMEの軌跡が宇宙空間にわだちのように残り、そのおかげで二つめのCMEがいっそう壊滅的なスピードで進むことができたことが明らかになっている。[11]

このスーパーストームの強さは、少なくともキャリントン・イベントと同程度だった。地球が春分や秋分の位置にある日にこのスーパーストームが到達していたら、地上ではキャリントン・イベントの一・五倍ほどの影響が出ていただろうとベイカーは計算している[12]［春分や秋分は太陽風の方向と地球の双極子磁場の向きが直角になるため、太陽風の影響を強く受けやすいとされる］。キャリントン・イベントと同じく、誰もこのスーパーストームを予測していなかった。NASAによれば、地球の電力インフラは壊滅的な影響を受け、文明は電気が普及する前のビクトリア時代に戻っていたはずだという。まず、壁のコンセントにプラグを差し込むたぐいのものは何も使えなくなっていただろう。それだけでなく、車にガソリンを入れることも、銀行を利用することも、さらにはトイレを流すこともできなかったはずだ。自治体の下水処理システムを含めて、こうした機能はすべて最終的には電気に頼っているからだ。その影響は社会全体、そして経済全体に広がっていく。ついには長大なパイプラインが、腐食防止の回路が対応しきれなくなったために腐食するようになる。スーパーストームの潜在的な影響を分析した報告書によれば、復旧に何年もかかった可能性があるという。[13]

この二〇一二年に起こったスーパーストームのニアミス事件は、不安にさせられるには十分なもので、アメリカや他の国の政府が、スーパーストームのより良い予測方法に関心を抱くきっかけになった。このニアミスで発生するような磁気嵐は、電気インフラが長期間止まる「ブラック・スカイ・ハザード」に備えるために、二〇一〇年に設立された国際組織である、電気インフラ安全保障カウンシルの重要課題としてあげられている。アメリカでは科学者たちが、磁気嵐による電力網のリスクを列挙した地図の作成を始めている。さらに二〇一五年一〇月にアメリカのバラク・オバマ大統領は、こうした現象についての情報をさらに収集し、広めるための詳細な国家宇宙天気行動計画を制定している。

このような、実際に起こった、または起こっていた可能性のある出来事についての分析は、地球磁場がまだ強い時期に、まれにしか起こらないスーパーストームが地球を襲うというシナリオに基づくものだ。しかしキャリントン・イベントの前から磁場は弱まってきており、現在の磁場は一八五九年の磁場よりもずっと弱い。磁場が逆転していて、磁場強度が通常の一〇分の一まで減少していたら？　めったに起こらないキャリントン級スーパーストームのリスクはしばらく脇に置こう。週に何度も起こる可能性のある通常のフレアは、地球にどのような影響を与えるだろうか？　頻繁に発生し、予測の難しいＣＭＥはどうだろうか？　命にかかわる可能性のある太陽高エネルギー粒子が到来したら？　絶えず降り注いでいる銀河宇宙線は？　こうした日常的に発生する現象から、私たちは地球の磁気シールドによって守られている。シールドがなくなったときには、こうした現象は生物に何をするだろうか？　その答えは気持ちのよいものではない。

第27章　放射線のホットスポット

地球物理学者たちは、地磁気の逆転が進行中かもしれないと疑い始めるよりもかなり前から、ある驚くべき考えを掘り下げ始めていた。一九六〇年代初頭のことだ。地磁気逆転説はようやく研究者に認められてきたところだった。この説は驚くようなことを暗示していた。その一つが、地磁気逆転は生物種を絶滅させたり、変異させたりすることで、進化のパターンに影響を与えたのか、ということだ。この見方は、地球磁場は宇宙線からの隠れ家を提供し、太陽風によって引きはがされないよう大気を守っているという考えとは次元が異なっていた。それは物理学を越えた形而上の問題だった。つまり、地球中心核の融解部分での陰謀が、地殻の上に生きる生物の生死を決めているのだろうか？

一九六三年にそうした議論が始まった直接のきっかけは、ヴァン・アレン帯の発見だった。[1] 地球磁場が逆転したら、ヴァン・アレン帯で捕らえられていた放射線はどうなるのだろうか？　太陽風が地球に放射線を浴びせかけ、遺伝子変異を増加させるだろうか？　そして、以前の逆転でもそういうことが起こっていたのだろうか？　ウェスタン・オンタリオ大学のロバート・アッフェンが一・五ページの論文で立てた仮説では、その答えは「イエス」だった。

「地球という熱機関の内部機構がコントロールしているのは、造山作用や火山、地震といった地質学的現象だけではないことが、ますます明確になりつつある。大気や海洋の形成のような地球化学的現象や、磁場や放射線帯などの地球物理学的現象、さらには生命の起源と進化などの生物学的現象までコントロールしているのだ」アッフェンは論文でそうした結論を述べている。

次におこなわれたのが、岩石記録の調査だった。今回は、岩石に残されている磁気の記憶だけでなく、化石の記録も調べた。生命は少なくとも三六億年のあいだ、この地球上でずっと続いているのだから、過去の地磁気逆転があらゆる生命を絶滅させたわけではないのは明らかだ。とはいえ、過去の逆転が大量絶滅につながったことはあるのだろうか？　見たところ、証拠はほとんどなかった。なにしろ、地球で大量絶滅は五回しか起こっていない。一方、磁極の逆転や、逆転寸前の現象は数百回起こっている。したがって、逆転は大量絶滅を引き起こしてはいない。少なくとも、逆転が必ず大量絶滅を引き起こしたわけではない。しかし詳細に調べてみると、こうした議論の立て方のロジックは崩壊してしまった。逆転にかかる時間は数千年かそれ以下であり、時間スケールがそこまで正確な古生物学的記録はめったに存在しないのだ。地球規模の岩石記録でも、そこまで短い期間に対応したものは見つけるのが難しいし、その期間内に永遠に消え去った種の記録となればなおさらだ。五度の大量絶滅の証拠が残っているのは、それらが数百万年という期間に及んでいたからだ。

研究者がデータをさらに掘り進んでいくと、いくつか風変わりな点が現れ始めた。二度の大量絶滅の発生時期が、地磁気逆転のテンポが急変した時期と重なるのだ[2]。その二度のうち、最初の大量絶滅は、ペルム紀末にあたる二億五二〇〇万年前に起こった。このときは地球上の生物種の九五パーセントが絶滅したため、「大絶滅」と呼ばれている。二度目は、白亜紀末の六五〇〇万年前に起こった、恐竜を死滅させた大量絶滅である。どちらの大量絶滅の前にも、地球磁場が数千年にわたって変化しない「超磁極期」があった。この二つの大量絶滅にはさまれた期間には、磁場は何度も逆転している。これについての学説の一つが、超磁極期には、生物が進化するにあたって、地磁気逆転の過酷さに適応する必要がなかったので、逆転が起こると、絶滅も急激に増えたというものだ。この説でいけば、地磁気逆転に対して現在の生物がどれだけ脆弱かという点については、少し安心できるかもしれない。恐竜が絶滅して以来、比較的速いペースで逆転が繰り返される時期が続いており、そのせいで、現在地球上にいる生物の遺伝情報には、ある程度の保護能力が組み込まれている可能性があるのだ。

一九七一年になると、この科学的探求は、過去六億年にわたって、動物を分類する科の数の変化を示す指標——大量絶滅ではなく、絶滅のペースを示す——を地磁気逆転のタイミングと比較するという方向へ進んだ。この研究をおこなった、キャンベラにあるオーストラリア国立大学のイアン・クレインは、そのあいだに驚くほど高い相関があることを見いだした。[3] でもなぜだろうか？　地磁気逆転によって生物の絶滅が促され、それによって、代わりの生物の登場が後押しされたのだろうか？　クレインは、実験室での実験を取り上げて、磁場が弱いこと自体が、動物の移動や繁殖を困難にすることで、絶滅の原因になっているという説を提案した。

しかし、絶滅のしくみはもう一つあるかもしれない。一九七〇年代と一九八〇年代の新たな研究成果からは、研究対象のほぼすべての生物において、方角を知るのに地磁気の向きが重要であることが明らかになった。多くの生物は、食べ物やつがいの相手、繁殖場所、越冬地を見つけるのに磁場を使っている。しかし、たとえばハツカダイコンも、地磁気にしたがって根の向きを決めている。犬はリードでつながれていなくて、磁気嵐が発生していない限り、体を東西ではなく南北に向けて小便をするのを好む。地磁気逆転の進行中にはどうなるのだろうか？　方角を知るのに地磁気に頼っている動物は、その状況でも目的の場所にたどりつけるのだろうか？　それとも、みんな絶滅してしまうのだろうか？

危険な放射線はどうなのだろうか？　地球の厚い大気は、磁場のあるなしに関係なく、激しい太陽放射線や宇宙線に対する物理的な防護壁になっていると昔から考えられていた。たとえば、飛行機に乗っているときの被曝放射線量は、高度と緯度が高くなるにつれて増していくことから、磁力線が集まる極地方をのぞけば、大気がフィルターの役割を果たしていることがわかる。しかし、磁場が弱くなったらどうなるのだろうか？　手がかりとなったのが、海洋堆積物に残された記録だ。海洋堆積物は、前回の地磁気逆転で発生した宇宙線粒子と大気の衝突のしるしである、放射性ベリリウム同位体の増加を示していた。[4]これは、高層大気に到達して、大気と衝突し、有害な二次放射線をまきちらす宇宙線粒子が増えたことを意味する。とはいえそれは二次放射線の話であって、有害な高エネルギー粒子そのものが地面に届いていたという痕跡ではない。

その次に登場したのが、電離作用のある粒子ではなく、オゾン層の破壊による悪影響についての研究だった。一九九五年にオゾンホールの研究でノーベル賞を受賞している、オランダの化学者パウル・クルッツェンは一九七五年に、太陽から飛来する陽子が成層圏でイオンを生成し、このイオンが、さらに別の化学反応を経て、オゾン層の大規模な破壊を引き起こすことを明らかにした。[5]オゾン層が破壊されると、有害な紫外線放射が地表に届くようになる。他の研究者らは、地磁気逆転の進行中は、オゾン層が広範囲で消滅し、特にその時点での磁極付近は、大量の紫外線B波が地表に降り注ぐことを明らかにした。紫外線B波は、電離作用はないが、生体組織に対してさまざまな有害作用を及ぼす。皮膚がんや、目や免疫系への長期的な損傷はどれも紫外線B波と関連している。最近では、フランスの地球物理学者ジャン＝ピエール・ヴァレが、オゾン層の破壊はネアンデルタール人が最終的に地球から姿を消した一つの要因だという説を提唱した。[6] 最後まで残っていた小さな集団が消滅したのは、地球磁場の強度が通常の一〇分の一まで減少した、四万年前のラシャンプ地磁気エクスカーションのころだ。ネアンデルタール人は、色白で赤毛であることが多く、そうした皮膚や髪の色をしている現代人と同じように、特に紫外線B波の損傷を受けやすかったことがうかがえる。

結局、過去の地磁気逆転が過去の生命にどのような影響を与えてきたのか——そして将来逆転が起こったときに、生命にどのような影響を与えるか——ということについての証拠は乏しく、理論上のものが中心であり、決定的ではない。ドイツの物理学者カール＝ハインツ・グラスマイアーとヨアヒム・ヴォクトは二〇一〇年に発表した、関連研究について幅広くまとめた解説論文でこう結論している。「地球磁場が原因の生化学的作用が、地球上の進化にどういった形の影響を与えるかについて答えを出すのは時期尚早だ」[7] この結論は、進化への影響があることをにおわせている。

私は、ボルダーにあるベイカーの広々したオフィスで、本が並んだ壁を背に、山々を見渡す広いテーブルに向かい、こういった考えについて彼と話した。ハリウッド映画のキャスティングエージェントなら、ベイカーには軍隊の大将の役を割りあてるだろう。背が高く、肩幅が広くて、真っすぐで黄褐色の髪をしている。戦うためのエネルギーを節約しているかのように、じっと座っているすべを身につけている。二〇一二年のスーパーストームのニアミスについて連邦議会で証言したことがあり、その席で彼が放っていた威厳が想像できた。いかめしいという印象さえあるベイカーだが、ときどき、プレーリーのように乾いた冗談を言い、珍しく笑みを浮かべるときは別だ。彼は科学者にはあまりいないタイプである。世の中には、研究生活のすべてを一つのものだけに向き合って過ごす研究者がいる。サンゴ礁を研究する人もいるし、プラスチック素材の性質を調べる人もいる。初期宇宙で原子が生まれるプロセスの物理を研究している人もいる。一方、ベイカーの情熱は、分野を越えて物事を結びつけることにある。物事を統合するのがベイカーの役割なのだ。世のなかには茶葉やタバコの葉の品質検査員もいれば、森林レンジャーもいる、というのがベイカーの言い方である。彼は後者だ。そしてベイカーが証拠を整理すると、地磁気逆転が進行中の地球上で生物に何が起こるのかについて、よりはっきりした話が見えてくる。

ベイカーによれば、潜在的な危険性がより高い太陽高エネルギー粒子が、地表により近いところまで到達するようになるのは間違いないという。それは散発的な現象で、常に地表の近くまで到達するわけではないだろう。場所によっては、そうした有害な粒子が地表の人間が住んでいる場所まで到達できるようになる。それは銀河宇宙線でも同じ話だが、こちらは常に存在する脅威だ。大気では、スピードが遅く、危険性の低い粒子しか遮られないだろう。

大気というのは、放射線にかんしては両刃の剣だといえる。保護もしてくれるが、害ももたらす。高エネルギー粒子が地球大気の原子に衝突すると、一部が分裂して二次粒子になり、有害な放射線のシャワーがさらに生じるのだ。これと似たような状況が前回の大量絶滅時に起こったことが、ベリリウムのデータからわかっている。［宇宙線と大気分子の衝突で生成されるベリリウムが自然界に残る」数千年にわたって地磁気逆転が進行するあいだ、地球の大気が太陽風の猛威にどこまで耐えられるのかという疑問は、まだ解明されていない。一般的には、大気の大幅な消失が起こるには、磁場逆転の期間は短すぎるということで意見が一致している。しかしベイカーが考えるのは火星のことだ。火星の内部磁場が停止したとき、容赦なく吹きつける太陽風と太陽放射線がその大気を徐々にはぎ取ったのだ。地球の大気がどうなるのかについて、科学者はもっと詳細な分析をしたほうがいいとベイカーは考えている。

ベイカーがはっきりさせたいのは、自分が地球磁場による保護のまったくない世界を考えているわけではないことだ。地磁気逆転の進行中には、弱い多極磁場（複数の磁極がある磁場）ができ、地球上にはその磁場によって保護される、複雑で非対称な帯状の領域がいくつかできる。そうした領域は緯度線に沿って分布していない。地球上の中緯度地域——人間が集まる傾向がある場所だ——の一部は、他よりも磁場の保護が弱くなる。一方で、南北方向に磁場のシールドがまったくない領域もできる。つまり、現在は大気のオゾン層に生じている穴が紫外線量の高いホットスポットになっているのと同じように、放射線のホットスポットができるということだ。そして放射線のホットスポットだけでなく、紫外線B波が強く降り注ぐ危険な領域もできる。高層大気に衝突する太陽放射線や宇宙線が増えて、オゾン層が化学反応によって破壊されるためだ。「地球の一部が居住不可能になるというのは、かなり現実に起こりうることだと考えている」

ベイカーは、次の地磁気逆転の手がかりを求めて過去を調べることには限界があると感じている。次の逆転は、あるきわめて重大な理由から、これまで起こったどの逆転とも基本的に異なるだろう。それは、磁気シールドが現在守っている世界は、七八万年前に磁極が完全に逆転したときの世界とも、四万年前に逆転しかけたときの世界とも異なるということだ。なにしろこの世界には、一九七〇年の二倍にあたる七五億人の人間がいる。最後に地磁気が逆転したとき、人類の祖先は地球上にほんの少数しかいなかった。ベイカーが言うように「状況が完全に変わったのだ」。

私たちは森林を切り倒し、土地を耕し、肉のためだけでなく、娯楽のためにも動物を狩り、化石燃料を燃やして空気や海水の化学組成を変え、工場や都市、道路網を建設してきた。国際自然保護連合の推計によれば、二〇一二年の時点で生物種の三分の一近くが絶滅の危機に瀕しているという。そして動物たちが、人類文明や工業によってまだ占められていない新しい生息場所へと自由に移動していくのは難しい。かつて火山のような地質学的な力がしていたように、人間は今、地球というシステムを動かしている。その一方で、人間の行動とは独立に存在し、コントロール不可能な地球磁場が反乱を企てている。それはベイカーに、さまざまな影響が重なって危険な状態になる可能性があることを語りかけている。転換点を迎える可能性があるのだ。たとえこれまでの地磁気逆転の際には広範囲に及ぶ破壊が起こっていなくても、現在ではそれが起こるかもしれない。危険をもたらす要因がいくつも重なれば、単独の事象と比べて想像もできないくらい悪い結果になる可能性がある。磁場シールドが消えたときに、太陽嵐が発生して、同時に巨大地震が起こったらどうなるだろうか？

しかし問題は、地磁気逆転に関連する生物学的な危険だけではない。海の底から宇宙にまで広がり、私たちをすっぽりとくるんできた、広大な電気とコンピューターの繭が危険にさらされている。それは現代文明の中央処理システムだ。そして危険な粒子が損害を与えるには、地表まで到達しなくてもいい。地球の大気中には数多くの人工衛星や、国際宇宙ステーションがあり、乗員と乗客を満載した飛行機が数多く飛びかっている。太陽高エネルギー粒子はその小型化された繊細な電子機器を突き抜けて破壊できる。宇宙プラズマによって大気中に磁気の振動が生じ、その振動で生み出された地電流が、電力網に必要とされる変電設備を吹き飛ばしてしまう可能性もある。さらに、電力網を制御している、人工衛星による時刻同期システムが機能しなくなれば、電気インフラや電子機器が使えなくなるだろう。電力系統は各部分がきわめて強く接続しあっているため、一部での故障が山火事のように地球全体に広がっていく。地球磁場の変化にきわめて劇的に反応するシステムがここまで同時に存在していたことは、地球の歴史において一度もなかった。

「私たちは無防備なのだ」ベイカーは言った。

第28章 大災害による損失

災害による損失というのは、冷酷な体質で知られる保険業界の興味を集めるものだ。生命や体の一部、インフラの損失はビジネスの対象になる。なにも保険業界にいる人たちが思いやりに欠けると言っているのではない。ただ、彼らは普通の人とは違うレンズを通して未来を見ているということだ。保険業界が、たとえば大気中の二酸化炭素濃度の上昇が社会に与える影響を一番早く真剣に考えるようになった業界の一つだというのも、同じ理由である。彼らは、自分たちが何に直面しているのか知りたいと考えるものなのだ。

やはり「起こりうる事態」を考えるために、保険業界は、宇宙に原因のある磁気擾乱が経済にどのような影響を与えるのかという点に強い関心を抱いている。実際に二〇一五年以降、英国法の下では、保険会社は極端な宇宙天気現象の影響による損害《エクスポージャー》の可能性を算出することが義務化された。そうした現象には、前触れなしに発生する太陽フレアやコロナ質量放出、太陽高エネルギー粒子だけでなく、キャリントン級スーパーストームも含まれている。しかし、そうした損失額を評価するための保険数理計算の分野はまだ初期段階だ。この分野は、二〇一二年に発生したキャリントン級スーパーストームのニアミスをうけて活発になった。現時点での分析は、地磁気逆転の苦しみの真っただ中にある、磁場が弱り切った世界までは対象にしていない。そうした世界ではかつてのキャリントン・イベントの猛威を上回るような影響を与える太陽嵐が日常的に起こるだろう。そのうえアナリストたちは、高層大気内で磁場擾乱が続き、地電流によって電力インフラに被害を与えるというケースだけに限定して考えている。有害な太陽高エネルギー粒子が近所に降り注いだら何が起こるかまでは考えていないのだ。とはいえ、磁気シールドが弱まった世界についての手がかりを求めているのなら、保険業界がおこなっている宇宙天気についての検討からいくつかの手がかりが得られる。

たとえば、「ヘリオス太陽嵐シナリオ」がある。[1] この調査は二〇一六年後半に、ケンブリッジ大学ジャッジ・ビジネススクールの一部であるケンブリッジ・リスク研究センターが、大手保険会社のＡＩＧ（アメリカン・インターナショナル・グループ）から一部資金提供を受けて実施したもので、世界の保険業界では初めてとなる、宇宙天気に関連する損害リスクの検証である。これは天体物理学者、経済学者、エンジニア、公益事業の担当者、異常災害モデルの開発者などへのインタビューに基づいている。検討したのは、宇宙天気事象がアメリカの保険業界にどれだけの損失を与えるかという点であり、そのベースとして、アメリカの電力インフラが太陽嵐に一度だけ襲われた場合の損害について、起こりうる三通りのシナリオを考えている。この三通りのシナリオは、比較的弱い太陽嵐から、影響が何カ月も続くようなスーパーストームまでさまざまだ。たとえば、電力網に使われる超高圧変電施設が損傷を受ければ、再建や交換には一年かそれ以上かかる可能性があると予想される。

アメリカの保険業界のみの損害額は、被害が続く期間によって変わってくるが、五五〇億ドルから三三四〇億ドル近くにまでなる。その大半は、顧客への電源供給の喪失によるものだ。他の似たような事例を見てみると、二〇〇五年のハリケーン・カトリーナによってもたらされた荒廃は、保険業界に四五〇〇億ドルの損害を与えた。宇宙天気事象による損失によって、一部の保険会社は支払不能になり、倒産に追い込まれる可能性がある。

このケンブリッジ大学のグループは、さらに研究を進めた結果を二〇一七年の論文で発表している（これもＡＩＧの資金援助を受けている）[2]。この研究では、極端な太陽嵐が電力網に打撃を与えるケースについて、アメリカにおける一日あたりの経済損失を計算した。次に、アメリカとの貿易に依存している他国経済への波及効果を加えて、最終的に世界規模の推定値を算出している。このように計算する理論的根拠は、近代経済は電力網に大きく依存しており、そこでの機能不全は世界全体に次々と伝わるからだ。

この研究では、極端な磁気嵐による現象の大半は、地磁気緯度が五〇度から五五度の帯状の地域で発生することを出発点としている。北半球では、シカゴ、ワシントンＤＣ、ニューヨーク、ロンドン、パリ、フランクフルト、モスクワがこの地域に入る。南半球であれば、メルボルンとクライストチャーチに影響が出るだろう。次に、アメリカにおいて影響のある地域の緯度方向への広がりがそれぞれに異なり、したがって影響を受ける産業や経済中心地も異なる、四つのシナリオを考案した。太陽嵐の影響範囲は、その規模によって異なる。嵐が激しければ、その範囲は赤道に近い方向へ動く可能性があるのだ。

経済損失が最も少ないシナリオでは、主にカナダ国境沿いの帯状地域で、アメリカの人口の八パーセントに影響が及ぶ。直接および間接の損失額は一日当たり六一億ドルで、一日当たりのＧＤＰ比では一五パーセントに相当する。世界全体の損失額を加えると、総計で一日七〇億ドルになる（数字はすべて二〇一一年の米ドルに換算）。他のシナリオでは、影響が国内の広い地域に広がるほど、損失額も増えた。最も損失が多いシナリオは、最も南にある数州をのぞくすべての州と、アメリカの全人口の三分の二に影響が及ぶというもので、アメリカ経済が一日で被る損失額は四一五億ドルになる。これは、アメリカにおける一日の経済生産の一〇〇パーセントを占める。さらに世界経済への損失分が七〇億ドルあり、合計では一日四八五億ドルだ。どのシナリオでも、製造業から金融業、鉱業、建設業、政府機関まで、あらゆる経済部門が影響を受ける。米国以外の国で最も影響が大きいのは、アメリカとの経済関係が密接な中国やカナダ、メキシコ、日本、ドイツ、イギリスだ。

この研究を実施した研究者らは、対象としたのは、一日で収束する太陽活動現象によって、アメリカの電力網に生じる損害と、その混乱によるアメリカや他の国への波及効果だけだとわざわざ明記している。時間や地理のうえでの広がりをもった潜在的な太陽嵐が、世界全体に与える損失は計算していない。アジアやヨーロッパの広い範囲の電力網が同時に機能しなくなったらどうなるだろうか？　他の分析が示唆しているように、こうした電力網が抱える問題を解消するために必要な体制作りに、一〇年かそれ以上かかる可能性がある場合はどうなのだろうか？　別の言い方をすれば、この研究で扱ったシナリオには限界があるということだ。

強力な太陽嵐で影響を受けるテクノロジーは電力網だけではない。イギリス宇宙庁の資金を受けた研究で、インペリアル・カレッジ・ロンドンのブラケット研究所のジョナサン・イーストウッドらは、宇宙天気による事故の件数は増加している可能性があるものの、それが経済に与える全体的な影響はわかっていないと結論しており、その損失額の計算を早急におこなう必要があるとしている。[3] しかしイーストウッドらのレポートには、宇宙天気の影響を受けていることがすでにわかっているシステムのリストがまとめられており、衝撃的だ。この研究でも、地磁気逆転が進行中の世界は考えておらず、大気内だけで発生し、地表にあるテクノロジーに影響を与える磁気擾乱だけを対象としている。

　ほかのレポートと同様、このレポートも電力網へのリスクに言及している。また、導電率の高い鉄道やトラムのネットワークが地電流から受けるリスクや、電化された公共交通システムのサービスが遮断される問題についても指摘している。さらに、通信の問題がある。人工衛星は、激しい宇宙天気現象に耐えられるように設計されていても、深刻な損傷を受ける可能性がある。大気に降り込む放射線が多い、南大西洋磁気異常帯の上空を通過する人工衛星が、自らを守るためにシャットダウンするのはそのためだ。ヴァン・アレン帯の外帯にある高エネルギー電子は、嵐が発生すると、ライデン瓶で発生する静電気の火花に相当するものを生み出して、人工衛星の電子機器に損傷を与える。太陽高エネルギー粒子は、電子機器の小型部品を貫通して、一続きの損傷を残す可能性がある。部品の大幅な小型化というのが現在の傾向だが、電子機器が小さいほど、一個の高エネルギー粒子で与えうる損傷は大きくなる。

　携帯電話システムは全球測位衛星システム（GNSS）の時刻情報に頼っているが、激しい太陽嵐の発生時には、電離圏で生じる波によってGNSSに深刻な混乱が生じ、それが数日も続く場合がある。また自動運転車や走行中充電テクノロジーは、どちらもますます実用に近づいてきているが、やはり人工衛星の時刻システムに依存しているので、太陽嵐の発生時には同じように信頼性が低くなるだろう。

さらに、二〇一七年に発表された、宇宙天気が人工衛星産業に与える影響にかんする研究は、地球を周回している人工衛星の数は増加しつつあり、相互接続性が高まってきていることを指摘している。[4] 二〇一五年にすでに二〇八〇億ドルの規模があった人工衛星産業では、インターネット接続の提供や衛星写真の撮影など、人工衛星の新たな用途の登場に後押しされて、多数の小型衛星からなる人工衛星群を投入する計画が進んでいる。たとえば、二〇一七年の時点で、ボーイングは数千基の人工衛星群を打ち上げる計画に取り組んでいるし、スペースXは四四二五基からなる人工衛星群を計画中だ。最新の衛星のなかには、衛星間の通信を利用しているものもあり、一基が故障すれば、多くの衛星に影響が及ぶことになる。しかしこうした増強計画の多くは、太陽活動が異常なほど静穏だった過去数年のあいだに出てきたものだ。それだけでなく、人工衛星産業は互いに競争しているので、軌道上の環境で生じた問題や、その解決法についての情報が共有されない傾向がある。この研究を実施した研究者が人工衛星のエンジニアたちにインタビューしたところ、彼らは人工衛星を宇宙天気の猛威から守ることに金をかけるのは価値があるということを、会社経営者たちに納得させるのに苦労していることがわかった。宇宙は、かつてのように、穏やかな真空空間だと思われることはなくなったとはいえ、非常に危険な生きものになり得るとはまだ理解されていないのだ。

太陽嵐が通信システムを妨害する可能性への理解不足が招いた結果というべき教訓的な出来事が、最近になってアメリカ空軍の人々の話から明らかになった。それは一九六七年五月のことだった。[5] リンドン・B・ジョンソンがアメリカ合衆国大統領、レオニード・ブレジネフがソ連共産党中央委員会書記長という時代だ。冷戦の真っただ中であり、ベトナム戦争も激しいころだった。一カ月後には第三次中東戦争が勃発する。状況はきわめて緊迫しており、アメリカ空軍戦略航空軍団は、所属する爆撃機の三分の一を常時警戒態勢においていた。

太陽で巨大なフレアの噴出が始まり、地球に向かって電波や他の電磁波が吹きつけた。続いてコロナ質量放出が起こった。爆発的に放出された電波は、アメリカやその同盟国が設置した、ソ連から北アメリカに向けて飛行中の弾道ミサイルを追跡するシステムを妨害した。しかし当時のアメリカ軍首脳は、太陽嵐が軍の設備にそうした影響を与えるのを見たことがなかったため、自分たちのシステムを妨害するためにソ連が意図的に発した妨害電波だとみなした。当時は政治的な緊張が高まっていたため、そうした装置の受信妨害行為は、軍の司令官らにとっては潜在的な戦略行為に等しかった。軍が核兵器を搭載した航空機による全面的な攻撃を始める直前になって、アメリカ政府の太陽予報担当部署に所属していた二人の人物が、何が起こっているのか気づいた。攻撃してきていたのは敵ではなく、太陽だったのだ。もし爆撃機が離陸していたら、軍首脳たちはそれを呼び戻すことはできなかっただろう。磁気嵐のせいで、人工衛星に頼っていた通信回線の混乱がひどかったからだ。この件は、地政学的な歴史の流れを変えていたかもしれない。現在の各国指導者たちはそうした非常事態にどうやって対処するだろうか？

地磁気逆転が進行している最中には、カオス的な爆発現象がまれに起こるのではなく、混乱をもたらす現象が日常的なものとして、継続的に発生するようになる。電力や電子機器を使うテクノロジーの信頼性が低くなり、長期的な機能停止や損傷が起こりやすくなる。私たちのシステムを守る方法を考え出さない限り、近代文明の土台であるテクノロジーに頼れなくなる兆しがみえている。電力インフラや、ほとんど目に見えないところで社会が依存度を高めている人工衛星、私たちの通信手段や移動手段は、もはやあてにならなくなる。それは、予想外のパターンで倒れるように並べられた、入り組んだドミノ構造のようなもので、不具合が重なってひどくなっていくのだ。

第29章 ニジマスの鼻、伝書バトのくちばし

生物は、地球の磁場を厳密にはどのように使って方向を決めているのか、その興味深い謎を解き明かそうと実験をおこなっている科学者は、世界中に一〇人ほどしかいない。その一人がミヒャエル・ヴィンクルホーファーだ。彼に会った日、私はドイツのデュッセルドルフまで飛行機で向かい、そこから彼のオフィスがあるデュースブルク・エッセン大学まではるばるタクシーに乗って行った。[1] 私が到着したとき、ヴィンクルホーファーはキャンパス内のカフェテリアのある建物の外で、両手をポケットに入れ、寒さで背を丸めながら私を待ってくれていた。

「磁気受容」と呼ばれるこの珍しい研究テーマは、一九六〇年代には奇妙な科学だと考えられていた。しかし一九八〇年代に入るころには、「磁気感覚」が地球の生物のあいだでいかに普通のものであるか、そしてそれが採餌活動や繁殖活動にとっていかに重要であるかが、いくつもの入念な研究によって示されていた。磁気受容研究の評価は高まった。ヴィンクルホーファーは学生のころ、走磁性細菌――地球の磁場に応答する細菌――についての授業を受けて、それに夢中になった。

オフィスに入り、私の荷物を部屋の隅に置くとすぐ、ヴィンクルホーファーは自分のコンピューターで、ある古典的な実験の短い動画を見せてくれた。映っているのは、池の堆積物に生

息する細菌だ。この細菌は上下の方向を判別する必要がある。水中と泥のあいだでたえずぐるぐると回転し、酸素が豊富な環境と酸素がない環境を移動して生活しているからだ。実験では、この細菌の近くに小型磁石を置いて、あちこちに動かした。すると細菌は、まるでコンパスの針のように、磁石の動きにぴったりと合わせて回転するのだ。この細菌にとって、磁気感覚は生き延びるのに不可欠なものだ。地磁気の向きと水と泥の境目が平行になる場所――たとえば磁気赤道など――では、走磁性細菌の生息密度が劇的に減少することが、別の研究から明らかにされている。ヴィンクルホーファーはその動画を何度か再生しては、じっくりと見入っていた。その細菌の動きに今でも夢中なのだ。ヴィンクルホーファーや他の研究者は、走磁性細菌の化石を調べて、そこから磁場の時間変化を読み取ろうとしているところだ。

この六番目の感覚というべき磁気感覚は、単細胞生物である細菌から、リンネの動物分類階層が枝分かれした先の方にいる、もっと複雑な動物にまで広がっている。チョウやミツバチ、ミバエ、魚、ロブスター、イモリ、ウミガメ、渡り性鳴禽類、クジラ、オオカミ、シカ、ラット、その他にもさまざまな動物が磁気感覚を持っている。それは生まれつきなのだとヴィンクルホーファーはいう。ミツバチは新しい巣を作るときに、自分が生まれた巣と同じ磁気方位を向くようにする。シロアリ塚は必ず南北を向く。線虫のなかには、生まれた半球の磁場に体の向きを合わせるものがいる。実験動物として使われている線虫の一種を北半球で実験した場合、オーストラリア産と北アメリカ産の線虫は試験管内で、それぞれの産地の伏角に対応した向きになったのだ。キングサーモンは、川の違いを味やにおいで見わける能力とともに、磁気の地図を受け継いでいる。ウミガメは、海で何十年も過ごしたのち、自分が生まれたその砂浜に戻ってきて卵を産む。

磁気受容は、触覚と同じくらい本能的なものなのだ。時間帯や季節によって変化することがなく、地球上のどこにいても使える、素晴らしいナビゲーションツールである。

とはいえ、生物は磁場という形のないものを、どのようにして体に伝えているのだろうか? これについて、有力な説は二つあり、どちらも不対電子の存在が説明の鍵になっている。[2]両方が同時に作用している可能性もあるが、ヴィンクルホーファーによれば、それを断定するのは難しいことがわかってきているという。磁性を利用している生物は、細胞内に少量の磁鉄鉱か、それに関連した強磁性物質（不対電子のスピンが同じ方向を向いているため、磁力が強まっている物質）を持っているものが多い。生体組織への磁鉄鉱や他の強磁性分子の沈着は、生命の網《ウェブ・オブ・ライフ》のあらゆるところで発見されてきた。たとえば走磁性細菌はその体内に、体重の二パーセントにあたる磁鉄鉱か類似の物質を有している。[3]軟体生物のなかには、磁鉄鉱でできた歯舌《しぜつ》を持つものがあるし、深海熱水噴出孔の近くに生息する巻貝の一種は、別の強磁性分子から屋根瓦のようなうろこを作り出している。人間も、脳や心臓、脾臓、肝臓に、磁鉄鉱を含む分子を持っている。ただし私たちが磁力を知覚しているかどうかという問題については、激しい議論になっている。ある研究者は、私たちは磁気感覚を潜在意識に追いやっているという考え方を示している。[4]もしかしたら、私たちはそれを、不思議なひらめきという形で利用しているのかもしれない。そうした体内の磁鉄鉱が小さなコンパスとしてはたらき、磁気情報を神経系に伝えることで、動物が磁場を読むことを可能にしているというのが、磁気感覚についての一つ目の説だ。それは体内にＧＰＳを内蔵しているようなものだ。たとえば伝書バトは、磁鉄鉱を含んだ六個の神経細胞を、上嘴の皮膚の六カ所に持っている。またニジマスは、鼻に磁鉄鉱を含む細胞がある。

もう一つの説は、不対電子を一個ずつもつ特定の分子がペアになって、体内で、磁場の伏角を監視できる化学コンパスとしてはたらく、というものだ。この分子は、タンパク質に含まれるもので、おそらくは網膜の細胞内に固定されていて、動き回らないようになっていると考えられている。この分子内の電子は、地球磁場にしたがって並ぶ。鳥の場合、このコンパスは、目に入ってくる光の性質が引き金になって作用しているようだ。鳥は、脳内の視覚に対応する部位で磁場を画像化できる可能性まである。つまり、磁力線があること、あるいは磁力線がないことを視覚的に見られるのだ。[5]

磁気受容の研究者たちは、地磁気逆転が自らの研究対象に影響を与える可能性を、早い段階から把握していた。その理由は、逆転の進行中には磁極が一組以上存在する可能性があること、そして磁場自体が非常に弱くなることだ。ノースカロライナ大学の生物学者で、磁気受容分野の草分けであるケネス・ローマンは、二〇〇八年の論文で、地磁気逆転の進行中に発生する急激な磁場の変化は、動物の帰巣能力を大きく混乱させるので、そのせいで動物がかつての繁殖地を見つけられなかったときには、新しい繁殖地を作ることになると述べている。[6] それが重要な意味をもつのは、ひなや子どもの生存率が短期間で大幅に変わる可能性があるからだ。

そしてその点は、磁場に頼って方向を決めている動物の一部が現在、地磁気逆転の可能性とは別の理由から絶滅の危機にひんしていることを考えれば、大きな問題だといえる。それは主に、人間がその生息地を破壊したり、絶滅の瀬戸際まで狩猟や漁業をおこなってきたという意味だ。たとえば、回遊する習性のあるウミガメ七種のすべてが、野生では絶滅の危機にさらされている。国際自然保護連合のレッドリストによれば、最も絶滅の危険性が高いのがケンプヒメウミガメで、世界全体の生息数は一万頭を切っている。エサや繁殖地を求めて回遊するクジラでは、多くの種が絶滅の危機にひんしている。鳥類は八種に一種の割合で絶滅の危機にあり、最近ではツバメなどの、空中で虫を捕食する渡り鳥がヨーロッパや北アメリカの全域で急激に数を減らしている。ハチは世界中で困難な状況にある。一部の生物では、地磁気逆転がもたらす変化が、絶滅への最後の決定的な一撃になるのだろうか?

生物学者と地球物理学者は、この問題を何年か研究した結果、地磁気逆転が瞬間的なものでなく、スタートの時点で種の個体数が十分にある限り、たいていの生物は最終的に適応するという結論に達した。ヴィンクルホーファーはそう語った。たとえば、磁場の南北成分ではなく、伏角(上下成分)に敏感なヨーロッパコマドリは、ふだん慣れているよりも大幅に弱い磁場に適応できることが研究によって明らかになっている。また、磁極がかなり異なる位置にあっても適応できるという。ただ時間が必要なだけなのだ。磁場は常に少しずつ変化しているので、磁場を使って方向を決めている動物は、磁気感覚を頻繁に再調整することに慣れているのだとヴィンクルホーファーは指摘する。たとえば、鳴禽類は毎日、薄暮の時間帯に磁場感覚を調整して、わずかな永年変化にも精密に合わせている。

ヴィンクルホーファーはコンピューターで別のファイルを出してきた。これは、最も近い地磁気逆転が最高潮にあったときの磁場を再現した図だった。中緯度域に磁極がいくつか現れている。磁気赤道は南北に走っていた。この磁場では方向を決めるのは不可能に思えたが、ヴィンクルホーファーの分析によると、特に磁場の南北成分ではなく、伏角に頼っている動物は、これに適応できる可能性があるという。「生物は柔軟にできているんだ」

地磁気逆転が進行すると地球上の生物がどうなるかについては、不確定要素が二つある。一つめの要素は、磁場を使って渡りをしたり、方向を決めたりしている生物が、もとから抱えているいし、磁気擾乱がどの程度日常的に発生するかも不明だ。NASAは最近、他の二つの機関と協力して、ニュージーランドやオーストラリア、アメリカ・マサチューセッツ州のケープコッドでよく発生しているクジラの座礁に、地球磁場の擾乱を伴う太陽嵐が関係しているかどうかを調べている。二つめの要素は、地磁気逆転の最中に、太陽放射線や宇宙線がどの程度地上に届くかということだ。放射線が五パーセントから一〇パーセント増加しただけで、有害な影響が生じるが、その影響を厳密に計算することはできていないのだと、ヴィンクルホーファーはいう。「データがなければ、そこが科学の行き止まりだ」

第30章　磁気シールドが失われた世界

アポロ計画では六回の月着陸ミッションが実施されたが、そのミッション中はずっと太陽が静かな状態だった。宇宙飛行士も、宇宙船も、有害な太陽高エネルギー粒子を放出するような激しい太陽嵐にさらされなかった。それはとんでもない幸運だった。しかしアポロ一六号の宇宙飛行士が地球に帰還した後、アポロ一七号の宇宙飛行士らが月への最後の旅に出発する前の一九七二年八月には、太陽からは過去一〇〇年間で最大の嵐が噴き出している。

ダニエル・ベイカーは研究者としての駆け出し時代に、NASAや宇宙天気により深くかかわるようになって、あの伝説的なアポロ時代に、宇宙飛行士が月面を歩いている最中に太陽嵐が襲来していたらどうなっていただろうと考えるようになった。月にはもはや、放射線から守ってくれる内部磁場も大気もないので、宇宙飛行士は宇宙服以外には身を守るものがない。ベイカーは、緊急時計画がどうなっていたかを調べた。答えはというと、宇宙飛行士は穴を掘って、最も職位の高い宇宙飛行士が穴の中に横たわり、その上に下位の宇宙飛行士が横たわって、上司の体を自分の体で覆い隠すよう指示されていた。少なくとも一人の宇宙飛行士は、なんとか地球に戻れる程度の損傷で済むよう、望みをかけていたのだ。一九七二年八月の太陽嵐は非常に強力だったので、それに襲われていたら急性放射線障害はまぬがれず、死に至った可能性もあったとベイカーはいう。「磁気シールドに守られていなければ、私たちは非常に弱いことがわかる出来事だ」

宇宙は、私たちの祖先が想像していたような、穏やかで空っぽで、無害な場所ではなく、危険な電離放射線に満ちた空間だ。地磁気の逆転が進み、地球磁場が弱まれば、そうした太陽放射線や銀河宇宙線の一部は大気の低いところまで入り込むようになり、地上にも届くだろうとベイカーはいう。人間や他の動物は、地球上の安全な場所に逃れることができなければ、放射線の影響を受けることになるだろう。その影響は、病気になる場合と、死に至る場合の両方があり、アポロ計画の宇宙飛行士が一九七二年八月に月面にいたら経験していたはずの状況にもみまわれるだろう。ベイカーは、地磁気逆転の進行中には、目や粘膜、胃内膜のがんが増えると予想している。一方で、放射線事故や核戦争の際にみられるような、急性放射線障害も広がるとも考えている。つまり、人間の健康に対して、急性と慢性の両方の影響があるということだ。そして、一部の地球物理学者は、地磁気逆転に伴って放射線量がどのくらい増加するのかは不明だし、その影響もベイカーの予測ほど深刻ではないかもしれないとしているものの、多くの人々は、一般的な推定値として、がんの割合が全体で二〇パーセント増加すると言っている。この「がんとの戦争」はずいぶん困難に思える。

科学者や医者が、放射線が生体組織に与える影響を研究するようになったのは、一八九五年にX線――科学の世界で未知の存在を x と表すことにちなむ――と呼ばれる波長の短い電磁波が、オランダとドイツの物理学者であるヴィルヘルム・レントゲンによって発見されてからだ。レントゲンがX線を妻アンナの左手に照射すると、彼女の手の骨と、指にはめた結婚指輪の輪郭が写った、幽霊のようなぞっとする像が浮かび上がったというのは有名な話だ。彼はこの発見で一九〇一年にノーベル物理学賞を受賞している。この謎めいた放射線を照射したことによる体の損傷は、発見のほぼ直後から報告されるようになり、火傷や脱毛のほか、死亡例もあった。[1] X線を浴びたことが原因のがんによる最初の死者の一人がクラレンス・ダリだ。彼は、X線管の製作に取り組んでいたアメリカの電気王トーマス・エジソンのもとで、ガラス吹き工として働いていた。ダリは右利きだったので、自分の左腕を使ってX線照射のテストを何度もしていた。左腕の損傷がひどくなると、右腕を使うようになった。ダリは一九〇四年に三九歳で亡くなったが、その前に左腕を肩から切断していた。[2] 急速に進む損傷を止めようとして、右腕も肘から先を切断したが、効果はなかった。エジソンは恐ろしさのあまり、X線の研究を中止してしまった。

レントゲンのX線発見から一年後、フランスの物理学者アンリ・ベクレルが、ウランが自発的に粒子を放出していることを発見した（これは弱い核力の作用による）。ほどなくこうした物質は、「放射性」物質と呼ばれるようになった。放射性物質には電離作用もある。放射性物質は自然界ではあまり多くない。ベクレルがウランの奇妙な性質を発見した直後に、マリー・キュリーとピエール・キュリーがウラン鉱石を使った実験をおこなって、放射性物質であるラジウムとポロニウムを発見した。ベクレルとキュリー夫妻の三人は、一九〇三年のノーベル物理学賞を共同で受賞している。X線と同様に、自発的に放射線を発する放射性物質による損傷や死亡の事例はすぐに増加し始めた。ただし何十年ものあいだ、その危険性は十分に理解されなかった。かつては、顔色をよくしたり、腸をすっきりさせるためにラジウム治療がおこなわれていた。また、放射性物質の瓶を実験用白衣のポケットに入れて持ち歩いていたマリー・キュリーは、一九三四年に、骨髄の損傷である再生不良性貧血によって六六歳で亡くなっている。その原因は、放射線を浴びたことだと考えられている。パリのフランス国立図書館に所蔵されている彼女の実験ノートはいまでも、放射線防護用の鉛張りの箱に収められている。

今日、放射性物質でも、電離作用のある電磁波でも、あらゆる種類の放射線による損傷や死亡のリスクを推定する研究は、一九四五年に広島と長崎に投下された原子爆弾の生存者についての研究をもとにしているものがほとんどだ。また、核関連事故での放射線被曝や、放射線治療が予定通りいかなかったケースについての情報もある。宇宙旅行者のデータということになると、アポロ計画の宇宙飛行士二四人が地球低軌道を離れた唯一の人類だ。さらには、スペースシャトルで地球を周回した宇宙飛行士や、国際宇宙ステーションに長期滞在した宇宙飛行士の記録があるが、これらの活動はすべてヴァン・アレン帯によって保護された領域で実施されたものだ。それ以外では、太陽放射線や銀河宇宙線による損傷にかんする情報はすべて、実験か理論的研究に基づいている。

最も基本的なレベルでは、放射性物質も、電磁波の放射も、高エネルギーの太陽放射線や宇宙線も、同じように生物に損傷を与える。損傷の違いに関係しているのは、粒子や電磁波が持つエネルギーの大きさや、粒子の大きさ、放射源との距離だ。自発的な放射性崩壊を起こすのは、キュリー夫妻が研究したウランやラジウム、ポロニウムのような、中性子があまりに多く、安定な状態になろうとするため扱いが難しい大きな原子だ。そうした原子が安定な状態になるための一般的な方法は、自分の小ささなかけらである、素粒子を投げ捨てることである。放射性のある原子は、一個か二個の中性子を投げ捨てる「中性子放出」と呼ばれる現象を起こすことがある。また、中性子二個と陽子二個がくっついて、プラスの電荷を持つヘリウム原子核を新たに作ることもある。これはアルファ崩壊と呼ばれる。また、電子を投げ捨てることもあり、これをベータ崩壊という。ときには、立食のカクテルパーティーを終えて、コンサートのために席に座る人たちのように、陽子と中性子が並び方を変えることで、原子からガンマ線の形で電磁エネルギーが放出される場合もある。私たちにとって重要なのは、荷電粒子や高エネルギーの中性子、原子核、あるいは波長の短い高エネルギーの電磁波が放出されると、細胞内を突き進み、損傷を与える場合があるということだ。

ウランを例にしてみよう。地球上の自然な状態では、ウランには三種類の同位体がある。原子核内の陽子の数は常に九二個だが――陽子の数が変わると、元素名も変わるからだ――中性子の数は同位体によって異なり、それぞれ一四六個、一四三個、一四二個である。中性子と陽子の数をたすと、同位体の名前になる。地球上で最も多く存在するウランの同位体は、中性子が一四六個のウラン238だ。これはアルファ崩壊によって、陽子九〇個と中性子一四四個のトリウム234に変換され、その過程でヘリウム原子核（陽子二個、中性子二個）を放出する。放射性崩壊によって生成される元素は娘元素と呼ばれる。こうした錬金術的な元素変換をなんども繰り返していくと、ウラン238は最終的に鉛206になる。これは退屈な安定元素だ。

放射性元素のなかには、核分裂する性質をもつものもある。そうした元素に中性子を衝突させて、より軽い元素への分裂を促すと、それによってさらに分裂とエネルギー放出を自発的に続ける連鎖反応が起きるということだ。中性子が一四三個あるウラン235は核分裂の連鎖反応を起こす傾向がある。ウラン238はプルトニウム239に変換され、これが連鎖反応する。広島に投下された原爆はウラン235を使用していた。長崎に投下された原爆はプルトニウム239

だった。科学者たちは、こういった核分裂連鎖反応の力を、原子力発電所での発電に利用する方法も会得しており、その場合にはウラン235が使われることが多い。

ここで、これが地磁気逆転とどうつながるのかという話になる。あらゆる生物は、原子同士が電子のはたらきで結合してできた分子で形作られている。電離作用のある電磁波や、放射性崩壊による粒子線は、その原子の結合を切断することで、細胞を直接損傷させるか、細胞内で、損傷か死滅につながりうる間接的な化学的変化を引き起こす。放射線は結合を切断すると、電子を自由に動けるようにして、その電子に、放射線の通過経路に沿って、他の分子を電離させたり、励起させたりするのに十分なエネルギーを与える。このエネルギーを「線エネルギー付与」（LET）という。このLETの強さは、MeV（メガ電子ボルト）という単位で測定される（ボルトは、ボルタ電堆を発明したアレッサンドロ・ボルタにちなんだ単位名だ）。X線のLETは低い。一方、銀河宇宙線のLETは非常に高い。放射線が組織内を通過すると、きわめて不安定なイオンが組織内に生成されることがある。このイオンは安定な状態になろうとして、他の分子から一部を奪い取り、その過程で組織に損傷を与える。不安定なイオンが何かを奪い取るときに一番に狙うのが、DNA鎖だ。電離放射線による損傷についての医学論文では、DNAの顕微鏡写真を掲載することが多い。この放射線が残す経路は、刃がギザギザのナイフでリボンを切り裂いてできた裂け目のようだ。

宇宙飛行士は、原子炉の仕事をしている人々と同じで、放射線作業者とみなされる。[3] その仕事上で発生する主な危険は、これまで一貫して放射線による発がんリスクだった。長期にわたる累積的な被曝線量は慎重に監視されており、ミッション中は被曝量を記録する線量計を身につけている。しかし放射線というのはやっかいなものだ。決まった量の放射線を長期にわたって少しずつ浴びる場合（低線量被曝）の損傷は、量は同じでも、短時間で一気に浴びるのとは違うだろう。長期的な低線量被曝は、がんにつながる可能性のある慢性的な健康被害と関連がある。宇宙空間で低線量被曝の主なリスクとなるのは、銀河宇宙線だ。そうした宇宙線の粒子は、銀河系内での超新星爆発によって生成されたと考えられる、高エネルギーの陽子と原子核からなり、非常に大きな力によって宇宙空間を飛来するので、その一部はどんなシールドでも通過してしまう。そうした宇宙線は、最も強力な太陽由来の粒子よりも、さらに大きなエネルギーを持っている。そしてNASAによれば、他のタイプの放射線と比べて、生体にがんにつながる損傷を引き起こしやすい可能性もあるが、理由は不明だという[4]。

対照的に、急性放射線障害と呼ばれる、壊滅的で急激な損傷のリスクが大きいのが、大規模な太陽粒子イベントだ。これには、体の放射線許容量を上回る、短時間での破壊的な放射線被曝を伴う。一九四五年の日本への原爆投下ではおよそ二〇万人が死亡したが、その死因の多くが急性放射線障害だった。そして、ロシア政府機関の元職員アレクサンドル・リトビネンコが二〇〇六年にロンドンで死亡したのも、急性放射線障害が死因だった。リトビネンコは、放射性物質であるポロニウム210を、おそらくは紅茶に入れられてひそかに飲まされ、三週間後に亡くなった。その当時、メディアには、毛髪は抜け、まつげもほとんどなく、病院のベッドにぐったりと横たわっているリトビネンコの写真が溢れた。急性放射線障害は一気に発症する。毛母細胞や、腸の内側の細胞、骨髄の造血細胞といった、体内で短時間で再生される細胞が最初に影響を受ける。次に吐き気がする。やがて嘔吐する。倦怠感、食欲不振、発熱といった症状が続き、やがて骨髄が機能しなくなると、大量出血が起こる。骨髄の損傷がひどいと、最終的には死亡する。被曝量が比較的少なければ、骨髄移植で命が助かることもある。

しかし、高レベル放射線への被曝をめぐっては、がんが最も懸念される結末であり、最大のリスクと認識されているものの、他にも多くの健康影響があることがわかっている。[5] 免疫障害が原因の細菌性あるいはウイルス性の疾患、短期記憶喪失、心臓発作のリスク増加、失明といった問題が、被曝直後から起こる可能性がある。また時間がたつにつれて、白内障や、胎児の先天性異常、不妊のリスクが生じる。最近では、銀河宇宙線による放射線も、特に重イオンについて、これまで損傷を避けられると考えられてきた中枢神経の損傷との関連を指摘されている。現在では、放射線は中枢神経の老化を早め、認知症やアルツハイマー病、パーキンソン病などの認知機能の疾患を比較的若いうちに発症させる可能性があると考えられている。

科学者たちは、地磁気逆転の可能性ではなく、二〇三〇年代に放射線から守られていない火星へ長期ミッションを送ろうという動きに押される形で、宇宙由来の放射線が生体組織に与える正確な影響について、さらに多くの情報を集めようとしている。今のところ、その影響が、X線やガンマ線、放射性物質といった地球上の放射線源とまったく同じなのかはわかっていない。[6] この点についてのテストをおこない、効果的な磁気シールドを開発できるかどうか検討するために、人体組織に似た素材が開発されている。これは組織等価プラスチックと呼ばれる素材で、最も一般的な処方のものは、非常に固い黒色クレヨンのように見える。[7] 二〇〇九年、月を周回する観測衛星に搭載した宇宙線望遠鏡にこのプラスチック片が組み込まれた。その厚さは、宇宙由来の放射線が脆弱な骨髄に到達するために通過しなければならない筋肉の厚みと同じになるように慎重に調整してあった。宇宙線粒子が人体組織や電子機器に与えるエネルギー量を測定するのがこのプラスチック片の仕事だ。結果は分析中である。[8]

一方、火星には、この惑星が何らかの生命を維持できるかどうかを究明するミッションをおこなっているＮＡＳＡの火星探査車キュリオシティと一緒に、一台の放射線検出器が送られている。この放射線検出器は、火星に旅する宇宙飛行士を守るのに使われる予定の素材で遮蔽されている。ところが悪い知らせがある。この検出器は、二〇一一年一一月二六日から二〇一二年八月六日までの二五三日間をかけて、地球から火星へ飛行するあいだに、放射線を遮蔽していてもかなり大量の放射線を吸収しており、その量の放射線被曝に耐えて飛行することは、人間の寿命を二〇年間縮めるのに等しいとわかったのだ。[9] 火星への長期にわたる宇宙飛行で宇宙飛行士が直面する可能性のある放射線についての別の分析では、強力な太陽高エネルギー粒子イベントが一回発生しただけで、全員が死んでしまう可能性があることが明らかになっている。[10] 現在のところ、有効なシールドは開発されていない。

ここまで、ベイカーと私は何時間も話をし、未来の世界を想像しようとした。（地下に住まなければならなくなる可能性はあるかと聞くと、もしかしたらそうなるかもしれない、と言われた）ベイカーは、そのうちテレビの宇宙天気予報チャンネルが人気になるかどうかと考えていた。やがて、珍しく微笑みを浮かべながら、「予測をするのは難しい、特に未来のこととなると」とジョークを言った。ニールス・ボーアかヨギ・ベラ［アメリカ大リーグの伝説的な選手］が言ったとされている言葉だ。

私自身は内心、さらに踏み込んだことを考えていた。地球磁場が減少したら、私たちは流浪の民となり、磁力計を手に、磁場の名残を保っている地域を追いかけて、地球上をさまようようになるのだろうか？　夜と昼の長さが同じになる日であり、磁気擾乱と関連があると考えられている春分と秋分の二日間には、世界中が恐怖に陥るようになるのだろうか？　あるいは、古代のエジプトやメキシコで、もっと何でもない理由からおこなわれていた太陽崇拝を奇妙なポストモダン的存在として置き換えたような、太陽神の怒りをなだめようとする宗教団体が現れるかもしれない。もしかしたら、必要に迫られて、私たちの磁気感覚が復活し、生き残るために鳥のように磁場を見ることが再び可能になるかもしれない。かつてのハンセン病療養所のように、がん患者のコミューンが生まれる可能性も想像できた。あるいは、放射線障害をわずらった人々や、放射線で若くして脳が初期の認知症の状態になった一〇代の若者たちのための保護施設が必要になるかもしれない。固い黒色クレヨンのようなプラスチックを使ったスーツが大流行するだろうか？

それだけでなく、心理的な影響についても疑問を持っていた。文明の進歩を示す究極のシンボルである電灯が消えたら、どんな感じがするのだろうかと考えた。磁極が四個や八個のときに、自分のいる場所はどうやって知るのかというのも気になった。それに、現在の北極が南極になったら、どっちの方向から来たかどうやって知るのだろうか？　そもそも、体の状態をコントロールするのに慣れている生物は、地球の中心核でこうした大変革が進みつつあり、どうすることもできないという事実に、どうやって適応するのだろうか？

私たちが知っている生物の運命についてじっくりと考えながら、私は、ロッキー山脈を一望するベイカーのオフィスをあとにした。ベイカーが面会時間の初めあたりで言っていた、一つのことがずっと気になっていた。それは事実ではなく概念であり、驚きをもって語られたことだった。

ベイカーは、太陽ダイナモの話題になったときに、科学者たちは太陽ダイナモをひとまずは十分理解しているとどこまで自信を持って言えるのか、という話をした。直近の太陽活動周期では、その活動度についての予測が完全に誤っていたことがわかって、科学者たちの考えが間違っていることが証明されている。悩める地球磁場についてどこまでわかっているかを議論するときに、ベイカーが考えるのはそういうことだ。地球磁場は弱まりつつある。北磁極は動き回っている。南大西洋磁気異常帯は移動していて、急速に影響度を高めており、変化をもたらす大きな要因となりつつある。こういったことはどれも、私たちが暮らすこの回転する磁石の表面下で、謎めいたふるまいが起こっていることを示している。それは、曇りガラスのすぐ内側で物事が起こっているようなもので、どんなに頑張っても、私たちにはぼんやりとした形しか見えない。

謝辞

本書の執筆にあたっては、多くの科学者の方々が協力してくださった。みなさんは私を、宇宙の誕生から地球内部の混乱、そしてまた宇宙へと案内してくれた。素晴らしい旅だった。私は、科学者のみなさんがその仕事に情熱と想像力を注いでくれたことに畏敬の念を覚えている。

なかでもジョンズ・ホプキンズ大学のサビーン・スタンリーに感謝したい。本書がまだかすかなアイデアだった段階で、私がこの本のためにインタビューした最初の人物だ（紹介してくれたハーバード大学のジェリー・ミトロヴィカに感謝する）。あなたはそれからずっと、知恵と忍耐、そして明るいユーモアをもって執筆に協力してくれた。

クレルモン・フェラン地球物理観測所名誉所長である、不屈の人物ジャック・コーンプロブストは、私にいろいろと説明してくれただけでなく、車を運転してフランスのあちこちに連れて行き、ベルナール・ブリュンゆかりの場所だけでなく、オルシヴァルとサン＝ネクテールにあるロマネスク様式の素晴らしい教会を案内してくれた。本当に感謝している《メルシー・ミル・フォア》。またブレーズ・パスカル大学のジャン＝フランソワ・レナトにも、この本が目指している科学の大衆化について、私を励ましてくれたことに感謝したい。

コペンハーゲンのニールス・ボーア研究所のアンドリュー・D・ジャクソンは、ハンス・クリスティアン・エルステッドの生涯を詳しく紹介してくれた。また原子や場のしくみについて教えてくれた。私が知らなかったあらゆることの理解を手助けしてくれたこと、また本書の前半の原稿を早い段階で確認してくれたことに感謝する。

オックスフォード大学のコナール・マック・ニオカイルは、三月に午後の時間をかなり取って、磁気の基本概念を私に説明し、彼の実験を見せてくれた。ロンドンの王立研究所のフランク・ジェームズは、忙しい日に時間を作り出して、ファラデーのあらゆることについて話してくれた。また文書保管庫も案内してくれた。ドイツのデュースブルク・エッセン大学のミヒャエル・ヴィンクルホーファーは、丸一日を費やして、生物が磁場をどのようにして感知しているのかを説明してくれたうえ、ランチをごちそうしてくれた。さらに、ロンドンへ戻る飛行機に間に合うよう、鉄道駅まで車で送ってくれた。メリーランド大学カレッジパーク校のダニエル・ラスロップの情熱あふれる話は、いまも心に残っている。

デンマーク工科大学のクリス・フィンレーは、どんなときも助けになってくれた。本当にありがとう。また、ナントのＳＥＤＩカンファレンスのことを教えてくれたことにも感謝している。あのカンファレンスで私は、クリス・ジョーンズ、リチャード・ホルム、キャシー・コンスタブル、キャシー・ウェラー、ピーター・オルソン、クリスティン・トーマス、コリン・フィリップス、フィリップ・カルダン、ビル・マクドノー、ハーゲイ・アミ、ブノワ・ラングレー、ゴーチエ・ユロらに出会うという素晴らしい幸運に恵まれた。この本はこうした方々の影響を受けている。

この本は、ＬＡＳＰ（コロラド州）のダニエル・ベイカーの好意がなければ、書かれないままだっただろう。彼は私と電話でじっくりと話してくれた。また直接会って、研究内容について説明してくれた。

A・R・T・ヨンカースとジリアン・ターナーの著作からは、この本のためのリサーチと執筆への影響を受けている。『地磁気・古地磁気学百科事典』（デイヴィッド・ガビンス／エミリオ・ヘレーロ＝バルヴェラ編）は素晴らしい本で（今ではぼろぼろになってしまったが）いつも私のかたわらにある。

そして最後に、カリフォルニア工科大学の理論物理学者ショーン・キャロルは、完璧なタイミングで私の人生に偶然現れると、宇宙の四つの力や、場の量子論、そして電子について、どうしてもしたかった質問に答えてくれた。あなたの寛大さに感謝する。

こうした助けにもかかわらず、本書に間違いがあれば、それは私の責任だ。

私がこの本について考え始めたのは、私のエージェントである、クック・エージェンシーのサリー・ハーディングとロン・エッケルの知識欲、エネルギー、そして徹底した寛大さのおかげである。あなたたちふたりに心から感謝している。

私はしばしば、ダットンの編集者ステファン・マロウのことを、演劇の世界になぞらえて、この本の劇作家だと考えてきた。どういうことかというと、彼だけがこの本の形や範囲をごく最初から理解していて、この本を実現させるために、まさに的確なアイデアをぴったりのタイミングで出してくれたのだ。変わった話でもあなたが常に変わらずに支持してくれたのは、私にとってかけがえのないことだった。どうもありがとう。

カナダのペンギン・ランダム・ハウスのニック・ガリソンは、この本の執筆を始めたばかりのころに、トロントで忘れられないランチに連れて行ってくれた。そしてまさにその場で、この本のイントロ部分が生まれたのだ。本の書き出しは毎回書くのに苦労する部分だ。本当にありがとう。

ダットンのマデリン・ニューキストには、明るく辛抱強い仕事ぶりに心から感謝する。ダットンの驚くべき原稿整理編集者であるレイチェル・マンディク、あなたの才能には深い敬意を表する。

すぐれた科学者で、母である私にとても辛抱強く化学を教えてくれたニコラス・ミチェルにも感謝する。

そしてジェームズには、いつも私のコンパスでいてくれることに感謝したい。

解説　ブリュン、松山、そしてチバニアン

渋谷秀敏
（熊本大学教授）

本書は地磁気が現在と逆を向いていた時期、つまり、磁針のS極が北をさしていた時期があることを初めて示したフランスの地球物理学者ベルナール・ブリュンの生涯を横糸にしながら、地磁気逆転の発見への道のりを縦糸として解説したものである。

ギリシャ時代の磁石についての文献から書き起こして、磁石の指北性の発見、地球が地磁気の起源であることの発見、ファラデー、エルステッド、マクスウェルと連なる一九世紀の電磁気学の発達、地磁気逆転の発見と丁寧に順を追って解説していて、本書一冊で本質を理解できる内容となっている。取材中のエピソードもふんだんに盛り込んで飽きさせないのは、さすがはサイエンスライターである。私自身もブリュンの人生と地磁気逆転発見の足跡は知らないことが多かったので、おおいに楽しませてもらった。最後には、地磁気がいかに実生活に大きな影響を与えているか、それを研究する意義がいかに大きいかということへの言及もあって、我々研究者もこのように研究成果を宣伝していかないといけないと勉強になった。

さて近年、最後の地磁気逆転でスタートする「中期更新世」という地質時代の名称として、「千葉」にちなんだ「チバニアン」が有力候補になっていると話題になっている。しかし、そう

聞いても、一般には地磁気逆転ってなに?、地磁気ってどうなってるの?、と思った人も多いと思われる。磁気・地磁気については、本書の本文の説明を読んでもらうとして、原書刊行以降に話題となった、チバニアンと地磁気逆転の関係について、少し解説したい。

歴史学においては、悠久の時間の流れを特定の性質をもった「時代」で区切って、特徴的な名称がつけられる。土器の形状から採った「縄文時代」、世の中の状況を表した「戦国時代」、時の政権にちなむ「江戸時代」など。その方がいちいち年号を引くよりも直感的に把握しやすいし、親しみやすくもなる。年号は新資料が発見されると変わることもあるので、時代分類には名称の方が専門家にも便利だったりする。

同様に、地質学においても、地質の古さを示す地質年代を代表的な化石や地質現象で時代毎に分類し、それぞれに名前をつける慣習がある。例えば、多様な多細胞生物が出現した「カンブリア紀」とか、大型の恐竜が多数闊歩していた「白亜紀」というのも地質時代区分の例である。地質時代の分類は大きい方から代・紀・世・期という風に名前をつけられていて、例えば現在は「新生代第四紀完新世」だし、恐竜が最後に生きていた時代は「中生代白亜紀マーストリヒト期」と呼ぶことになっている。六六〇〇万年前以降の新生代はもう少し細かい分類がされていて、完新世は前期、中期、後期に分けられて、それぞれ、「グリーンランディアン」、「ノースグリッピアン」、「メーガーラヤン」との名前がついている。その直前の更新世は前期が「ジェラシアン」、「カラブリアン」と二つに分けて名付けられているのであるが、中期と後期には正式な名前がまだなくて、国際地質科学連合国際層序委員会で審議中である。そこで、一番有力な候補となっているのが千葉県にちなんだチバニアンなのだ。

代・紀などの地質時代の大分類は大型化石の変化などで分類されて、いろいろな由来で名付けられてきたが、一番の小分類の名前は全て地名に由来している。地質時代の境界をどのように定義するかはなかなか難しい問題である。単純に何百万年前と定義しようにも、地層が堆積した年代を決めることはそう簡単ではない。地球のできた年代ですら、地質時代区分の大枠がすでにできていた二〇世紀の初めでも一億年程前だと思われていたくらいだ。ある生物の絶滅（化石の最終出現）を年代区分に使うのは良さそうだが、生物の分布は場所によって異なり、絶滅時期も場所によって微妙に違う。そこで、その時代の地層が露出している最も代表的な露頭（地層が表面に出ている所）を見つけて、その特定の層（層準と呼ぶ）を地質時代の境界と決める。そして、その境界の上の時代を、その露頭の存在する地名をとって名付ける。今回話題の千葉県市原市の地層は、更新世前期と中期の境界、すなわちカラブリアンとチバニアン（正式決定されたらだが）の境界で、境界の下がカラブリアン、上がチバニアンに堆積した地層ということになる。繰り返しになるが、市原市の地層は境界を規定する地層であって、その場所自体がチバニアンなわけでは決してない。そこからチバニアンが始まるのだ。

では、なぜこの市原市の養老川沿いの地質断面が有力候補になっているのだろうか。そこで、本書の話題である地磁気逆転が重要な役割を果たすのである。本書では、溶岩が冷える時にその時点の磁場の方向に磁化するという説明が中心であった。実は堆積岩も溶岩より弱いながらも磁化を持っていて、その磁化方位は基本的には堆積時の地磁気の方向を向いている。これは、堆積岩には火成岩起源の磁性鉱物粒子が含まれていて、それが小さな磁石になっているからだ。その小磁石はほとんどバラバラに堆積するのだが、ほんの少しだけ磁場の方向を向いた粒子が多くなる。それで、全体としては磁場の方向の磁化方位を持つことになる。これを堆積残留磁化と呼んでいる。堆積岩のいいところは、連続的な記録が取れることだ。下から上へ試料を採集していって、その磁化方位を測っていけば、地磁気逆転の記録が取れる。

本書に詳しいように磁石のN極が北を向くのは地球の中心に強い磁石（双極子）があるからだ。それはドロドロに溶けた鉄の外核の対流で生成される電流による電磁石である。地球上の様々な地点の堆積物が堆積する時に、どこでも、その時の地磁気の向きが記録されることになるのだが、地球のコアの電磁石が（どういうわけか）逆を向くと、地球上では一斉に地磁気が逆転することになる。するとそれ以降にできる地層では、記録される地磁気の向きは逆になる。これによって、世界中いたるところで見出される地磁気逆転の証拠は、ほぼ同時にできたものであることが保証されるのだ。チバニアンの例では、「松山－ブリュン境界」がここと特定されれば、世界中のどの地層でも同じ時間面と認定できる。それは、化石の層序などと違って極めて確かなものとなるのだ。

我が国の古地磁気学は国際的にも長い伝統を持っていて、その中でも千葉セクションの古地磁気研究には特に長い伝統があり、たくさんの測定が行われてきた。読者は、一度測ればおしまいではないかと考えるだろうが、話はそう簡単ではない。堆積物の磁化は弱い上に不安定で、磁化を担っている小磁石の中には、その後、地球磁場に長期間晒されることで、磁化方位が変わってしまうものもたくさんある。現在はブリュン正磁極期（その前は松山逆磁極期）なので、不安定な小磁石を多く含む層準では普通に測ると現在と同じ方向に磁化しているように見える。そこから先は専門的なのであまり深くは立ち入らないが、古地磁気学の歴史はそういう試料から生成時の磁場の方位と強度を推定する技術の進歩の歴史で、千葉セクションの研究も同様に進歩してきて、現在では、世界で最も確かな「松山－ブリュン境界」の記録が得られている地層の一つになっている。

千葉セクションが選ばれる理由は、我が国の古地磁気学の伝統ばかりでなく、地質学的な特徴も大きく絡んでいる。

まず、この時代の海成の地層が世界でも珍しいことである。この海成の地層というのは大切で、標準的な化石やグローバルな環境変化と対応づけるためには、湖や川で堆積した地層では、いくら古地磁気がきれいに測れても標準としては使えない。堆積速度が極めて大きいことも重要だ。これらは、千葉沖で太平洋プレート、フィリピン海プレート、北米プレートが衝突していて、海底が急激に沈んだり、上昇したりしたからである。このような所は世界的にも稀である。

もう一つは、千葉セクションに火山灰層が多く含まれていることである。火山灰は噴火時に数日から数カ月で降るわけなので、地層調査の時に同時間面を追いかけるのに便利で、この付近の地層の研究が進んでいた要因となっている。また、泥の中には火山岩起源の磁性鉱物粒子が多く、堆積岩の割には安定な磁化方位を持っている。地殻変動が大きな領域で、風上にたくさん火山があり、地質学、古地磁気学の伝統がある所という、様々な条件が奇跡的に揃って、有力候補となったのだ。早く正式決定とならないか、私も待ち遠しい気分である。

「松山－ブリュン境界」と書いてきたのだが、ブリュンは本書のメイントピックとなっている「世界で初めて地磁気が現在と逆を向いていたことがあった証拠を見つけた人」である。彼が大発見をしたクレルモン・フェランは私も一度訪れたことがある。実はその時は、その場所がブリュンの業績と頭の中で重なっていなかったのだが、フランスに若い火山のあるところはこの周辺しかないのだから、気づいてしかるべきだった。彼がなぜここで測定をしたのかについて特に記述はないが、われわれ現代の古地磁気学者と同様に地磁気変動の観測を過去の方向に延ばしたかったのだろう。

本書を読んで感心したのが、「溶岩で加熱された粘土岩」の磁化方位を測ったという記述である。過去の岩石の磁化方位を測っても、それが岩石形成当時の磁場方位であると述べることはできない。それは、岩石中の磁性鉱物が十分安定であるとは必ずしも言えないからである。そこで、測った磁化方位が過去の磁場方位である証拠を探すのだが、彼が「加熱された粘土岩」の磁化方位を測ったと読んだところで、これが、後に接触テストと呼ばれるものであることに気が付いた。接触テストとは、火山岩とそれに焼かれた岩石の磁化が同じ方位を向いていれば、その方位は溶岩が噴出した時代の磁場方位と考えて良い、とするものである。つまり、溶岩とそれによって焼かれた岩石とでは鉱物の組成も変質の仕方も違うので、その後の変質で磁化が獲得されたのであれば両者は異なる方位を持つはずだと考えるのである。本書に言及はないが、彼はまず溶岩を測ったのだろう。それが現在の磁場方位とは逆向きに磁化していることに気づいて、それを確かめるためにその溶岩に焼かれた粘土岩を探したのだろう。コーンプロブストも、その露頭こそが重要だと思っているのだ。逆向き磁化の溶岩は、いろいろ測っているうちに偶然見つかったのに違いない。その意味を確かめる作業こそが科学的で、だからこそ現在まで名前が残っているのだ。

もう一方の「松山」とは、本書でも少し解説されているように、最後の地磁気逆転の時期がいつ頃かを世界で初めて見積もった京大の松山基範のことだ。松山の業績は、地磁気関係の他に、日本海溝での重力測定、放射線探査など多岐にわたるが、基本的には地下の探査を地磁気、重力、放射線などで行う、物理探査に関連したものと括ることもできる。その中で、たまたま発見した玄武洞玄武岩の逆磁極を単発の「変なもの」に留めずに、当時日本の支配下にあった朝鮮や満州（中国東北部）にまで調査範囲を広げて、地質時代の確かな火山岩を集め、逆磁極の岩石に新しい時代のものはなく、よってこの間に地磁気が逆転したと主張したのだ。両者とも、偶然の発見から学問的に重要な結論を引き出す、まさしく科学者であった。

私にも、これに似た体験がある。たまたま、ニュージーランドのオークランド周辺の非常に若い火山の古地磁気を測定する機会が舞い込んだ。あまり深く考えずに測定したところ、変な方向に磁化した火山をいくつか発見した。地磁気が中間的な方向を向く現象を地磁気エクスカーションと呼ぶのだが（76ページ）、私は当時その存在に懐疑的であった。それで、それを否定するために必要な試料採集の方法を考えて、次の試料採集を行った。ところが、その試練に耐えて、結局はこれが地磁気エクスカーションの記録であると確定した。これは、火山岩での地磁気エクスカーションの発見としては世界でも珍しく、南半球では初めてであった。その後の研究で、この地磁気エクスカーションが、まさしく、クレルモン・フェランの近郊のラシャンで見つかった四万年前のラシャン地磁気エクスカーションと同じものであることが明らかになってきて、様々な研究の話題を提供している。これも、測定で見つけた「変なもの」をその時に捨て置けなかったからだと思っている。

いずれにせよ、私の師匠の師匠にあたる松山基範が最後の逆磁極期に名を残しているのは素晴らしいことであるうえに、地磁気逆転の最も美しい記録と、その測定結果を世界に広めた研究者（茨城大の岡田誠氏を中心とするグループ）を生み出す古地磁気学の伝統が日本にあったことは、日本の古地磁気学者の端くれとして、誇らしく感じている。

著者は、サイエンスライターであり専門家ではないので、ところどころわかりやすさを優先した記述もあるが、本書の調査での出会いの物語の中に磁気学の発展を織り込んで、読みやすい文章となっている。チバニアン騒ぎの中で、なかなか本質が伝わらないのを歯がゆく思っていたところに、本書の翻訳が出たのは時宜を得たものと大変喜んでいるところだ。

Medicine: From Evidence to Practice, eds. Arnaud E. Nicogossian et al. (Dordrecht, The Netherlands: Springer, 2016), 205.

4. Ibid., 214.
5. Ibid.
6. Jancy McPhee and John Charles, eds., *Human Health and Performance Risks of Space Exploration Missions: Evidence Reviewed by the NASA Human Research Program* (Washington, DC: National Aeronautics and Space Administration, Lyndon B. Johnson Space Center, 2009), 123.
7. H. E. Spence et al., "CRaTER: The Cosmic Ray Telescope for the Effects of Radiation Experiment on the Lunar Reconnaissance Orbiter Mission," *Space Science Reviews* 150, no. 1 (2010): 243–84, doi:10.1007/s11214-009-9584-8.
8. M. D. Looper et al., "The Radiation Environment Near the Lunar Surface: Crater Observations and Geant4 Simulations," *Space Weather* 11 (2013): 142–52, doi:10.1002/swe.20034.
9. Bacal and Romano, "Radiation Health and Protection," 211.
10. Susan McKenna-Lawlor et al., "Overview of Energetic Particle Hazards During Prospective Manned Missions to Mars," *Planetary and Space Science* 63–64 (2012): 123–32, doi:10.1016/j.pss.2011.06.017.

第28章

1. E. Oughton, J. Copic, A. Skelton, V. Kesaite, Z. Y. Yeo, S. J. Ruffle, M. Tuveson, A. W. Coburn, and D. Ralph, "The Helios Solar Storm Scenario," Cambridge Risk Framework Series, Centre for Risk Studies, University of Cambridge (2016).
2. E. Oughton et al., "Quantifying the Daily Economic Impact of Extreme Space Weather Due to Failure in Electricity Transmission Infrastructure," *Space Weather* 15, no. 1 (2017): 65–83, doi:10.1002/2016SW001491.
3. J. P. Eastwood et al., "The Economic Impact of Space Weather: Where Do We Stand?" *Risk Analysis* 37, no. 2 (2017): 206–18, doi:10.1111/risa.12765.
4. J. C. Green, J. Likar, and Yuri Shprits, "Impact of Space Weather on the Satellite Industry," *Space Weather* 15, no. 6 (2017): 804–18, doi:10.1002/2017SW001646.
5. D. J. Knipp et al., "The May 1967 Great Storm and Radio Disruption Event: Extreme Space Weather and Extraordinary Responses," *Space Weather* 14, no. 9 (2016): 614–33, doi:10.1002/2016SW001423.

第29章

1. ヴィンクルホーファーはその後、ドイツのオルデンブルク大学の生物学・環境化学研究所の所長に任命されている。

2. Michael Winklhofer, "The Physics of Geomagnetic-Field Transduction in Animals," *IEEE Transactions on Magnetics* 45, no. 12 (2009), doi:10.1109/TMAG.2009.2017940.
3. Atsuko Kobayashi and Joseph L. Kirschvink, "Magnetoreception and Electromagnetic Field Effects: Sensory Perception of the Geomagnetic Field in Animals and Humans," in *Electromagnetic Fields Advances in Chemistry* 250 (1995): 368, doi:10.1021/ba-1995-0250.ch021.
4. Ibid., 374.
5. Thorsten Ritz et al., "A Model for Photoreceptor-Based Magnetoreception in Birds," *Biophysical Journal* 78, no. 2 (2000): 707–18, doi:10.1016/S0006-3495(00)76629-X.
6. Kenneth J. Lohmann et al., "Geomagnetic Imprinting: A Unifying Hypothesis of Long-Distance Natal Homing in Salmon and Sea Turtles," *PNAS* 105, no. 49 (2008): 19096–101, doi:10.1073/pnas.0801859105.

第30章

1. K. Sansare et al., "Early Victims of X-Rays," *Dentomaxillofacial Radiology* 40 (2011): 123–25, doi:10.1259/dmfr/73488299.
2. Raymond A. Gagliardi, "Clarence Dally: An American Pioneer," *American Journal of Roentgenology* 157, no. 5 (1991): 922, doi:10.2214/ajr.157.5.1927809.
3. Kira Bacal and Joseph Romano, "Radiation Health and Protection," in *Space Physiology and*

doi:10.1109/TNS.2003.821602.

5. Freddy Moreno Cárdenas et al., "The Grand Aurorae Borealis Seen in Colombia in 1859," *Advances in Space Research* 57, no. 1 (2016): 258, doi:10.1016/j.asr. 2015.08.026.
6. Ibid.
7. Ibid., passim.
8. Boteler, "Super Storms," 163. 電信の異常については、Botelerの論文による。
9. Ibid., 160.
10. Ibid., 170.
11. Ying D. Liu et al., "Observations of an Extreme Storm in Interplanetary Space Caused by Successive Coronal Mass Ejections," *Nature Communications* 5 (2014): 3481, doi:10.1038/ncomms4481.
12. D. N. Baker et al., "A Major Solar Eruptive Event in July 2012: Defining Extreme Space Weather Scenarios," *Space Weather* 11 (2013): 590, doi:10.1002/swe.20097.
13. Edward J. Oughton et al., "Quantifying the Daily Economic Impact of Extreme Space Weather Due to Failure in Electricity Transmission Infrastructure," *Space Weather* 15, doi:10.1002/2016SW001491; Mike Hapgood, "Lloyd's 360° Risk Insight Briefing: Space Weather: Its Impact on Earth and Implications for Business," Lloyd's of London, 2010.

第27章

1. Robert J. Uffen, "Influence of the Earth's Core on the Origin and Evolution of Life," *Nature* 198 (1963): 143–44, doi:10.1038/198143b0.
2. J. A. Jacobs, *Reversals of the Earth's Magnetic Field*, 2nd ed. (Cambridge: Cambridge University Press, 1994), 293.
3. Ian K. Crain, "Possible Direct Causal Relation Between Geomagnetic Reversals and Biological Extinctions," *Geological Society of America Bulletin* 82 (1971): 2603–6, doi:10.1130/0016-7606(1971)82[2603:PDCRBG]2.0.CO;2.
4. G. M. Raisbeck, F. Yiou, and D. Bourles, "Evidence for an Increase in Cosmogenic ^{10}Be During a Geomagnetic Reversal," *Nature* 315 (1985): 315–17, doi:10.1038/315315a0.
5. Karl-Heinz Glassmeier and Joachim Vogt, "Magnetic Polarity Transitions and Biospheric Effects: Historical Perspective and Current Developments," *Space Science Review* 155, no. 1–4 (2010): 400, doi:10.1007/s11214-010-9659-6.
6. Jean-Pierre Valet and Hélène Valladas, "The Laschamp-Mono Lake Geomagnetic Events and the Extinction of Neanderthal: A Causal Link or a Coincidence?" *Quaternary Science Reviews* 29, no. 27–28 (2010): 3887–93, doi:10.1016/j.quascirev.2010.09.010.
7. Glassmeier and Vogt, "Magnetic Polarity Transitions," 406.

Down Control on the Geodynamo," *Nature Communications* 6 (2015), doi:10.1038/ncomms8865.

8. John Tarduno and Vincent Hare, "Does an Anomaly in the Earth's Magnetic Field Portend a Coming Pole Reversal?" *The Conversation*, February 5, 2017, updated February 17, 2017, http://theconversation.com/does-an-anomaly-in-the-earths-magnetic-field-portend-a-coming-pole-reversal-47528.
9. Erez Ben-Yosef et al., "Six Centuries of Geomagnetic Intensity Variations Recorded by Royal Judean Stamped Jar Handles," *Proceedings of the National Academy of Sciences* 114, no. 9 (2017): 2160–65, doi:10.1073/pnas.1615797114.
10. Jean-Pierre Valet and Alexandre Fournier, "Deciphering Records of Geomagnetic Reversals," *Reviews of Geophysics* 54, no. 2 (2016): 410–46, doi:10.1002/2015RG000506.

第24章

1. Deukkwang An et al., "Suppression of Sodium Fires with Liquid Nitrogen," *Fire Safety Journal* 58 (2013): 204–7, doi:10.1016/j.firesaf.2013.02.001.
2. Masaru Kono, "Geomagnetism in Perspective," in *Geomagnetism: Treatise on Geophysics*, vol. 5, ed. Masaru Kono (Radarweg, The Netherlands: Elsevier, 2009).

第25章

1. 以下を参照のこと。Daniel N. Baker and Louis J. Lanzerotti, "Resource Letter SW1: Space Weather," *American Journal of Physics* 84, 166 (2016), doi:10.1119/1.4938403.
2. David J. Stevenson, "Dynamos, Planetary and Satellite," *Encyclopedia of G and P*, eds. David Gubbins and Emilio Herrero-Bervera (Dordrecht, The Netherlands: Springer, 2007), 207.
3. "NASA's MAVEN Reveals Most of Mars' Atmosphere Was Lost to Space," NASA Press Release, April 30, 2017. 以下のサイトで閲覧できる。https://mars.nasa.gov/news/2017/nasas-maven-reveals-most-of-mars-atmosphere-was-lost-to-space.

第26章

1. Ramon E. Lopez et al., "Sun Unleashes Halloween Storm," *Eos, Transactions American Geophysical Union* 85, no. 11 (2004): 105–8, doi:10.1029/2004EO110002.
2. Donald L. Evans et al., "Service Assessment: Intense Space Weather Storms October 19–November 7, 2003," Silver Spring, MD: NOAA (2004).
3. David H. Boteler, "The Super Storms of August/September 1859 and Their Effects on the Telegraph System," *Advances in Space Research* 38, no. 2 (2006): 159–72, doi:10.1016/j.asr.2006.01.013.
4. L. W. Townsend et al., "Carrington Flare of 1859 as a Prototypical Worst-Case Solar Energetic Particle Event," *IEEE Transactions on Nuclear Science* 50, no. 6 (2003): 2307–9,

第22章

1. Christopher C. Finlay, Julien Aubert, and Nicolas Gillet, "Gyre-Driven Decay of the Earth's Magnetic Dipole," *Nature Communications* 7 (2016): 10422, doi:10.1038/ncomms10422.
2. Javier F. Pavon-Carrasco and Angelo De Santis, "The South Atlantic Anomaly: The Key for a Possible Geomagnetic Reversal," *Frontiers in Earth Science* 4 (2016): 40, doi:10.3389/feart.2016.00040.
3. Jean-Pierre Valet and Alexandre Fournier, "Deciphering Records of Geomagnetic Reversals," *Reviews of Geophysics* 54, no. 2 (2016): 410–46, doi:10.1002/2015 RG000506.
4. Leonardo Sagnotti et al., "Extremely Rapid Directional Change During Matuyama-Brunhes Geomagnetic Polarity Reversal," *Geophysical Journal International* 199, no. 2 (2014): 1110–24, doi:10.3389/feart.2016.00040.
5. Valet and Fournier, "Deciphering Records," passim.
6. この説明は、Sabine StanleyとChris Finlayとのやり取り（2017年7月）に基づく。
7. Kenneth Chang, "Edward N. Lorenz, a Meteorologist and a Father of Chaos Theory, Dies at 90," *New York Times*, April 17, 2008, http://www.nytimes.com/2008/04/17/us/17lorenz.html.
8. Edward Lorenz, "The Butterfly Effect," *World Scientific Series on Nonlinear Science Series A* 39 (2000): 91–94.
9. June Barrow-Green, *Poincaré and the Three Body Problem* (Providence, RI: American Mathematical Society, 1997), 7.
10. Alain Mazaud, "Geomagnetic Polarity Reversals," in *Encyclopedia of G and P*, eds. David Gubbins and Emilio Herrero-Bervera (Dordrecht, The Netherlands: Springer, 2007), 323.

第23章

1. Peter Olson, "Geophysics: The Disappearing Dipole," *Nature* 416, no. 6881 (2002): 591-94, doi:10.1038/416591a.
2. Gauthier Hulot et al., "Small-Scale Structure of the Geodynamo Inferred from Oersted and Magsat Satellite Data," *Nature* 416, no. 6881 (2002): 620–23, doi:10.1038/416620a.
3. David Gubbins, "Earth Science: Geomagnetic Reversals," *Nature* 452, no. 7184 (2008): 165–67, doi:10.1038/452165a.
4. Catherine Constable and Monika Korte, "Is Earth's Magnetic Field Reversing?" *Earth and Planetary Science Letters* 246, no. 1 (2006): 1–16, doi:10.1016/j.epsl.2006.03.038.
5. Carlo Laj and Catherine Kissel, "An Impending Geomagnetic Transition? Hints from the Past," *Frontiers in Earth Science* 3 (2015): 61, doi:10.3389/feart.2015.00061.
6. Angelo De Santis and Enkelejda Qamili, "Geosystemics: A Systemic View of the Earth's Magnetic Field and the Possibilities for an Imminent Geomagnetic Transition," *Pure and Applied Geophysics* 172, no. 1 (2015): 75–89, doi:10.1007/s00024-014-0912-x.
7. John A. Tarduno et al., "Antiquity of the South Atlantic Anomaly and Evidence for Top-

doi:10.1029/2000RG000097; Edward Bullard, "The Emergence of Plate Tectonics: A Personal View," *Annual Review of Earth and Planetary Sciences* 3, no. 1 (1975): 3–8, doi:10.1146/annurev.ea.03.050175.000245.

2. Bullard, "Emergence," 5.
3. Turner, *North Pole, South Pole,* 179.
4. 「真の極移動」というものもある。説明は次の文献を参照のこと。Vincent Courtillot, "True Polar Wander," in *Encyclopedia of G and P,* eds. David Gubbins and Emilio Herrero-Bervera (Dordrecht, The Netherlands: Springer, 2007), 956–67.
5. Bullard, "Emergence," 10.
6. Marie Tharp, "Connect the Dots: Mapping the Seafloor and Discovering the Mid-Ocean Ridge," in *Lamont-Doherty Earth Observatory of Columbia: Twelve Perspectives on the First Fifty Years, 1949–1999,* ed. Laurence Lippsett (New York: Lamont–Doherty Earth Observatory of Columbia, 1999).
7. Ibid.
8. Lawrence W. Morley, "Early Work Leading to the Explanation of the Banded Geomagnetic Imprinting of the Ocean Floor," *Eos, Transactions American Geophysical Union* 67, no. 36 (1986): 665–66, doi:10.1029/EO067i036p00665.
9. Robert S. Dietz, "Continent and Ocean Basin Evolution by Spreading of the Sea Floor," *Nature* 190, no. 4779 (1961): 854–57, doi:10.1038/190854a0.
10. Morley, "Early Work."
11. Ibid.
12. Bullard, "Emergence," 20.
13. Krauskopf, "Allan V. Cox, December 17, 1926–January 27, 1987."

第21章

1. ガビンスは有名なエドワード・ブラードのもとで学んだ。
2. Jeremy Bloxham and David Gubbins, "The Evolution of the Earth's Magnetic Field," *Scientific American* 261, no. 6 (1989), doi:10.1038/scientificamerican1289-68.
3. NOAAの過去の磁気偏角マップは次のサイトで閲覧できる。https://maps.ngdc.noaa.gov/viewers/historical_declination/
4. ハンス・クリスティアン・エルステッドの専門家であるニールス・ボーア研究所の理論物理学者とは別人。
5. I. Wardinski and R. Holme, "A Time-Dependent Model of the Earth's Magnetic Field and Its Secular Variation for the Period 1980–2000," *Journal of Geophysical Research: Solid Earth* 111, no. B12 (2006): 11, doi:10.1029/2006JB004401.
6. Ibid.

16. Ibid., 297.
17. Hjortenberg, "Inge Lehmann's Work Materials," 683.
18. Ibid., 684.
19. Bolt, "Inge Lehmann," 291.
20. Ibid., 297.
21. Hjortenberg, "Inge Lehmann's Work Materials," 690–96.
22. David Gubbins, "Lehmann, Inge (1888–1993)," in *Encyclopedia of G and P*, eds. David Gubbins and Emilio Herrero-Bervera (Dordrecht, The Netherlands: Springer, 2007), 469.
23. Bolt, "Inge Lehmann," 291.
24. Hjortenberg, "Inge Lehmann's Work Materials," 695.

第19章

1. W. Yan, "Japan's Volcanic History, Hidden Under the Sea," *Eos, Transactions American Geophysical Union* 97 (2016), doi:10.1029/2016EO054761.
2. 大陸は移動していたことが後に発見されることを考えれば、これは奇跡だ。
3. Allan Cox, Richard R. Doell, and G. Brent Dalrymple, "Reversals of the Earth's Magnetic Field," *Science* 144, no. 3626 (1964): 1537–43, doi:10.1126/science.144.3626.1537.
4. ネールは反強磁性物質も発見している。これは、原子のスピンが完全に打ち消し合うような配列になっている物質のことだ。キュリー温度と同じように、反強磁性物質がこの配列を失う温度をネール温度という。
5. Carlo Laj et al., "Brunhes' Research Revisited: Magnetization of Volcanic Flows and Baked Clays," *Eos, Transactions American Geophysical Union* 83, no. 35 (2002): 381–87, doi:10.1029/2002EO000277.
6. Louis Brown, *Centennial History of the Carnegie Institution of Washington: Volume 2, The Department of Terrestrial Magnetism* (Cambridge: Cambridge University Press, 2004), 121.
7. Turner, *North Pole, South Pole*, 173.
8. J. Hospers, "Summary of Studies on Rock Magnetism," *Journal of Geomagnetism and Geoelectricity* 6, no. 4 (1954): 172–75.
9. Turner, *North Pole, South Pole*, 182–83.
10. Cox, Doell, and Dalrymple, "Reversals of the Earth's Magnetic Field," 1537–43.
11. Konrad Krauskopf, "Allan V. Cox, December 17, 1926–January 27, 1987," in National Academy of Sciences (US), *Biographical Memoirs/ National Academy of Sciences of the United States of America* (Columbia University Press; National Academy of Sciences, vol. 71, 1977), 20, https://www.nap.edu/read/5737/chapter/3.

第20章

1. David P. Stern, "A Millennium of Geomagnetism," *Reviews of Geophysics* 40, no. 3 (2002): 17,

第17章

1. この注釈は、Sabine Stanleyと著者のやり取り（2017年3月）による。
2. 詳しくはDalrymple, *Ancient Earth, Ancient Skies*, 20–23を参照のこと。また、この部分や、この後の説明は、ジョンズ・ホプキンズ大学のSabine Stanleyと2015年から2017年にかけてのさまざまな会話に基づく。
3. この部分は、Sabine Stanleyと著者のやり取り（2017年3月）による。
4. Eugene Parker, "Dynamo, Solar," in *Encyclopedia of G and P*, eds. David Gubbins and Emilio Herrero-Bervera (Dordrecht, The Netherlands: Springer, 2007), 178.
5. Sobel, *Galileo's Daughter*, 58.

第18章

1. Nicolas Ambrasey and Roger Bilham, "Reevaluated Intensities for the Great Assam Earthquake of 12 June 1897, Shillong, India," *Bulletin of the Seismological Society of America* 93, no. 2 (2003): 655–73, doi:10.1785/0120020093.
2. この説明は以下の文献に基づいている。Stephen G. Brush, "Chemical History of the Earth's Core," *Eos, Transactions American Geophysical Union* 63, no. 47 (1982): 1185–88, doi:10.1029/EO063i047p01185; Stephen G. Brush, "Nineteenth-Century Debates About the Inside of the Earth: Solid, Liquid or Gas?" *Annals of Science* 36, no. 3 (1979): 225–54, doi:10.1080/00033797900200231; Stephen G. Brush, "Discovery of the Earth's Core," *American Journal of Physics* 48, no. 9 (1980): 705–24, doi:10.1119/1.12026.
3. Charles Coulston Gillispie, *Genesis and Geology: A Study in the Relations of Scientific Thought, Natural Theology, and Social Opinion in Great Britain, 1790–1850* (New York: Harper, 1959).
4. Brush, "Nineteenth–Century Debates," 228.
5. Ibid., 229.
6. Ibid., 239.
7. Ibid., 242.
8. Inge Lehmann, "Seismology in the Days of Old," *Eos, Transactions American Geophysical Union* 68, no. 3 (1987): 33–35, doi:10.1029/EO068i003p00033-02.
9. Erik Hjortenberg, "Inge Lehmann's Work Materials and Seismological Epistolary Archive," *Annals of Geophysics* 52, no. 6 (2009): 691, doi:10.4401/ag-4625.
10. Bruce A. Bolt, "Inge Lehmann: 13 May 1888–21 February 1993," *Biographical Memoirs of Fellows of the Royal Society* 43 (1997): 287, doi:10.1098/rsbm.19997.0016.
11. Andrew D. Jacksonと著者の会話（2016年3月）による。
12. Hjortenberg, "Inge Lehmann's Work Materials," 682.
13. Bolt, "Inge Lehmann," 287.
14. Ibid., 288.
15. Ibid., 289.

Society, American Association of Physics Teachers Meeting, Chicago, January 22, 1980," *American Journal of Physics* 48, no. 12 (1980): 1014–19, doi:10.1119/1.12297.
11. Brain, "Introduction," xiv.

第14章

1. Andrew D. Jacksonと著者とのやり取り（2016年12月）による。
2. 詳細は下記より。Williams, *Michael Faraday*.
3. David Bodanis, *Electric Universe: How Electricity Switched on the Modern World* (New York: Three Rivers Press, 2005), 70.
4. Nancy Forbes and Basil Mahon, *Faraday, Maxwell, and the Electromagnetic Field: How Two Men Revolutionized Physics* (Amherst, NY: Prometheus Books, 2014), 61.
5. ファラデーの最初の電気モーターについての説明は、上記59ページに基づく。
6. David Gooding, "Nature's School," in David Gooding and Frank A.J.L. James, ed. and introd., *Faraday Rediscovered: Essays on the Life and Work of Michael Faraday, 1791–1867* (New York: Stockton Press, 1985), 120.

第15章

1. Williams, *Michael Faraday*, 5.
2. Forbes and Mahon, *Faraday, Maxwell, and the Electromagnetic Field*, 63.
3. Frank A.J.L. James, *Michael Faraday: A Very Short Introduction* (Oxford: Oxford University Press, 2010), 83–86.
4. この注釈は、Andrew D. Jacksonと著者とのやり取り（2016年12月）による。
5. Forbes and Mahon, *Faraday, Maxwell, and the Electromagnetic Field*, 69.
6. この説明は、上記70–73ページの記述に基づく。

第16章

1. この注釈は、Andrew D. Jacksonと著者とのやり取り（2016年12月）による。
2. Turok, *The Universe Within*, 47.
3. Ibid.
4. Ibid.
5. Brian Greene, "Introduction," in Albert Einstein, *The Meaning of Relativity: Including the Relativistic Theory of the Non-Symmetric Field* (Princeton: Princeton University Press, 2014), viii–ix.
6. アインシュタインは特殊相対性理論に続いて、11年後に、空間、時間、質量、エネルギー、重力を結びつける一般相対性理論を発表した。

7. Benjamin, *The Intellectual Rise in Electricity*, 519.
8. Heilbron, *Electricity in the 17th and 18th Centuries*, 314.
9. Patricia Fara, *An Entertainment for Angels: Electricity in the Enlightenment* (Duxford, Cambridge: Icon Books, 2002), 56.
10. Ibid., passim.
11. Ibid., 54–55.
12. Ibid., 70.
13. Ibid., 71.
14. Joseph Priestley, *The History and Present State of Electricity: With Original Experiments* (London: printed for C. Bathurst et al., 1775), 201–203. 以下のサイトで閲覧できる。https://archive.org/details/historyandprese00priegoog.
15. Ibid., 216–20.
16. Joseph R. Dwyer and Martin A. Uman, "The Physics of Lightning," *Physics Reports* 534, no. 4 (2014): 147–241, doi:10.1016/j.physrep.2013.09.004.
17. 地面からマイナスまたはプラスの火花が上昇して、雲にある反対の電荷と結びつく場合もある。
18. Fara, *Entertainment for Angels*, 3.

第13章

1. Anja Skaar Jacobsen, "Introduction: Hans Christian Ørsted's Chemical Philosophy," in H. C. Ørsted, *H. C. Ørsted's Theory of Force: An Unpublished Textbook in Dynamical Chemistry*, ed. and trans. Anja Skaar Jacobsen, Andrew D. Jackson, Karen Jelved, and Helge Kragh (Copenhagen: The Royal Danish Academy of Sciences and Letters, 2003), xii.
2. Andrew D. Jackson and Karen Jelved, "Translators' Note," in *Theory of Force*, xxxiii.
3. Andrew D. Wilson, "Introduction," in Hans Christian Ørsted, *Selected Scientific Works of Hans Christian Ørsted*, trans. and ed. Karen Jelved, Andrew D. Jackson, and Ole Knudsen (Princeton: Princeton University Press, 1998), xli.
4. Robert M. Brain, "Introduction," in Robert M. Brain, Robert S. Cohen, and Ole Knudsen, eds., *Hans Christian Ørsted and the Romantic Legacy in Science: Ideas, Disciplines, Practices* (Dordrecht, The Netherlands: Springer, 2007), xvi.
5. Fara, *An Entertainment for Angels*, 150–52.
6. Andrew D. Jackson, in a communication with the author in December 2016.
7. Wilson, "Introduction," xvii.
8. Leslie Pearce Williams, *Michael Faraday: A Biography* (New York: Simon and Schuster, 1971), 140.
9. Helge Kragh, "Preface," in *H. C. Ørsted's Theory of Force*, ii.
10. Gerald Holton, "The Two Maps: Oersted Medal Response at the Joint American Physical

11. Chris Jones, "Geodynamo," in *Encyclopedia of G and P*, 287.
12. Turner, *North Pole, South Pole*, 124.
13. Sobel and Andrewes, *The Illustrated Longitude*, 132.
14. Ibid., passim.
15. David Gubbins, "Sabine, Edward (1788–1883)," in *Encyclopedia of G and P*, 891.
16. John Cawood, "The Magnetic Crusade: Science and Politics in Early Victorian Britain," *Isis* 70, no.4 (1979): 493, doi:10.1086/352338.
17. 現在は英国科学協会と呼ばれる。
18. Gubbins, "Sabine, Edward (1788–1883)," 891.
19. Cawood, "The Magnetic Crusade," 517.
20. Ibid., 494.
21. Gubbins, "Sabine, Edward (1788–1883)," 891.
22. Ibid.
23. William Whewell, quoted by Cawood in "The Magnetic Crusade," 493.
24. Cawood, "The Magnetic Crusade, 512–13.
25. Ibid., 493.
26. Ibid., 516.

第11章

1. Feynman, *Lectures on Physics*, 13–16.
2. Sean Carrollと著者とのディスカッションによる（2016年12月）。
3. この説明はSean Carrollと著者とのディスカッションによる（2016年12月）。
4. Feynman, *Lectures*, 13–16.
5. この説明は、Andrew D. Jacksonと著者とのやり取り（2016年12月）による。

第12章

1. John Lewis Heilbron, *Electricity in the 17th and 18th Centuries: A Study of Early Modern Physics* (Berkeley: University of California Press, 1979), 2.
2. Ibid., 4.
3. J. L. Heilbronによる説明。Ibid., 4–5.
4. Ibid., 6.
5. Park Benjamin, *The Intellectual Rise in Electricity: A History* (London: Longmans, Green & Co., 1895), 502.
6. 彼の実験の数カ月前に、プロシアのルター派牧師エヴァルト・フォン・クライストが、独立して同様の発見をしていた。フォン・クライストが書いた実験の説明は不十分だったので、誰もそれを再現できなかった。そのため、その発見の功績はファンミュッセンブルークのものとなり、彼の住む街にちなんだ名称になった。

愛についての父への手紙』田中勝彦訳、DHC）

12. Pumfrey, *Latitude and the Magnetic Earth*, 222.
13. 詳しくはSobelの*Galileo's Daughter*を読んでほしい。
14. Chapman, "Gilbert, William (1544–1603)," *Encyclopedia of G and P*, 361.
15. Ibid.
16. Jonkers, "Geomagnetism," 357.

第7章

1. L'Équipe Associée de Volcanologie de L'Université de Clermont-Ferrand II, *Volcanologie de la Chaîne des Puys*, 5th ed. (Clermont-Ferrand: Parc naturel régional des Volcans d'Auvergne, 2009), 20.
2. James Barr, "Pre-Scientific Chronology: The Bible and the Origin of the World," *Proceedings of the American Philosophical Society* 143, no. 3 (1999): 379–87, http://www.jstor.org/stable/3181950.
3. Ronald L. Numbers, "The Most Important Biblical Discovery of Our Time: William Henry Green and the Demise of Ussher's Chronology," *Church History* 69, no. 2 (2000): 257–76. doi:10.2307/3169579.
4. *Volcanologie*, 20.
5. Ibid., 144.
6. Ibid., 155.

第8章

1. S.R.C. Malin and Sir Edward Bullard, "The Direction of the Earth's Magnetic Field at London, 1570–1975," *Philosophical Transactions of the Royal Society of London A: Mathematical, Physical and Engineering Sciences* 299, no. 1450 (1981): 357–423, doi:10.1098/rsta.1981.0026.
2. Ibid., 359.
3. Ibid., 414.
4. Edmond Halley, *The Three Voyages of Edmond Halley in the Paramore 1698–1701*, ed. Norman J. W. Thrower (London: Hakluyt Society, 1980), vol. 2.
5. Julie Wakefield, *Halley's Quest: A Selfless Genius and His Troubled Paramore* (Washington, DC: Joseph Henry Press, 2005), 141.
6. Ibid.
7. Sir Alan Cook, "Halley, Edmond (1656–1742)," in *Encyclopedia of G and P*, eds. David Gubbins and Emilio Herrero-Bervera (Dordrecht, The Netherlands: Springer, 2007), 375.
8. Wakefield, *Halley's Quest*, 141.
9. Turner, *North Pole, South Pole*, 106.
10. Ibid., 117.この数式についての詳しい説明がある。

11. John S. Bradford, "The Apulia Expedition: An Interim Report," *Antiquity* 24, no. 94 (June 1950): 84–94.

第5章

1. Gregory A. Good,"Instrumentation, History of," in *Encyclopedia of Geomagnetism and Paleomagnetism*, eds. David Gubbins and Emilio Herrero-Bervera (Dordrecht, The Netherlands: Springer, 2007), 435 (referred to subsequently as *Encyclopedia of G and P*).
2. Jonkers, *Earth's Magnetism in the Age of Sail*, 26.
3. 以下を参照。NOAA's Historical Magnetic Declination map for images: https://maps.ngdc.noaa.gov/viewers/historical_declination/.
4. Allan Chapman, "Norman, Robert (Flourished 1560–1585)," in *Encyclopedia of G and P*, 707.
5. Paolo Gasparini et al., "Macedonio Melloni and the Foundation of the Vesuvius Observatory," in *Journal of Volcanology and Geothermal Research* 53, no. 1–4 (1992), doi:10.1016/0377-0273(92)90070-T.

第6章

1. A.R.T. Jonkers, "Geomagnetism, History of," *Encyclopedia of G and P*, eds. David Gubbins and Emilio Herrero–Bervera (Dordrecht, The Netherlands: Springer, 2007), 356–57.
2. 詳しくは、以下を読んでほしい。Dava Sobel and William J. H. Andrewes, *The Illustrated Longitude: The True Story of a Lone Genius Who Solved the Greatest Scientific Problem of His Time* (London: Fourth Estate, 1998), and Jonkers, "Geomagnetism."
3. A.R.T. Jonkers, Andrew Jackson, and Anne Murray, "Four Centuries of Geomagnetic Data from Historical Records," *Review of Geophysics* 41, no. 2 (2003): 2–15, doi: 10.1029/2002rg000115. またSobelは*Illustrated Longitude*の7ページで、60分（1度）は110キロメートル（68マイル）に等しいと述べている。
4. このことが広く理解されるようになったのは、1543年にニコラウス・コペルニクスが『天球の回転について』（*De Revolutionibus Orbium Coelestium*）を発表し、太陽中心説と、毎日の地球の自転を説明してからだ。
5. 詳しくはSobelらの*Illustrated Longitude*を読んでほしい。
6. Jonkers, "Geomagnetism," 356.
7. Stephen Pumfrey, *Latitude and the Magnetic Earth: The True Story of Queen Elizabeth's Most Distinguished Man of Science* (Duxford, Cambridge: Icon Books, 2003), 70.
8. Allan Chapman, "Gilbert, William (1544–1603)," in *Encyclopedia of G and P,* 361.
9. Pumfrey, *Latitude and the Magnetic Earth*, 90.
10. Ibid., 91.
11. Dava Sobel, *Galileo's Daughter: A Historical Memoir of Science, Faith, and Love* (New York: Penguin Books, 2000), 173.（邦訳はデーヴァ・ソベル『ガリレオの娘――科学と信仰と

安定なので、より安定した状態になろうとする。そのため、時間とともに、その中性子の1個が陽子に変化して、炭素14が窒素14になる。炭素14は、化石の年代を知るためのツールとして使われている（炭素14年代測定法）。放射性カリウム（K）がアルゴン（Ar）に変わる反応も同じ目的で使われている。年代測定法は、地磁気逆転説を証明するための鍵となった。

9. たとえばプラズマは例外だ。
10. これを「パウリの排他原理」という。
11. これを「フントの規則」という。
12. 厳密には、地球の磁場は「軸性ベクトル」だ。この点については、2016年12月にAndrew D. Jacksonが著者とのやりとりのなかで指摘してくれた。

第4章

1. Vasilios Melfos et al., "The Ancient Greek Names 'Magnesia' and 'Magnetes' and Their Origin from the Magnetite Occurrences at the Mavrovouni Mountain of Thessaly, Central Greece. A Mineralogical-Geochemical Approach," *Archaeological and Anthropological Sciences* 3, no. 2 (2011): 165–72, doi:10.1007/s12520-010-0048-6.
2. Pliny the Elder, *Natural History* (Loeb Classical Library, 1938), Book 36, 25, doi:10.4159/DLCL.pliny_elder-natural_history.1938.（『プリニウスの博物学誌』第Ⅳ巻、中野定雄他訳、雄山閣出版）
3. A.R.T. Jonkers, *Earth's Magnetism in the Age of Sail* (Baltimore: Johns Hopkins University Press, 2003), 39–41.
4. Joshua J. Mark, "Thales of Miletus," *Ancient History Encyclopedia*, September 2, 2009, http://www.ancient.eu/Thales_of_Miletus/.
5. Diogenes Laërtius, "Empedocles, 484–424 B.C.," in *Lives of Eminent Philosophers* 8: 69, 以下のサイトで閲覧できる。http://www.perseus.tufts.edu/hopper/text?doc=Perseus%3Atext%3A1999.01.0258%3Abook%3D8%3Achapter%3D2.
6. Jonkers, *Earth's Magnetism*, 40.
7. Titus Lucretius Carus, *On the Nature of Things*, trans. Hugh Andrew Johnstone Munro (London: Bell, 1908).（『物の本質について』樋口勝彦訳、岩波書店）
8. ハーバード大学のStephen Greenblatは次の著書でルクレティウスの作品がよみがえった様子をたどっている。*The Swerve: How the World Became Modern* (New York: W. W. Norton & Company, 2011).（『一四一七年、その一冊がすべてを変えた』河野純治訳、柏書房）
9. Gillian Turner, *North Pole, South Pole: The Epic Quest to Solve the Great Mystery of Earth's Magnetism* (New York: The Experiment, 2011), 9–10.
10. ルチェーラの包囲戦について詳しくは次を参照。Julie Anne Taylor, *Muslims in Medieval Italy: The Colony at Lucera* (New York: Lexington Books, 2005).

原　　註

第I部・扉

1. Richard Feynman, Christopher Sykesによるインタビュー。*Fun to Imagine*, BBC, July 15, 1983.

第1章

1. Neil Turok, *The Universe Within: From Quantum to Cosmos* (Toronto: Anansi Press, 2012), 46 et passim.（邦訳はニール・トゥロック『ここまでわかった宇宙の謎』吉田三知世訳、日経BP社）

第2章

1. Sean Carrollと著者とのディスカッションによる（2016年12月）。
2. David Tong, "The Real Building Blocks of the Universe," Royal Institution lecture, November 25, 2016. 以下のサイトで閲覧できる。https://www.youtube.com/watch?v=zNVQfWC_evg. Tongの説明によれば、13の場はクォーク、電子、ニュートリノ、ヒッグス粒子とつながりがある。
3. Sean Carrollと著者とのディスカッションによる（2016年12月）。
4. Richard Feynman, *The Feynman Lectures on Physics: Commemorative Issue*, vol. 2 (Pasadena: California Institute of Technology, 1989), 20–29.（邦訳は『ファインマン物理学　Ⅲ　電磁気学』宮島龍興訳、岩波書店）
5. Tong, "The Real Building Blocks."
6. 詳細は以下を参考にしてほしい。G. Brent Dalrymple, *Ancient Earth, Ancient Skies: The Age of Earth and Its Cosmic Surroundings* (Stanford: Stanford University Press, 2004).
7. 周期表は、水素（陽子が1個）から始まり、人工元素であるオガネソン（陽子が118個）で終わっている。今のところは。もっと多くの陽子を持つ新元素が、今後実験室で作り出される可能性がある。元素は大きくなるほど不安定になる。陽子を結合させている強い核力が作用し続けるのが大変になるからだ。
8. 同位体の名称は、元素名と、陽子数と中性子数を合計した数を組み合わせて作る。圧倒的に存在比が大きい炭素同位体（99パーセント）は炭素12で、これには陽子が6個、中性子が6個ある。炭素13（陽子6個と中性子7個）は約1パーセントをしめる。炭素14（陽子6個と中性子8個）は放射性同位体で、きわめて存在量が少なく、宇宙線に由来する高エネルギーの中性子が原子核に取り込まれることで生成する。この形の炭素は不

地磁気《ちじき》の逆転《ぎゃくてん》

地球《ちきゅう》最大《さいだい》の謎《なぞ》に挑《いど》んだ科学者《かがくしゃ》たち、そして何《なに》が起《お》こるのか

2019年2月25日　初版1刷発行

著者 ―――― アランナ・ミッチェル

訳者 ―――― 熊谷玲美《くまがいれみ》

カバーデザイン ―――― 華本達哉（aozora）

発行者 ―――― 田邉浩司

組版 ―――― 新藤慶昌堂

印刷所 ―――― 新藤慶昌堂

製本所 ―――― 国宝社

発行所 ―――― 株式会社光文社

〒112-8011　東京都文京区音羽1-16-6

電話 ―――― 翻訳編集部 03-5395-8162

書籍販売部 03-5395-8116

業務部 03-5395-8125

落丁本･乱丁本は業務部へご連絡くだされば、お取り替えいたします。

ISBN978-4-334-96226-5 Printed in Japan

■好評既刊

ウォルター・アルバレス 著　山田美明 訳

ありえない138億年史

宇宙誕生と私たちを結ぶビッグヒストリー

「46億年もの連続と偶然。ぼくはまた地球について語りたくなりました。」
——京都大学教授　鎌田浩毅氏推薦！

われわれ人間は、なぜここにいるのか？　それは人類の歴史だけを見てもわからない。宇宙誕生から現在までの通史——「ビッグヒストリー」の考え方が必要だ。自然科学と人文・社会科学を横断する驚きに満ちた歴史を、恐竜絶滅の謎（隕石衝突）を解明した地球科学者が明らかにする。

四六判・ソフトカバー

■好評既刊

誰もが嘘をついている

ビッグデータ分析が暴く人間のヤバい本性

セス・スティーヴンズ＝ダヴィドウィッツ 著
酒井泰介 訳

検索は口ほどに物を言う。
通説や直感に反する事例満載！

人は実名SNSや従来のアンケートでは見栄を張って嘘をつく一方、匿名の検索窓には本当の欲望や悩みを打ち明ける。グーグルやポルノサイトの検索データを分析し、秘められた人種差別意識、性的嗜好、政治的偏向など、驚くべき社会の実相を解き明かす。社会学を検証可能な科学に変える、「大検索時代」の必読書！

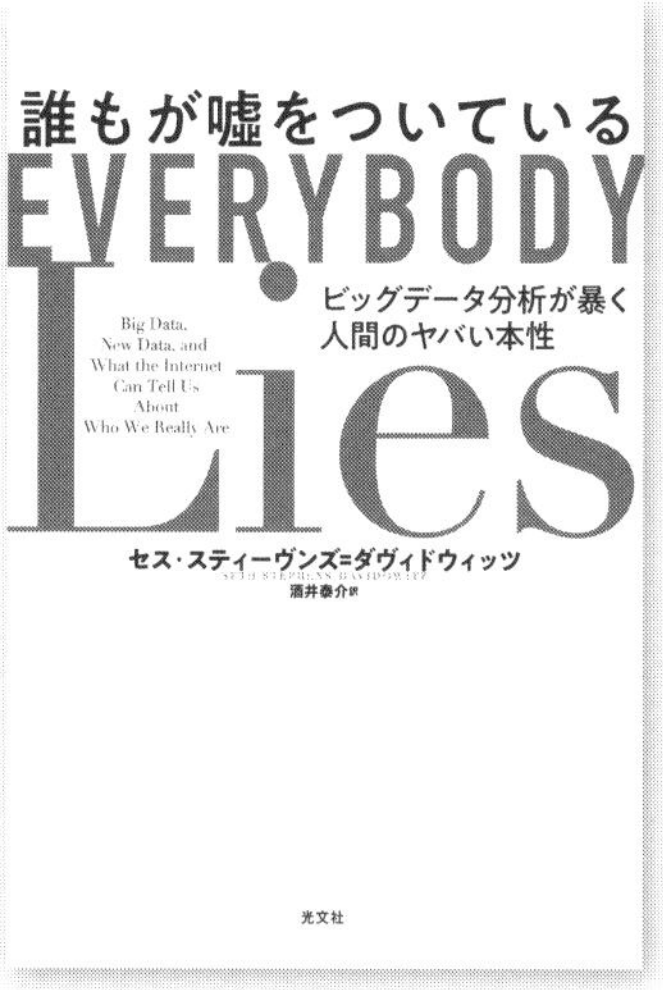

四六判・ソフトカバー

■好評既刊

パティ・マッコード 著　櫻井祐子 訳

ＮＥＴＦＬＩＸの最強人事戦略

自由と責任の文化を築く

「シリコンバレー史上、最も重要な文書」

ＤＶＤ郵送レンタル→映画ネット配信→独自コンテンツ制作へと、業態の大進歩を遂げたＮＥＴＦＬＩＸ。「業界最高の給料を払う」「将来の業務に適さない人を速やかに解雇する」「有給休暇・人事考課の廃止」など、その急成長を支えた型破りな人事と文化を、同社の元最高人事責任者が語る。ネットで一五〇〇万回以上閲覧されたスライドNETFLIX CULTURE DECK 待望の書籍化。

四六判・ソフトカバー

■好評既刊

子どもは40000回質問する

イアン・レズリー 著　須川綾子 訳

あなたの人生を創る「好奇心」の驚くべき力

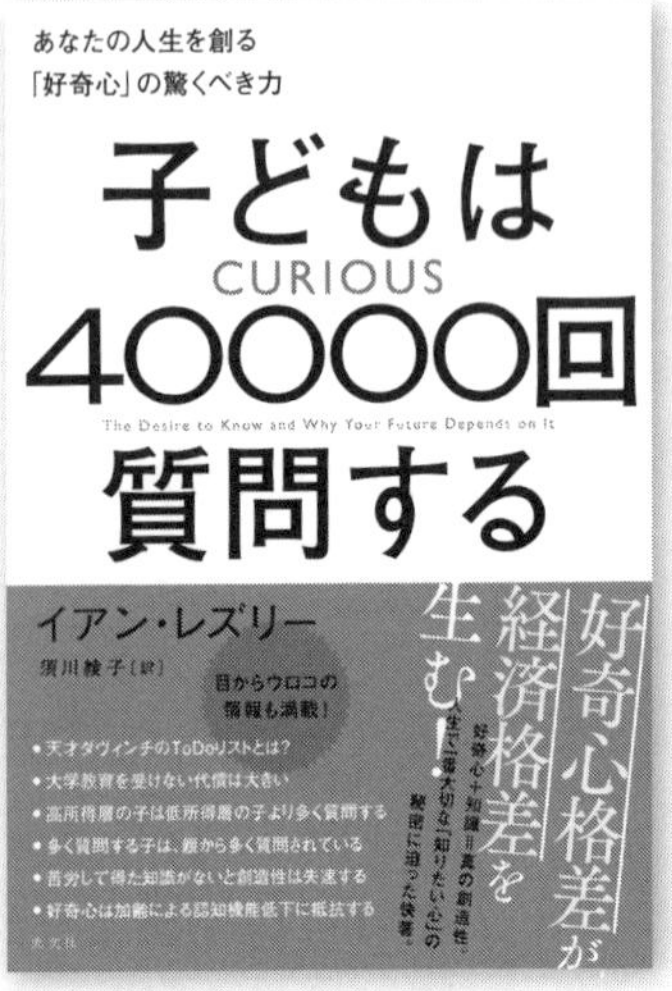

四六判・ソフトカバー

「好奇心格差」が「経済格差」を生む！

「知ることへの意欲＝好奇心」は成功や健康に大きな影響を及ぼす。その好奇心を突き動かしつづけるのは実は「知識」であり、知識を得るには「労力」が必要だ。いっぽう、幼少期の環境に由来する「好奇心格差」は、深刻な経済格差に発展している。はたして、いま私たちが自分のために、そして子どもたちのためにできることとは？　人間に好奇心が必要な理由を、多彩な例を引きつつ解明する好著。